道路交通安全理论与技术著作丛书

全民交通行为安全性提升综合对策与实施策略研究

张　永　任　刚　王卫杰　赵　星　著

科 学 出 版 社
北　京

内 容 简 介

本书针对如何提升交通参与者交通行为安全性的关键问题，从宏观和微观角度开展深入研究，依托大量的调查分析与评价我国交通参与者交通行为安全性产生动因及提升所面临的机遇和挑战，进一步针对城市交通环境适应性、交通倒计时设施及交通安全宣传有效性三个突出内容开展调查并构建理论模型，在此基础上从生态健康理论和行为干预两个角度构建起提升交通参与者交通行为安全性的理论路径，以此从由内而外和自上而下两个角度详细提出交通参与者安全意识、健康群落培育、交通安全制度建设、交通安全技术支撑、交通安全设施五大对策模块，最后提出"十三五"提升交通参与者交通行为安全性的对策思考。

本书可作为交通工程、交通安全等专业方向的研究生教材和高年级本科生选修教材，也可供从事交通安全管理工作及其相关研究的人员参考。

图书在版编目(CIP)数据

全民交通行为安全性提升综合对策与实施策略研究/张永等著. —北京：科学出版社，2016.4
(道路交通安全理论与技术著作丛书)
ISBN 978-7-03-045944-2

Ⅰ.①全… Ⅱ.①张… Ⅲ.①交通安全教育－研究 Ⅳ.①X951

中国版本图书馆CIP数据核字(2015)第241210号

责任编辑：周 炜 / 责任校对：桂伟利
责任印制：张 倩 / 封面设计：左 讯

科学出版社出版
北京东黄城根北街16号
邮政编码：100717
http://www.sciencep.com
中国科学院印刷厂印刷
科学出版社发行 各地新华书店经销
*
2016年4月第 一 版 开本：720×1000 1/16
2016年4月第一次印刷 印张：14 1/2
字数：293 000
定价：110.00元
(如有印装质量问题，我社负责调换)

《道路交通安全理论与技术著作丛书》序

道路交通安全事关人民群众的安居乐业、社会的和谐稳定，提升道路交通体系的安全水平、建立健全道路交通安全保障体系是保障与改善国计民生的重大社会工程。在党中央、国务院的领导下，经过各部门及各地的共同努力，近年来我国道路交通事故起数、死亡人数、万车死亡率连续实现“三下降”，特大道路交通事故明显减少。但随着经济社会发展和城镇化、机动化进程的不断加快，影响道路交通安全的因素仍然很多，有些重要因素还未得到有效解决，我国仍处于道路交通事故的高发期，道路交通事故死亡人数总量仍然很大，万车死亡率处于较高水平，群死群伤特大恶性事故时有发生，事故预防、预警预报和应急救援手段相对滞后于工作的需要。《国家中长期科学和技术发展规划纲要(2006～2020年)》中，已将“重点开发交通事故预防预警、应急处理技术，开发运输工具主动与被动安全技术，交通运输事故再现技术，交通应急反应系统和快速搜救等技术”列入重点领域及优先主题。

道路交通安全是一个涉及人、车、路、环境、管理等诸多因素的复杂系统，我国人口众多，城镇化与机动化正处在快速发展阶段，情况比其他国家都要复杂。从国际经验和我国的实践来看，科技进步是解决道路交通安全问题的重要手段，通过科技创新建立和完善我国道路交通安全保障技术、措施和标准体系，提升道路交通可持续发展能力，已成为全面提高我国道路交通安全保障水平的必然选择和基本保证。

为了响应《国家中长期科学和技术发展规划纲要(2006～2020年)》，满足当前道路交通安全保障体系建设的实际需要，围绕道路交通安全理论与技术核心，近年来东南大学先后承担了一批道路交通安全领域的国家自然科学基金、国家科技支撑计划课题等重点科研项目，取得了一系列理论和技术成果。该丛书是这些项目研究成果的系统总结，主要涉及驾驶人行为特性、道路交通安全设计、道路交通安全管理、道路交通应急处置等方向。

希望该丛书的出版发行能够为道路交通设计、交通安全管理等行业的广大建设者和管理人员提供有益的借鉴，促进我国道路交通安全保障技术水平迈上新台阶。

陆　建

2013年1月

前　言

交通事故给我国社会带来了巨大的生命和财产损失，交通安全已经成为我国社会经济发展中亟待解决的问题之一。在我国，2012 年道路交通事故共发生 204196 起，死亡人数达 6 万人，直接财产损失达 9.26 亿元。据专家推算，到 2020 年，世界车祸致人死伤的排名将居第三位，远远高于艾滋病、疟疾等传染性疾病。人作为道路交通的参与者，对道路交通的安全与否起着决定性的作用。公安部每年对我国道路交通事故的统计表明，由于落后的交通意识和不文明的交通行为（不遵守交通法律、法规）而引发的交通事故占到 95%以上。因此，要解决道路交通安全问题，首先必须解决对人的不安全行为的管理问题，这也是治理交通安全问题、预防交通事故的一项根本措施。为此，本书将从不同交通参与者不安全行为的产生机理着手，探索交通行为安全性的有效干预措施，构建提升交通行为安全性的对策体系。

本书的具体特色体现在以下几个方面。

（1）层次清晰。本书总体上从交通参与者交通行为提升的迫切性出发开展环境与突出问题的调查研究，然后构建起以生态健康理论和个体行为干预理论为基础的交通行为安全性提升路径，其次建立交通参与者交通行为安全性提升对策框架体系，进一步详细阐述了各对策模块内容。

（2）数据充分。本书是基于对国内典型城市道路交通安全总体形势的综合调查分析结果，是基于对各类交通参与者不安全交通行为数据、因果关联分析结论，更是基于对宏观、微观交通安全相关数据的综合分析结果。

（3）理论深入。本书提出的对策框架体系综合依据交通参与者不安全交通行为产生的机理、交通安全生态系统理论、交通行为干预理论，将对策的提出以调查研究分析、理论建模、理论体系构建、对策模块等为顺序逐步深入开展。

（4）体系完善。本书提出的对策体系从不安全行为产生机理出发，通过识别和抓住关键的影响因素，依据宏观和微观两个层面的理论分析，从交通安全管理的“人-车-路-环境”体系出发，提出了提升交通行为安全性水平的五大模块。

本书是部分研究成果的总结，全书总体结构由张永、任刚、王卫杰负责，依据课题研究分工。全书共 14 章，第 1～3 章、第 5 章、第 9～14 章由张永撰写；第 4 章由赵星撰写；第 6 章、第 8 章由任刚撰写；第 7 章由王卫杰撰写。在全书的资料收集、整理过程中，赵星、黄正锋、刘意、顾程、胡日明、耿娜娜、江云剑等同学做了大量的研究工作，付出了辛勤的劳动。在此一并表示衷心的感谢。

由于本书综合了作者的一些研究成果，且时间仓促，因此书中难免存在疏漏和不妥之处，欢迎广大读者批评指正，也欢迎广大同仁共同探讨，加速推进我国交通安全事业的建设。

目　　录

第1章　绪　　论

交通事故给我国社会带来了巨大的生命和财产损失，交通安全已经成为我国社会经济发展中亟待解决的问题之一。本章概括了本书的研究背景、研究问题界定、研究意义、研究特色与创新及章节安排，使读者能够从整体上把握本书的总体架构。

1.1　研究背景

1.1.1　道路交通的总体发展情况

1）客货运总量

1990～2012年，我国客运量的年均增长率为16.2%，而同期道路客运量的年均增长率为18.6%，高于总客运量的年均增长水平。2012年，道路客运量规模达到3557010万人次，占当年总客运量的93.5%，高出1990年同类比重10个百分点，这说明道路运输的重要性日益凸显（图1-1）。至2012年，道路旅客周转量为18467.5亿人公里，比1990年增加了6.05倍，占当年总旅客周转量的55.3%，如图1-2所示。

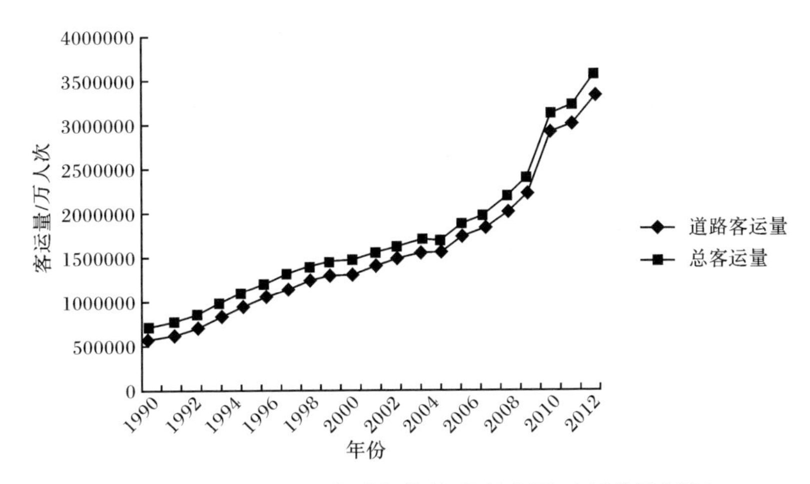

图1-1　我国客运量历年增长情况（资料来源：中国统计年鉴）

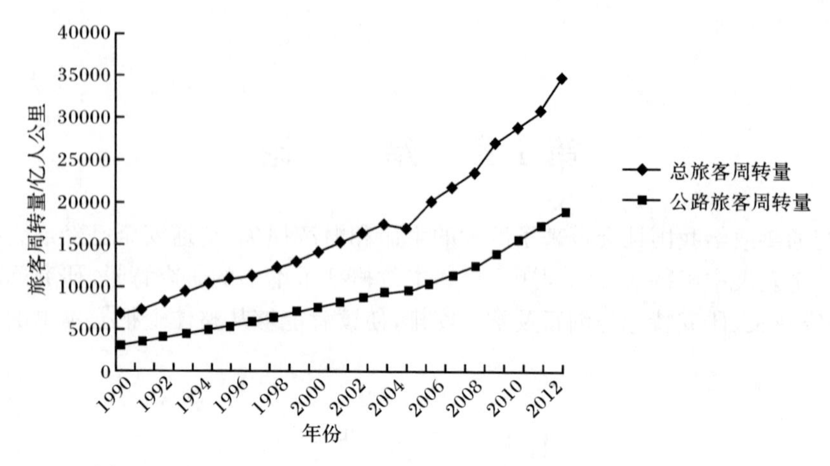

图 1-2　我国旅客周转量历年变化情况(资料来源:中国统计年鉴)

1990～2012 年,我国货运市场发展迅速,市场总规模的年均增长率为11.7%,并在 2012 年达到 4099400 万吨(图 1-3)。公路运输承担了主要的货运任务,在 2012 年公路货运量占运输总货运量的 75.5%,其年均增长率为 11.9%。另外,在 1990～2012 年,公路运输周转量的年均增长率高达 59.6%,远高于总周转率的年均增长水平 22.1%。尤其是自 2007 年开始,公路货运周转量实现了快速增长。2010 年,公路货运周转量达到 59534.9 亿吨公里,占当年总货运周转量的34.3%(图 1-4)。

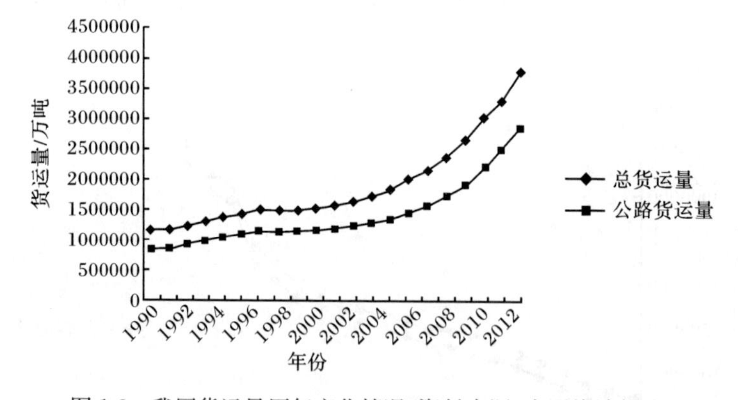

图 1-3　我国货运量历年变化情况(资料来源:中国统计年鉴)

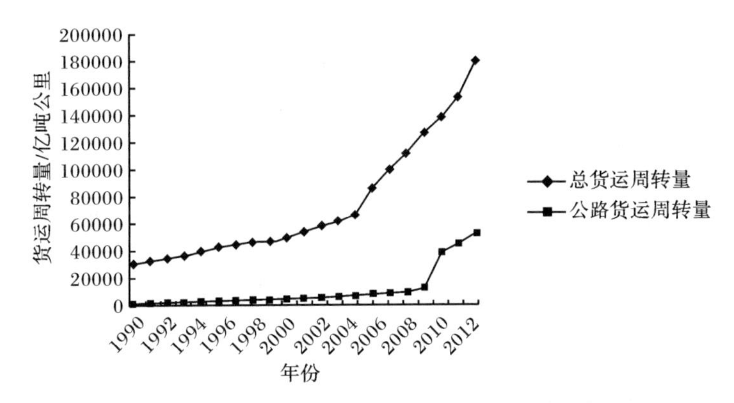

图 1-4　我国货运周转量历年变化情况(资料来源:中国统计年鉴)

2) 道路交通基础设施

图 1-5 给出了我国 1990～2012 年公路里程的变化趋势。1990～2012 年,我国公路总里程的年均增长率为 14.5%,并在 2012 年公路总里程达到 423.75 万公里。其中,高速公路里程的增长速度最快,从 1990 年的 0.05 万公里增加到 2012 年的 9.6 万公里,年均增长率高达 868.1%。2012 年,我国的等级公路里程达到 360.96 万公里,占公路总里程的 85.29%。

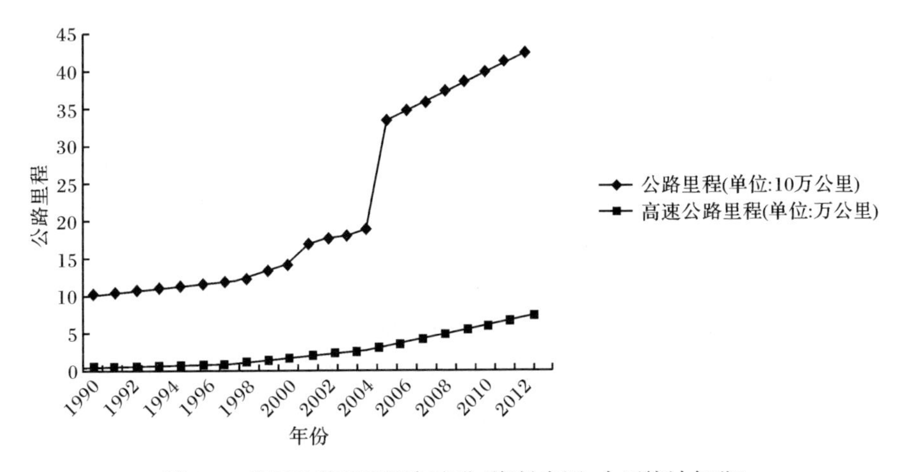

图 1-5　我国公路里程历年变化(资料来源:中国统计年鉴)

3) 汽车拥有量

随着社会经济的快速发展,我国的汽车数量增长迅速。图 1-6 给出了 1992～2012 年我国汽车数量的变化趋势。到 2012 年,我国的民用汽车总数达到 10933.1 万辆,自 1990 年起的年均增长率为 65.8%。其中增长速度最快的是民用载客汽车,年均增长率为 183.8%,在 2010 年占当年总民用车辆数的 81.8%。

私人车辆的快速发展是近年我国交通发展的一个显著特点。到 2010 年，私人车辆总数达到 8838.6 万辆，年均增长率为 358.8%。其中，私人载客汽车的年均增长率为 1031.5%，在 2012 年占当年私人车辆总数的 86.4%。总而言之，在过去的 20 年间，我国的私人车辆数量增加了约 72 倍。

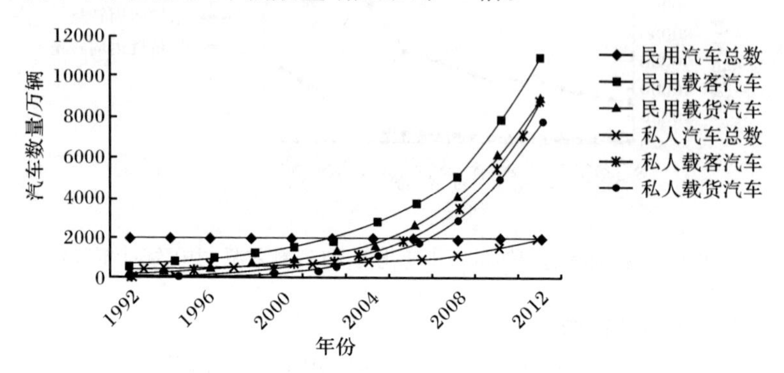

图 1-6　我国汽车数量的历年变化(资料来源：中国统计年鉴)

1.1.2　交通安全与“人”的因素

道路交通安全问题已成为全球公认的公共卫生问题和发展危机，随着机动化程度的进一步提高，如何减少道路交通伤害、保障人身安全，已成为各国政府、专家、学者关注的焦点(金会庆，2006)。到 20 世纪末，世界道路交通事故从总体上来说或趋于下降，或趋于稳定，但状况依然不容乐观。车祸是人类非正常死亡的重要因素，据世界卫生组织(World Health Organization，WHO)统计，2000 年全球共有 126 万人死于车祸。据专家推算，到 2020 年，世界车祸致人死伤的排名将居第三位，远远高于艾滋病、疟疾等传染性疾病。

我国是一个拥有 960 万平方公里土地和 14 亿人口的发展中国家，自 20 世纪 80 年代中期开始，随着改革开放的深化，国家总体经济实力不断增强，汽车工业和交通运输业得到迅速发展，道路交通基础设施不断完善，机动车和驾驶人保有量急剧增加。但是，在这些增长的背后，交通事故还在不断发生。表 1-1 给出了我国道路交通事故的总体情况。在 2012 年，道路交通事故共发生 204196 起，死亡人数达 59997 人，直接财产损失达 9.26 亿元。因此，预防交通事故，降低交通事故死亡率，已经成为全民面临的一项十分紧迫的任务。

表 1-1　1980～2012 年我国道路交通事故状况统计

年份	事故起数	死亡人数	受伤人数	万车死亡率/(人/万车)	十万人死亡率/(人/十万人)
1980	116692	21818	80824	104.5	2.21

续表

年份	事故起数	死亡人数	受伤人数	万车死亡率/(人/万车)	十万人死亡率/(人/十万人)
1985	202394	40906	136829	62.3	3.89
1990	250297	49271	155072	33.4	4.31
1995	271843	71494	159308	22.5	5.90
2000	616971	93853	418721	15.6	7.27
2001	754919	106367	546485	15.5	8.51
2002	773137	109381	562074	13.7	8.79
2003	667507	104372	494174	10.8	8.08
2004	517889	107077	480864	9.2	8.24
2005	450254	98738	469911	6.9	7.60
2006	378781	89455	431139	6.2	6.84
2007	327209	81649	380442	5.1	6.21
2008	265204	73484	304919	4.33	5.56
2009	238351	67759	275125	3.63	5.10
2010	219521	65225	254075	3.15	4.89
2011	210812	62387	237421	2.78	4.65
2012	204196	59997	224327	2.5	4.45

数据来源:中国统计年鉴。

人作为道路交通的参与者,对道路交通的安全与否起着决定性的作用。据日本的事故调查报告显示,95%的交通事故是由人引起的;而公安部每年对我国道路交通事故的统计表明,由于落后的交通意识和不文明的交通行为(不遵守交通法律、法规)而引发的交通事故也占到95%以上。因此,要解决道路交通安全问题,首先必须解决对人的不安全行为的管理问题,这也是治理交通安全问题、预防交通事故的一项根本措施。本书将从不同交通参与者不安全行为的产生机理着手,探索交通行为安全性的有效干预措施,构建提升交通行为安全性的对策体系。

1.2　研究问题及基本概念

1.2.1　问题界定

道路交通运行系统是一个复杂系统,它主要由"人、车、路、环境"四个要素组成。从道路交通安全的视角上看,交通参与者作为"人"的因素,在交通运行过程中起着决定性作用。"如何提升交通参与者交通行为安全性水平?"是我国道路交通安全管理面临的一个亟待解决的问题。要回答这个问题，需要系统剖析我国道路交通安全的现状、趋势及面临的挑战，同时需要把握交通参与者的交通行为机理和交通行为干预措施，并进一步提出针对性的对策框架和实施策略。

本书融合了国家道路交通安全科技行动计划课题五“全民交通行为安全性提升综合技术及示范”(项目编号：2009BAG13A05)子专题“全民交通行为安全性提升综合对策体系研究”的部分研究成果。

本书将在总体评价我国道路交通安全现状与形势和大量调查分析的基础上，简要概括道路交通参与者不安全交通行为的内在致因，系统评价交通行为安全性干预措施现状，提出提升全民交通行为安全性的干预措施体系和有效性评价方法，进一步提出全民交通行为安全性提升的理论框架体系和综合对策模块，并对热点和难点问题进行系统的专题研究，提出“十三五”全民交通行为安全性提升的对策纲要。

1.2.2 主要研究目标

本书以“如何提升全民交通行为安全性?”这一问题为核心导向，结合我国道路交通安全的现状和面临的挑战，以“全民交通参与者”为研究对象，基于大量的调查和理论研究，提出有针对性的对策框架体系和实施策略。具体研究目标如下：

(1) 明确我国当前道路交通安全的总体形势、现状及面临的挑战，客观地提出改善道路交通安全形势的总体思路和方向。

(2) 着重对重点交通参与者群体进行调查研究，明确交通行为安全性提升的热点和难点。

(3) 了解我国当前交通行为安全性提升干预现状，明确存在的不足和出现的新挑战，掌握当前干预交通行为安全性提升的有效措施，并通过建立交通参与者对干预措施的反应机制，构建起我国提升全民交通行为安全性的干预措施体系。

(4) 基于提升全民交通行为安全性干预措施有效性的评价方法研究，构建提升全民交通行为安全性干预措施的有效性评价框架。

(5) 从宏观和微观两个层面提出全民交通行为安全性提升的综合对策理论框架，构建起自上而下和自下而上相结合的全民交通行为安全性提升对策理论基础。

(6) 以不同交通参与者交通行为安全性提升的干预措施研究为基础，结合我国交通安全实际现状，提出全民交通行为安全性提升的综合框架，并针对不同交通参与者群体特征提出基本对策体系。

(7) 明确“十三五”全民交通行为安全性提升的实施重点和内容。

1.3 研究意义

交通安全是与人们日常生活息息相关的问题,道路交通不安全行为也是广泛存在的社会现象。本书以“全民交通参与者交通行为安全性提升对策”作为主要内容,具有重要的理论和现实意义。

(1) 本书对交通参与者的交通行为安全性进行宏观调查研究,揭示其与经济发展、社会文化、政策环境、管理水平、基础设施和交通参与者素质等存在的客观必然联系,更深入地认识该问题的本质,把握其规律。

(2) 分析与借鉴相关领域的先进理论成果,有助于探索出更科学、更有效的道路交通管理方法,为交通行为安全性提升对策这一研究领域的发展提供有益的理论参考。

(3) 在实践层面上,本书根据对道路交通不安全行为的充分认识,找到交通不安全行为问题的症结所在,有助于交通管理部门有针对性地制定出台相关政策和措施,以富有成效地开展交通违法治理、维护道路交通秩序、预防和减少交通事故。

(4) 探索有效的解决措施并建立综合对策体系,有助于遏制交通不安全行为上升的势头、减少交通事故隐患、最大限度地维护国家和人民的财产与生命安全,为经济和社会发展创造和谐的道路交通环境。

1.4 研究思路与本书主要内容

1.4.1 研究思路

基于重点交通参与者群体的交通行为特征、不同交通参与者不安全交通行为的产生机理,评价我国交通行为安全性干预措施现状,提出提升全民交通行为安全性的干预措施体系和有效性评价方法。然后以此为基础,提出全民交通行为安全性提升综合对策体系,并对热点和难点问题进行系统的专题研究。研究总体上按照宏观与微观相结合、理论与实践相结合、定量与定性相结合、集成理论技术创新与示范应用相结合、全民与重点群体研究相结合等原则,综合运用管理学、经济学、法学、心理学、交通行为学、系统工程学、交通工程学、模糊理论、神经网络理论、系统设计理论、多指标决策理论、调查与统计理论及信息技术等现有成熟的技术和理论,结合各部分内容具体目标和研究特点进行研究工作。具体技术路线如图1-7所示。

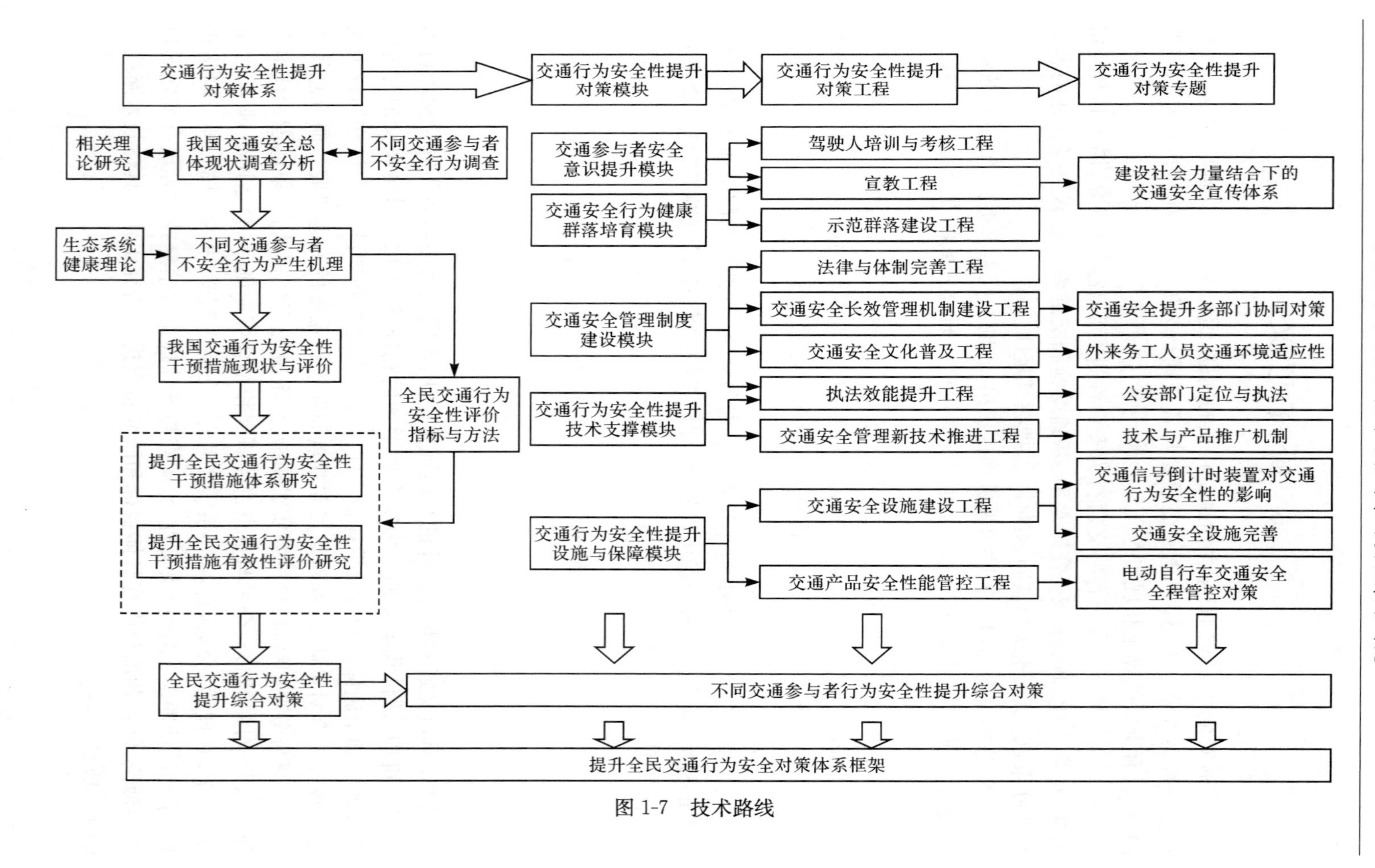

交通行为安全性提升对策体系
交通行为安全性提升对策模块
交通行为安全性提升对策工程
交通行为安全性提升对策专题
相关理论研究
我国交通安全总体现状调查分析
不同交通参与者不安全行为调查
生态系统健康理论
不同交通参与者不安全行为产生机理
我国交通行为安全性干预措施现状与评价
全民交通行为安全性评价指标与方法
提升全民交通行为安全性干预措施体系研究
提升全民交通行为安全性干预措施有效性评价研究
交通参与者安全意识提升模块
交通安全行为健康群落培育模块
交通安全管理制度建设模块
交通行为安全性提升技术支撑模块
交通行为安全性提升设施与保障模块
驾驶人培训与考核工程
宣教工程
示范群落建设工程
法律与体制完善工程
交通安全长效管理机制建设工程
交通安全文化普及工程
执法效能提升工程
交通安全管理新技术推进工程
交通安全设施建设工程
交通产品安全性能管控工程
建设社会力量结合下的交通安全宣传体系
交通安全提升多部门协同对策
外来务工人员交通环境适应性
公安部门定位与执法
技术与产品推广机制
交通信号倒计时装置对交通行为安全性的影响
交通安全设施完善
电动自行车交通安全全程管控对策
全民交通行为安全性提升综合对策
不同交通参与者行为安全性提升综合对策
提升全民交通行为安全对策体系框架

图 1-7 技术路线

1.4.2　本书主要内容

本书根据研究目标，总体上按照“调查研究—理论基础研究—对策体系研究—实施纲要研究”四个主体部分，共分为14章。

第1章为绪论。简要阐述本书研究背景、研究目标、研究意义、研究思路和内容等。

第2章为我国道路交通安全总体形势与交通行为安全性提升面临的挑战。该章以统计数据为基础，宏观分析我国道路交通安全形势、主要交通参与者与不安全行为及基于SWOT的交通行为安全性提升环境评价。

第3章为交通信号倒计时装置对交通行为安全性的影响研究。该章以调查和理论研究为基础，系统分析交通信号倒计时装置对驾驶人和行人的交通行为及安全性的影响规律。

第4章为交通参与者环境适应性对交通行为安全性的影响研究。该章重点以城市化中的外来人群为研究对象，构建环境适应性评价指标体系及以调查和理论研究为基础构建环境适应性水平与交通行为安全性之间的关系。

第5章为社会化力量参与交通安全宣传的需求及可行模式研究。该章以调查为基础，重点研究学校、企业、家庭和社区四类社会化力量参与交通安全的需求并分析可行的相应参与模式。

第6章为基于生态系统健康理论的全民交通行为安全性提升路径。该章从宏观群体和微观行为两个层面，提出基于生态健康的全民交通行为安全性提升对策理论体系。

第7章为基于交通行为干预理论的全民交通行为安全性提升路径。该章立足于交通安全行为干预现状，提出干预类别、干预有效性评价及未来干预措施的改进方向。

第8章为全民交通行为安全性提升综合对策框架。该章以对策理论基础和干预措施为依托，构建全民交通行为安全性提升的综合对策框架，包括两条主线和5个主要对策模块。

第9章为交通参与者安全意识提升对策模块研究。该章主要从交通安全宣教对策、驾驶人的安全意识考核两个方面提出具体对策。

第10章为交通安全行为健康群落培育对策模块研究。该章从示范群落培育、驾驶人的技能及行为规范、非机动交通参与者的行为规范等方面提出具体的对策。

第11章为全民交通行为安全提升管理制度模块研究。该章从安全管理体系的制度与职能、交通安全法律与制度、交通安全规划、交通安全审计和执法效能等方面提出具体的提升对策。

第 12 章为交通安全管理技术与信息化对策。该章重点研究了交通安全管理科技创新、新技术推广和保障机制及交通安全管理信息化等方面的具体对策。

第 13 章为交通行为安全性提升设施模块。该章从交通安全设施的标准化、交通安全设施的建设、交通安全设施的审计及交通安全设施保障体系等方面提出具体的对策。

第 14 章为“十三五”全民交通行为安全性提升实施纲要。该章提出了“十三五”全民交通行为安全性提升的主要目标、重点任务和实施计划。

本书主要内容如图 1-8 所示。

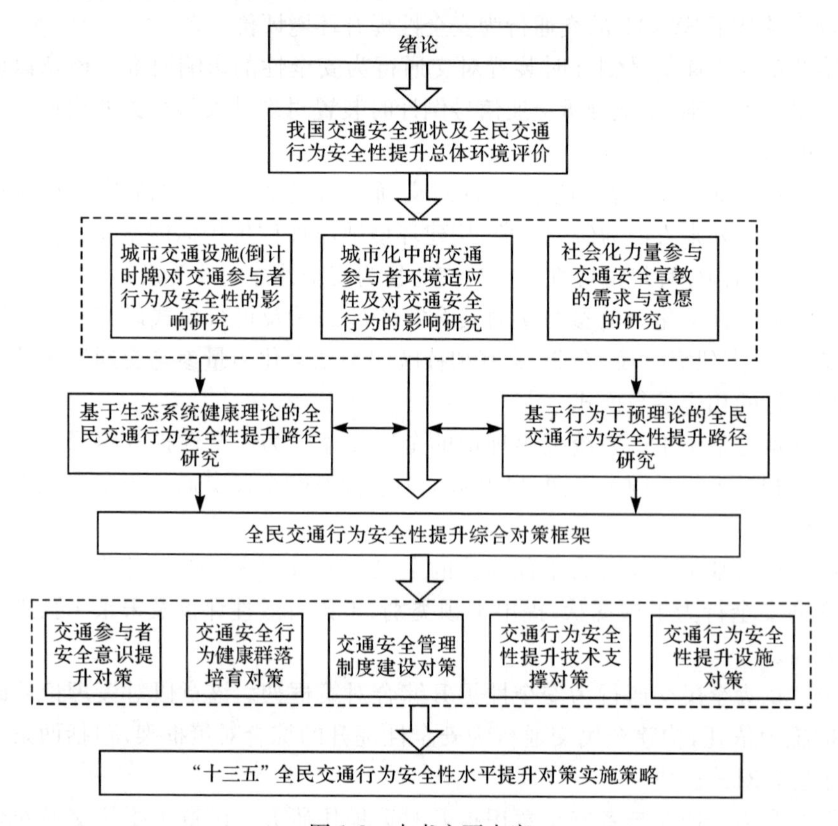

图 1-8　本书主要内容

第 2 章　安全形势与环境评价

要提出有针对性的交通行为安全性提升对策，首先需要客观地认清我国道路交通安全的整体现状、明确交通安全的热点和难点问题，其次是需要分析影响全民交通行为安全性提升的内外环境，明确所面临的优势、劣势、机遇和挑战。本章将针对上述内容展开分析。

2.1　我国道路交通安全形势演变特征

道路交通安全问题已经开始成为一个全球公认的公共安全问题和发展危机，随着发展中国家机动化程度的进一步提高，如何减少道路交通伤害、保障人身安全，已成为各国政府、专家、学者关注的焦点（金会庆，2006）。描述道路交通安全状况的指标有很多，一般分为绝对指标和相对指标两大类。其中，绝对指标包括事故起数、受伤人数、死亡人数、事故直接经济损失等；而相对指标包括万车死亡率、十万人死亡率、百公里死亡率等。

2.1.1　我国交通安全形势演变的三个阶段

自 20 世纪 80 年代至今，我国道路交通安全状况大致经历了三个阶段（图 2-1）。第一阶段：20 世纪 80 年代，事故死亡人数呈直线型稳步上升。第二阶段：从 20 世纪 80 年代末至 21 世纪初，在短短十几年间，我国交通事故死亡人数已从每年 5 万多人增长到 10 万多人，整整翻了一番，连续十余年居世界第一，是交通事故死亡人数居于世界第二位的国家——印度的 2 倍；然而和事故绝对死亡人数相比，我国交通事故的万车死亡率呈现逐年下降的趋势（图 2-2）。但是从整体来看，我国道路交通安全形势依然严峻。尤其自 1993 年以后，事故死亡人数迅猛增长。在 1994 年至 2002 年的 9 年时间里，死亡人数增加 52570 人，增长了 82%，年均增长率为 9.2%，几乎与国民经济的增长速度保持一致；第三阶段：2002 年以后，随着国家以人为本思想的进一步深化，死亡人数开始呈现下降趋势，2010 年交通事故死亡人数降至 6 万人，万车死亡率也降至 3.2 人/万车。

与发达国家相比，我国在重视经济发展的同时，却相对忽略了道路交通安全的重要性。众所周知，表中所列国家的万车死亡率均远低于我国的水平（表 2-1 和图 2-2），这足以证明欧美等发达国家在交通安全方面做得更好。

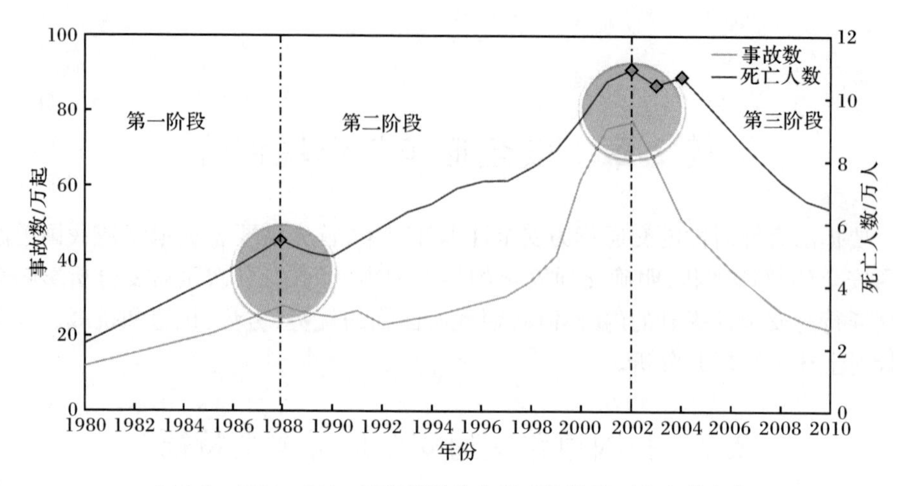

图 2-1　1980～2010 年我国道路交通事故数及死亡人数变化

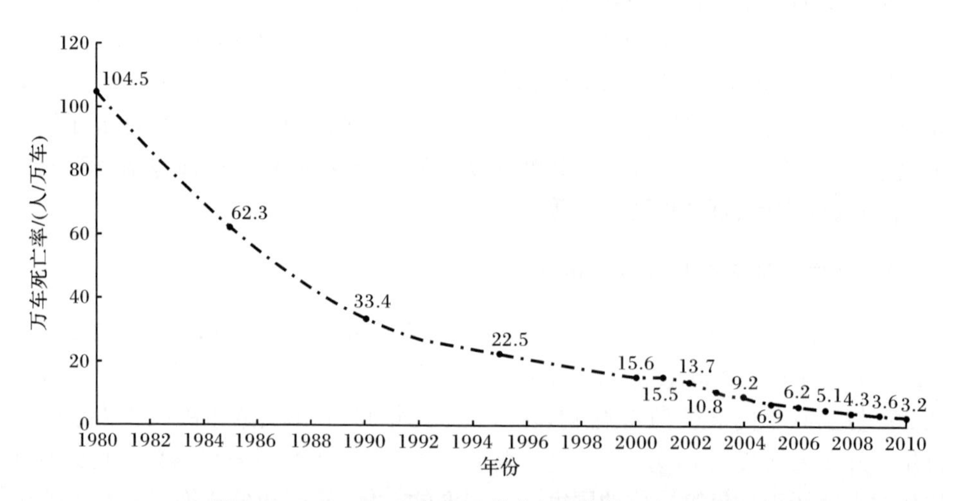

图 2-2　1980～2010 年我国道路交通事故万车死亡率

表 2-1　2003～2012 年世界部分国家万车死亡率　(单位:人/万车)

国家	2005 年	2006 年	2007 年	2008 年	2009 年	2010 年	2011 年	2012 年
德国	0.98	0.93	0.89	0.81	0.80	0.70	0.80	0.70
西班牙	1.60	1.44	1.33	1.00	0.90	0.80	0.70	0.60
法国	1.43	1.25	1.22	1.13	—	0.99	1.00	0.90
意大利	1.35	1.31	1.21	1.18	0.90	0.80	0.80	0.70
荷兰	0.87	0.84	0.79	0.75	0.70	0.57	0.58	0.59
英国	0.99	0.95	0.92	0.74	0.66	0.54	0.56	0.51

续表

国家	2005 年	2006 年	2007 年	2008 年	2009 年	2010 年	2011 年	2012 年
美国	1.77	1.70	1.61	1.45	1.31	1.28	1.26	1.26
日本	0.75	0.69	0.63	0.65	0.64	0.59	0.57	0.53
韩国	3.40	3.20	3.10	2.93	2.80	2.60	2.60	2.50

除重大人员伤亡外，道路交通事故还造成了巨大的经济损失。2002 年世界卫生组织题为“伤害:全球负担的最主要原因”的报告，对世界各主要地区的道路交通事故损失进行了粗略估算。其计算标准为:假设发展中国家道路交通事故损失占 GNP 的 1%，经济转型国家为 1.5%，高度机动化国家为 2%(表 2-2)。与之相比，我国在统计道路交通事故的损失时，主要是针对交通工具和道路设施等的直接经济损失。据统计，2013 年，全国道路交通事故的直接经济损失高达 10.4 亿元。

表 2-2　分地区道路交通事故经济损失

地区	地区 GNP(1997 年)/10 亿美元	每年道路交通事故损失估计值	
		占 GNP 比重/%	损失/10 亿美元
非洲	370	1	3.7
亚洲	2454	1	24.5
拉丁美洲及加勒比地区	1890	1	18.9
中东	495	1.5	7.4
欧洲中东部	695	1.5	9.9
高度机动化国家	22665	2	453.0

一次死亡 10 人以上的特大道路交通事故数增多(图 2-3)。2013 年全国有 21 个省(自治区、直辖市)共发生了 16 起特大交通事故，其中，西南地区 6 起，占总数的 32.6%，总量、增量均居全国六大地区之首。造成这一现象的主要原因是西南地区土质、地质情况复杂，地势凶险，多为盆地及高原地区，盘山公路较多，且道路状况欠佳，一旦大型客车发生事故，后果将不堪设想。

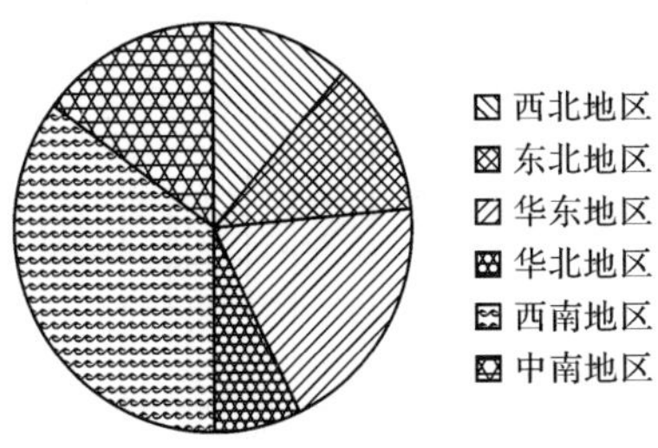

图 2-3　2010 年全国一次死亡 10 人以上特大道路交通事故分布(资料来源:中国统计年鉴)

2.1.2 交通事故与不安全行为

人作为交通行为的主体，是诱发道路交通事故的重要因素之一，人往往是导致道路交通安全事故的最直接因素。交通参与者的交通行为受社会环境、遵章守纪意识、安全意识所主导。

机动车驾驶人在道路安全中占有举足轻重的地位，其驾驶水平、经验、安全意识、驾驶状态及年龄分布等都与交通事故的发生密切相关。由于驾驶人违法驾驶、注意力不集中、驾驶技术水平低而引发的交通事故大量存在；尤其是超载（超员）、违法超车和超速行驶等"三超"现象更是引发重特大交通事故的主要原因。另外，非机动车骑乘人员和行人缺乏交通安全意识，自我防范意识差，无视交通规则（如非人行横道横穿公路、与机动车辆抢行等）而引发的交通事故也为数不少。据 2013 年我国交通事故统计，因机动车驾驶人违法行为、操作不当造成交通事故的占 94.45%，非机动车驾驶人违法占 5.37%，行人、乘客违法占0.12%，道路及其他因素占 0.06%。

伴随着机动车和驾驶人保有量的快速增长，交通违法行为总数也不断攀升。2013 年，全国公安交警部门共查处各类交通违法行为 5.3 亿人次，其中机动车超速行驶 1.1 亿人次、货车超载 208 万人次、无证驾驶 206 万人次；非机动车违法 2387 万人次；行人违法 2642 万人次。

1. 交通事故与机动车不安全行为

根据交通事故数据库中的驾驶人关联事故数据显示，由机动车驾驶人引发的交通事故总数和造成的后果呈现逐年下降趋势（图 2-4）。2005 年机动车驾驶人共发生事故数 346442 起，2010 年下降至 170041 起，平均每年下降 15.3%；事故导致的死亡人数也从 71769 人下降到 50424 人，平均每年下降率为 7.31%。同时，交通事故造成的受伤人数和直接财产损失均有不同程度的下降。

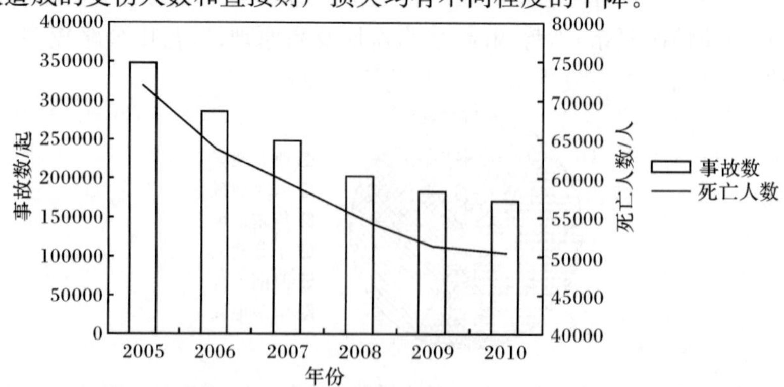

图 2-4 2005～2010 年机动车驾驶人关联事故数及死亡人数（资料来源：中国统计年鉴）

从整体上看，驾驶人引发的事故总数表现为逐年下降，其安全性水平也在不断提高。但也应注意到，在事故总数下降的同时，事故导致的死亡人数、受伤人数及直接财产损失虽然在一定程度上有所下降，但下降幅度远小于事故数的下降幅度，这就意味着驾驶人关联事故的严重性表现为上升的趋势。

自从禁止酒后驾驶的相关法律法规出台后，机动车驾驶人酒后驾驶肇事情况明显减少，而超速行驶、未按规定让行、无证驾驶成为肇事致人死亡最多的三大违法行为。2013 年，90.92%的交通事故死亡人数是由机动车驾驶人肇事导致的。其中，酒后驾驶肇事导致 4886 人死亡，占事故死亡总数的 2.46%，为机动车驾驶人违法行为肇事致人死亡因素的最大降幅。根据最新事故原因统计数据，机动车违法行为引发事故情况如图 2-5 所示。

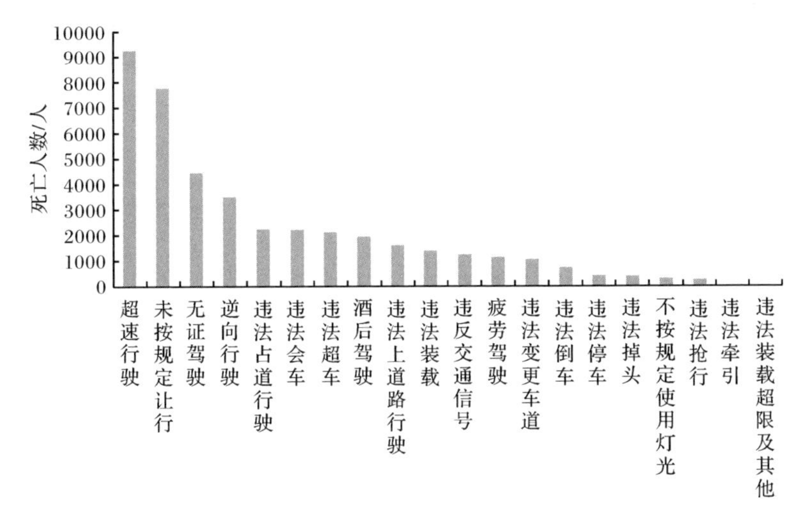

图 2-5　2010 年机动车肇事主要原因示意图(资料来源:交通事故统计年报)

2. 交通事故与非机动车不安全行为

非机动车事故在道路交通事故中占有相当比重。据统计，就在事故中负有主要责任而言，自行车导致的交通事故占全国道路交通事故总数的 30%左右；就死伤人员而言，自行车导致的交通事故受伤人数占全国道路交通事故受伤人员总数的 35%左右，死亡人数占全国道路交通事故死亡人数的 25%左右；而在我国城市交通事故统计中，与自行车相关的交通事故占 35%左右，其中死亡事故与自行车有关者占 30%。因此，研究自行车骑行人的交通特性，分析自行车诱发交通事故的原因，对预防和减少此类交通事故、保护自行车骑行人的交通安全有着极其重要的现实意义。

随着电动自行车的广泛使用，电动自行车引发的交通事故数量呈逐年上升趋势;随着电动自行车的速度提升,所引发交通事故的严重程度也在逐年加剧。在电动自行车是否应该上路的争论上,安全问题是需要考虑的一个重要因素。因此,了解我国电动自行车的安全现状,对下一步深入研究有着重要意义。

由于最近两年电动自行车交通事故数据统计不全,本书以 2013 年的数据作为分析对象。全国由于交通事故造成电动自行车驾驶人死亡 1238 人、受伤 10530 人,分别占同期总数的 2.12%和 4.93%。

3. 交通事故与行人不安全行为

当前,我国行人的道路交通安全意识淡漠,违反道路交通法规的现象十分普遍,行人闯红灯、跨越隔离设施或不走人行横道、在机动车道内行走、在封闭式机动车专用道或专供机动车通行的立交桥、高架桥、平台桥等道路上行走等违法行为时有发生。行人道路交通安全意识淡漠、不遵守交通法规已成为现代文明的一大公害。

本书通过对《中华人民共和国道路交通事故统计年报(2005～2013 年)》的统计,以及相关文献和调查报告的查阅,研究行人的交通安全现状。

1) 交通事故行人特征

2005～2013 年,交通事故中人的因素达到了 95%以上,而行人违法已经成为引发道路交通事故的重要因素之一。虽然因行人违法引发的事故率较低,但一旦发生交通事故,其导致的死亡率极高。因此,深入开展行人交通违法行为的研究,降低因行人违法引发的事故率是极具必要性和迫切性的。

2) 行人违法类型分析

本书根据《中华人民共和国道路交通事故统计年报》的数据,整理出 2013 年因行人违法造成事故中行人的违法原因(表 2-3)。由表可见,行人的不安全行为是一个很普遍的社会现象,行人违法已经成为引发道路交通事故的重要因素之一。对比分析历年的行人违法行为,虽然历年统计口径不尽相同,但从总体上看,违法占道、违反交通信号、违法在道路上行走是行人违法行为的主要组成部分。

表 2-3　行人违法产生事故

年份	不安全行为	事故起数		死亡人数		直接财产损失	
		数量/次	占总数/%	数量/人	占总数/%	数量/元	占总数/%
2007	小计	5461	1.66	1982	2.43	13810229	1.16
	违法上道路行走	629	0.19	406	0.50	3958087	0.33
	违法占道	464	0.14	132	0.16	451467	0.04
	违反交通信号	1706	0.52	408	0.50	2100666	0.18
	其他影响安全的行为	2662	0.81	1036	1.27	7300009	0.61

续表

年份	不安全行为	事故起数		死亡人数		直接财产损失	
		数量/次	占总数/%	数量/人	占总数/%	数量/元	占总数/%
2008	小计	3638	1.37	1388	1.89	6999540	0.69
	违法上道路行走	570	0.22	388	0.53	3140794	0.31
	违法占道	302	0.11	88	0.12	318843	0.03
	违反交通信号	1309	0.49	343	0.47	1472132	0.15
	其他影响安全的行为	1457	0.55	569	0.77	2067771	0.20
2009	小计	2719	1.13	1189	1.76	7858384	0.86
	违法上道路行走	576	0.24	428	0.63	3325590	0.36
	违法占道	214	0.09	86	0.13	288423	0.03
	违反交通信号	989	0.41	275	0.41	1165921	0.13
	其他影响安全的行为	939	0.39	400	0.59	3077428	0.34
2010	小计	2363	1.08	1165	1.79	8614132	0.93
	违法上道路行走	639	0.29	478	0.73	5284816	0.57
	违法占道	158	0.07	77	0.12	217163	0.02
	违反交通信号	780	0.36	241	0.37	1219618	0.13
	其他影响安全的行为	786	0.36	369	0.57	1892535	0.21

资料来源:交通事故统计年报。

2.1.3　我国交通安全趋势

从 2003 年开始,经过有效的道路交通安全管理,我国的道路交通事故总数出现下降势头,并在 2012 年减少到 204196 起(图 2-6)。我国的道路交通事故的死亡人数也开始逐年下降,2012 年死亡人数为 59997 人,比上年减少了 8390 人(图 2-7)。这说明从该年开始我国的道路安全形势开始有所好转,道路交通安全管理取得了实质性成效。但是,道路交通事故情况仍然处于高位,道路交通安全形势依然比较严峻。

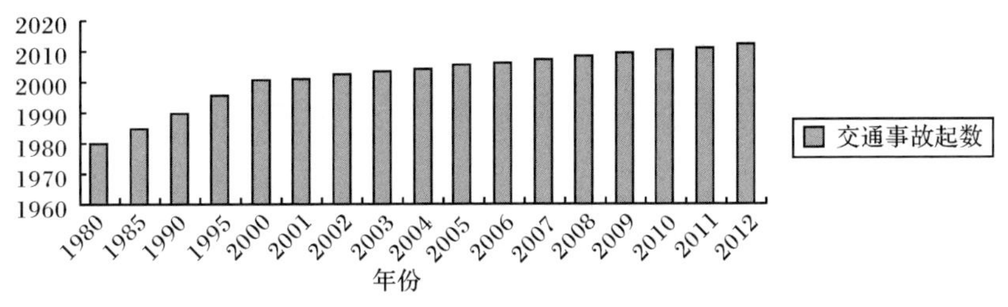

图 2-6　我国历年道路交通事故起数(资料来源:中国统计年鉴)

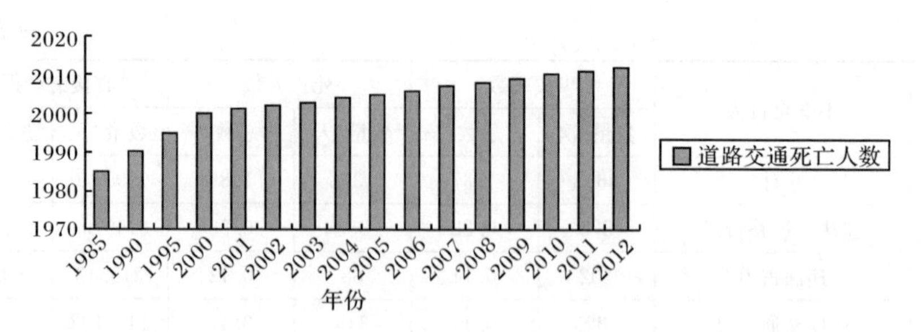

图 2-7　我国历年道路交通死亡人数(资料来源:中国统计年鉴)

生产经营性车辆导致的伤亡事故比例较高,2013 年,全国共接报涉及人员伤亡的生产经营性道路交通事故起数 49094 起,死亡人数 20910 人,分别占同期总量的 26.77%和 37.8%。全国危险品运输车辆、校车肇事导致死亡人数显著增加,分别为总事故起数的 0.23%和 0.21%。虽然,校车事故总数少许下降,但致死率却呈现上升趋势。

分析交通事故与驾龄的关系(图 2-8)可以看出,6 年以上驾龄的驾驶人肇事增多,而驾龄在 6～10 年的驾驶人发生事故的概率最高。这些驾驶人往往自以为驾驶经验丰富,麻痹心理严重,在开车时表现为漫不经心、随心所欲、注意力分散,极容易发生交通事故。同时,驾龄在 1 年以下的驾驶人发生事故数较大,但随着驾龄的增长,驾驶经验的积累,1～5 年内发生事故数逐渐下降。而对于驾龄在 20 年以上的驾驶人,他们驾驶技术娴熟,且驾驶风格趋向于稳重,发生事故的可能性很小。

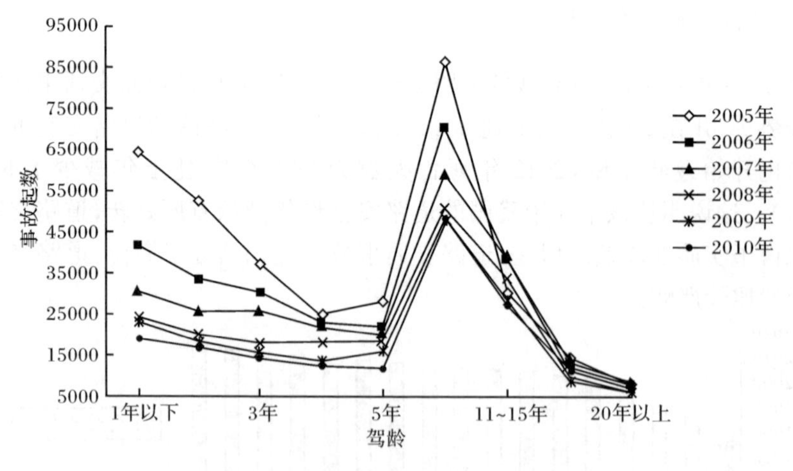

图 2-8　关联事故起数与驾龄的关系

2.2 面向交通管理者的全民交通行为安全现状调查与分析

2.2.1 调查对象

结合国家道路交通安全科技行动计划课题“全民交通行为安全性提升综合技术及示范”课题组在浙江、广东等示范省份开展的集中调研，随机对浙江湖州，广东江门、肇庆、中山共四市的100位交通警察进行问卷调查，每位警察需按要求填写性别、年龄、学历、所在部门及从事现在部门工作的时间等相关个人信息。对各类信息的分析如图 2-9 所示。

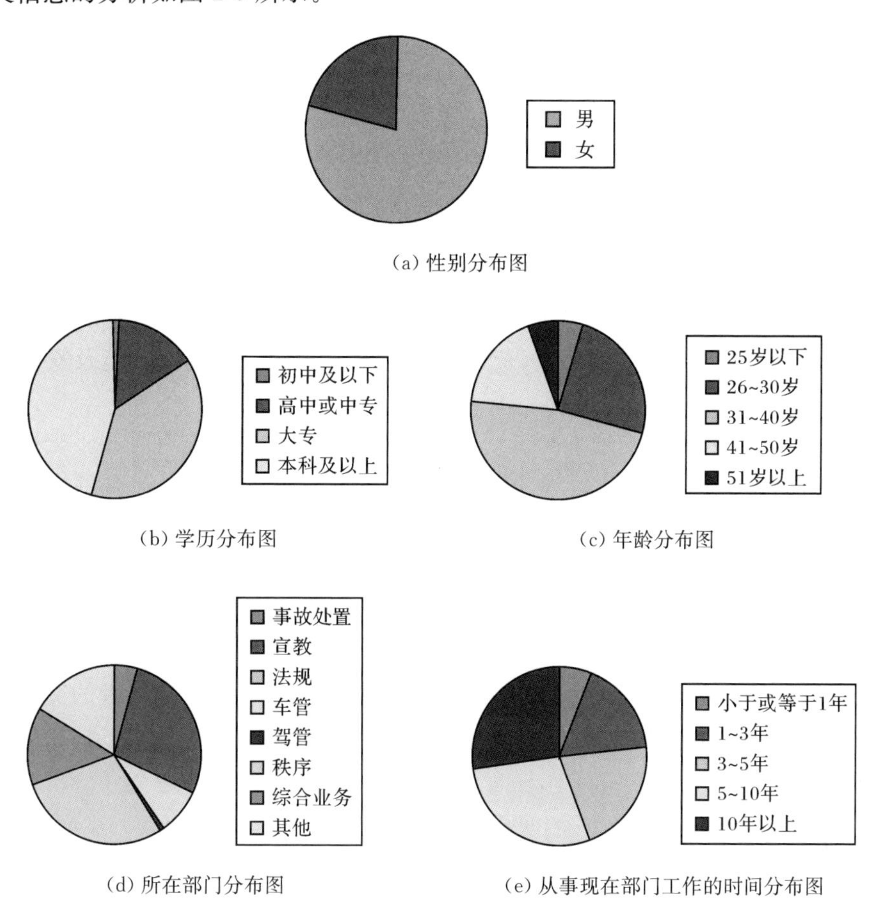

(a) 性别分布图

(b) 学历分布图

(c) 年龄分布图

(d) 所在部门分布图

(e) 从事现在部门工作的时间分布图

图 2-9 调查对象基本信息分析

2.2.2 调查方法

针对我国全民交通安全意识与安全性行为、交通安全与管理现状，设计编制 8 个问题，其中大多采用 Likert 五级评分法，从“非常不同意”、“不同意”、“一般”、“同意”到“非常同意”或“非常不重要”、“不重要”、“一般”、“重要”到“非常重要”分别记为 1 到 5 分。将调查问卷发放给上述 100 位交警，并及时收回。

这 8 个问题及其内涵如下：

(1) 您认为哪些因素影响我国交通安全水平的改善。根据大量交通安全影响因素相关研究设计，就人、车、路、环境、管理五个子因素，共含 14 项。

(2) 您认为我国交通安全管理的哪些方面存在不足。就我国交通安全管理与国外的差异，关于管理侧重点、管理体系、管理手段、管理理念及信息化水平五方面，共含 10 项。

(3) 您认为哪些将是我国交通安全管理的重点群体。将驾驶人按照年龄、居住地、驾驶人行业三种方式划分，以反映交警对各种群体交通安全性行为的评价。

(4) 您认为交通参与者交通行为安全性应从哪些方面进行评价。含交通行为安全性的评价指标共 8 项。

(5) 您认为哪些因素影响交通参与者的交通行为安全性。影响交通行为安全性有众多因素，主要包含人的素质、交通安全态度、社会文化、制度环境及安全管理五个方面，共含 15 项。

(6) 您认为提升我国交通参与者交通行为安全性的主要措施有哪些。交通参与者交通行为安全性影响因素，有可控制因素与不可控制因素。针对可控制因素，列举 12 项措施。

(7) 您认为提高交通参与者的安全意识涉及哪些方面内容。安全意识作为一个抽象概念，项目组对其进行具体表现方式的深入研究，并将其具体化为 9 个方面内容。

(8) 您认为交通参与者的交通行为安全性评估的特点。交通参与者的交通行为安全性评估是一个庞大的系统工作，需基于其各种特点，寻找一种合适的、高效的方式进行评估。

2.2.3 分析与结论

以 4 个城市共 100 位交警的调查问卷为基础，研究从公安交通管理者的视角看我国道路交通安全的相关问题。经统计分析，结果表明：

(1) 全民法制观念、交通参与者的交通行为安全性是影响改善我国道路交通安全最重要的两个方面(表 2-4)。交通参与者、道路条件为道路交通事故发生的主要因素。根据国内外的统计，80％～85％的事故是由人所造成的，具体包括机动车驾驶人违法驾驶、注意力不集中、疲劳驾驶；行人、自行车骑行人不遵守交通法规。尽管纯粹由于道路环境引起的事故相对较少，但资料表明，许多交通事故深究其原因，是发生事故周围的道路条件对驾驶人的心理、行为等造成了影响。而道路交通安全设施是道路环境中的重要内容，道路交通安全设施设置合理，对保证安全、降低事故损失、实行有效规范引导有着重要作用。

表 2-4　影响我国道路交通安全水平改善的因素

影响因素	非常不重要/％	不重要/％	一般/％	重要/％	非常重要/％	得分平均值(标准差)	得分排序
全民法制观念	0	0	8	37	55	4.47(0.41)	1
交通参与者的交通行为安全性	0	0	10	35	55	4.44(0.46)	2
全民文化教育水平	0	0	10	39	51	4.40(0.45)	3
交通安全知识的普及程度	0	0	11	37	52	4.40(0.47)	4
全民的道德意识	0	0	10	42	48	4.38(0.44)	5
车辆的安全性能	0	0	13	36	51	4.37(0.50)	6
交通管理的法规和政策的完善	0	0	9	54	37	4.28(0.39)	7
交通违法行为的惩罚方式和力度	0	1	12	50	37	4.23(0.28)	8
道路交通系统的先进技术应用水平	0	1	13	52	34	4.19(0.48)	9
交通事故应急反应能力和体系	0	2	12	56	30	4.14(0.49)	10
交管部门的业务和管理能力	0	0	17	55	28	4.11(0.45)	11
社会经济的综合发展水平	0	1	18	52	29	4.08(0.51)	12

(2) 我国交通安全管理运作体系、法律化体系不完善、设备落后是当前交通安全管理亟待解决的问题(表 2-5)。一方面，由于我国道路交通管理职能机构设置上的原因，道路交通管理工作涉及多个管理部门，包括各级政府、公安机关、交通部门及建设部门等，缺乏一个统一的综合管理机构；另一方面，同一种职能由不同的部门共同管理，机构重叠、协调难度增大，致使各部门之间缺乏统一的认识和行动。

表 2-5　我国交通安全管理存在的不足

不足	非常不同意/%	不同意/%	一般/%	同意/%	非常同意/%	得分平均值(标准差)	得分排序	F值
交通安全管理运作体系不完整,力量单薄	0	1	9	52	38	4.27(0.45)	1	1.13
交通安全管理涉及的资金投入不足	1	1	17	37	44	4.21(0.70)	2	4.31
交通安全管理的法律化体系尚未完善	0	1	11	61	27	4.14(0.41)	3	1.87
交通安全管理资源分散	0	1	12	63	24	4.09(0.40)	4	0.51
交通安全管理的相关设备、教材落后	1	2	18	52	27	4.01(0.63)	5	1.22
交通安全管理手段和方式单一,缺乏创新	1	3	17	52	27	4.00(0.66)	6	1.56
交通安全管理队伍素质有待提高	0	4	10	69	17	3.99(0.44)	7	1.17
交通安全管理目标不明确,执行困难	0	5	16	54	25	3.98(0.62)	8	1.01
交通安全管理缺乏相应的理论和应用技术支撑体系	0	1	22	59	17	3.93(0.44)	9	0.54
交通安全管理部门的职责划分不合理	0	8	23	46	23	3.84(0.76)	10	2.48

(3) 13～25 岁人群为重点管理人群,年轻的司机冒险精神较强,喜欢开快车、高速行驶,肇事的概率亦比较高(表 2-6)。在世界范围内,占人口总数仅为 10%的青年人(15～24 岁)死于交通事故的人数占交通事故总死亡人数的 27%;需对城市外来工及常住农村人口进行重点管理,我国 2007 年农民肇事导致 29415 人死亡,占总死亡人数的 36%;非机动车、摩托车需要进行重点管理,数据显示,2008 年南京市交通事故中,与非机动车,尤其电动自行车相关的比例高达 70%,而摩托车事故约占整个机动车事故的 25.37%。

表 2-6　我国交通安全管理的重点群体

分类方式	类别	比例/%
年龄	0～6 岁	24
	7～12 岁	48

续表

分类方式	类别	比例/%
年龄	13～18 岁	52
	19～25 岁	52
	26～35 岁	38
	36～45 岁	33
	46～60 岁	42
	60 岁以上	30
居住地	城市居民(三年及以上居住经验)	25
	城市外来务工人员(小于三年)	85
	常住农村人口	65
车辆类型	非机动车驾驶人	69
	公交车辆	56
	出租车	62
	个体货运车辆	52
	企事业单位小车或货车	32
	私车、摩托车	66
	三轮农用车辆等	40

(4) 安全态度与安全意识、安全行为取向与安全意识、安全认知与安全意识之间均呈现显著的正相关关系。评价交通参与者交通行为安全性应从交通参与者的主观能动性出发，即其安全意识、交通行为习惯、交通安全法律法规知识及交通安全行为的知识等，而环境特征等客观指标则权重较低。交通参与者的交通安全行为与交通安全意识之间相互作用，密不可分。一方面，交通参与者的安全行为体现其交通安全意识；另一方面，交通安全意识则深刻影响其交通安全行为(表 2-7～表 2-10)。因此，一方面，通过宣传教育、考核、管理等手段提高交通参与者交通安全意识，尤其是机动车驾驶人的安全意识，是提升交通参与者行为安全性的重要措施；另一方面，改变不良交通行为习惯、增加交通安全知识及增强对不安全行为危害认识是提高安全意识的重要途径。

表 2-7　交通参与者交通行为安全性评价要素

评价要素	非常不同意/%	不同意/%	一般/%	同意/%	非常同意/%	得分平均值(标准差)	得分排序
交通安全意识	0	0	3	37	60	4.57(0.31)	1
交通行为习惯	0	1	5	46	48	4.41(0.41)	2

续表

评价要素	非常不同意/%	不同意/%	一般/%	同意/%	非常同意/%	得分平均值（标准差）	得分排序
交通安全法律、法规知识	0	0	9	58	33	4.24(0.37)	3
交通安全行为的知识	0	0	8	61	31	4.23(0.34)	4
交通行为状态特征	0	1	20	57	22	3.99(0.46)	5
交通行为事后影响	0	2	24	46	28	3.99(0.61)	6
心理特征（能力、气质和性格）	0	2	29	57	12	3.80(0.46)	7
交通行为发生的环境特征	1	4	28	54	14	3.78(0.54)	8

表 2-8　影响交通参与者交通行为安全性的因素

影响因素	非常不同意/%	不同意/%	一般/%	同意/%	非常同意/%	得分平均值（标准差）	得分排序
交通安全意识	0	0	2	38	60	4.58(0.92)	1
交通行为习惯	0	0	4	41	55	4.51(0.23)	2
道德观念	1	1	12	49	37	4.19(0.59)	3
法律和法规制度环境	2	4	18	42	33	4.01(0.88)	4
管理和监督体系	1	5	13	56	24	3.98(0.68)	5
交通环境负荷（气候、交通流、道路等）	0	6	23	50	21	3.86(0.67)	6
年龄	1	8	22	44	25	3.83(0.88)	7
心理特征（能力、气质和性格）	0	7	23	52	19	3.81(0.33)	8
家庭背景（居住地、家庭传统、文化等）	0	14	21	48	17	3.67(0.67)	9
交通出行方式	3	13	32	37	15	3.48(1.02)	10
学历	1	12	33	45	8	3.47(0.73)	11
交通出行目的	3	10	34	41	11	3.47(0.88)	12
职业	2	16	31	37	15	3.46(1.00)	13
收入	2	22	42	24	10	3.19(0.93)	14
性别	2	22	38	33	5	3.17(0.82)	15

表 2-9　提升我国交通参与者交通行为安全性措施

措施	非常不同意/%	不同意/%	一般/%	同意/%	非常同意/%	得分平均值（标准差）	得分排序
提升交通参与者的交通安全意识	0	0	8	40	52	4.44(0.41)	1
提高交通基础设施的安全性	0	0	7	55	38	4.31(0.36)	2
改革驾驶人培训考试内容和方式，增加交通安全方面的考核	0	2	9	48	41	4.28(0.51)	3
增加交通参与者交通安全教学的机会	1	0	7	55	37	4.27(0.46)	4
完善交通安全法规体系建设	0	1	10	58	31	4.18(0.42)	5
建立适合不同受众的交通安全教育模式和配套产品	1	0	12	56	31	4.15(0.50)	6
改革交通违法行为的处罚措施	1	0	15	55	29	4.11(0.52)	7
整合交通安全管理资源，合理优化资源	1	0	14	57	28	4.10(0.50)	8
建立交通安全管理组织体系	0	1	15	60	24	4.07(0.43)	9
加快交通安全管理相关理论和应用技术的开发研究	2	1	12	66	18	3.98(0.54)	10
加大交通安全管理、教育示范基地建设	0	2	26	49	23	3.94(0.58)	11
改善交通参与者的经济条件	2	9	28	46	15	3.63(0.85)	12

表 2-10　提高交通参与者的安全意识涉及的内容

内容	非常不同意/%	不同意/%	一般/%	同意/%	非常同意/%	得分平均值（标准差）	得分排序
改变交通参与者的不良交通行为习惯	0	0	4	42	54	4.50(0.33)	1
增加交通参与者的交通安全知识	0	0	9	49	42	4.33(0.41)	2
增强交通参与者对交通不安全行为危害的认识	0	3	5	54	38	4.27(0.48)	3

续表

内容	非常不同意/%	不同意/%	一般/%	同意/%	非常同意/%	得分平均值(标准差)	得分排序
增加交通参与者的交通安全训练	0	0	12	53	35	4.22(0.42)	4
鼓励交通参与者的交通安全自我教育	0	0	12	54	34	4.21(0.42)	5
增强交通参与者自身交通行为后果的认知能力	0	3	9	57	31	4.16(0.50)	6
改变交通行为的干预内容、方式	0	0	14	58	28	4.13(0.40)	7
增强交通参与者在突发交通事件下的应急反应能力	0	2	13	60	25	4.07(0.46)	8
增强交通参与者不安全交通环境的判别能力	1	1	12	66	20	4.03(0.45)	9

(5) 对交通参与者的交通行为安全性评估存在着理论方法单一、群体差异性大、评价指标权重确定较困难等问题(表 2-11)。因此,开发辅助的评价系统是极为必要的。

表 2-11 交通参与者的交通行为安全性评估的特点

特点	非常不同意/%	不同意/%	一般/%	同意/%	非常同意/%	得分平均值(标准差)	得分排序
单一的理论评价方法不合适,需要开发辅助的评价系统	0	1	17	54	28	4.08(0.49)	1
评价目标、原则的确定十分重要	0	2	16	53	29	4.08(0.53)	2
评估涉及的群体差异性大	0	1	13	64	21	4.06(0.39)	3
群体特征的提取是评价前提	0	2	20	57	21	3.96(0.49)	4
评估涉及定性的数据较多	0	1	16	70	12	3.94(0.33)	5
不同评价指标的加权是关键	0	3	19	60	19	3.94(0.50)	6
涉及评估内容多	0	4	15	64	17	3.93(0.48)	7

2.3　影响全民交通行为安全性提升的内外环境 SWOT 评价

2.3.1　评价方法

1) SWOT 分析法

SWOT 分析法是战略分析中最常用的方法之一，常被用于制定集团发展战略和分析竞争对手情况。其目标在于通过确定组织的竞争优势(strength)和竞争劣势(weakness)，以及周围环境存在的发展机会(opportunity)和威胁(threat)，以对现状进行系统、科学的评价，准确地预见未来发展趋势，进而制定相应的行动计划。在进行 SWOT 分析时，主要包括以下几方面内容：①运用多样化的调查研究方法，分析各种环境因素，即外部环境因素和内部能力因素；②将调查得出的各种因素根据轻重缓急或影响程度等标准进行排序，构造 SWOT 矩阵；③在完成环境因素分析和 SWOT 矩阵的构造后，即可制定未来的发展策略。

2) 层次分析法

层次分析法(analytical hierarchy process，AHP)是美国匹兹堡大学教授 A. L. Saaty于 20 世纪 70 年代提出的一种系统的分析方法，其基本原理是用下一层次因素的相对排序来求得上一层次的相对排序。层次分析法的一般步骤是：①确定该系统的总目标，弄清规划决策所涉及的范围、所要采取的措施方案和政策、实现目标的准则、策略以及各种约束条件等；②建立一个多层次的递阶结构，按目标的不同、实现功能的差异，将系统分为几个等级层次；③通过构造两两比较矩阵及矩阵运算的数学方法，确定以上递阶结构中相邻层次元素间的相关程度，即相对权重；④计算各层元素对系统目标的合成权重，进行总排序，以确定递阶结构图中最底层各个元素对总目标的重要程度；⑤根据分析结果，进行相应的决策。

3) SWOT 与 AHP 相结合

将 SWOT 方法确定的要素作为 AHP 的各个因素，运用 AHP 方法将各种因素重要性进行总排序，其主要步骤为：①进行 SWOT 分析，运用 SWOT 方法识别组织内部和外部环境的相关因素；②在每个 SWOT 组内对 SWOT 要素进行两两比较；③对 4 个 SWOT 组进行两两比较，进行总排序。本书在 SWOT 分析影响的基础上，对专家进行问卷调查，通过对上述 4 个 SWOT 组的各个要素进行两两比较，列为矩阵 $\mathbf{A}$。在此矩阵中，元素 $a_{ij}=1/a_{ji}$；当 $i=j$ 时，$a_{ij}=1$；W_i 的值变化范围是 1～9，表示两个要素的相对重要性程度。

$$\boldsymbol{A}=(a_{ij})=\begin{bmatrix} 1 & w_1/w_2 & \cdots & w_1/w_n \\ w_2/w_1 & 1 & \cdots & w_2/w_n \\ \vdots & \vdots & & \vdots \\ w_n/w_1 & w_n/w_2 & \cdots & 1 \end{bmatrix}$$

在比较中，必须判断矩阵的一致性。在$(\boldsymbol{A}-\lambda_{\max}\boldsymbol{I})\boldsymbol{q}=\boldsymbol{0}$中，$\lambda_{\max}$是矩阵$\boldsymbol{A}$的最大特征根，$\boldsymbol{q}$为对应$\lambda_{\max}$的正规特征向量，其分量是相应信息单排序的权值，$\boldsymbol{I}$是$n$阶单位矩阵。可通过$\mathrm{CI}=(\lambda_{\max}-n)/(n-1)$来判断矩阵的一致性，因为CI值与$n$有关，需要计算矩阵的平均随机一致性指标RI。随机一致性比率CR=CI/RI，是判断矩阵成立，数据分析有效的依据，当$\mathrm{CR}<0.1$时，矩阵成立，数据分析有效，而当$\mathrm{CR}>0.1$时，分析无效。

2.3.2　评价指标体系

1. 评价体系构建

在对交通安全事故的历史数据进行统计分析，主要交通参与者的安全现状评价以及交通管理水平分析定位的基础上，运用SWOT分析法对交通安全发展的整体状况进行战略分析，并充分考虑社会、经济、工程、技术、管理、法制、教育等各个方面，构建SWOT评价体系(表2-12)。

表2-12　中国交通安全SWOT评价体系

优势S	劣势W
国民经济的快速发展	主要交通参与群体安全意识淡薄
政府主管部门的重视	驾驶人、行人素质普遍较低
社会各界对交通安全的关注	交通安全管理尚不成体系
科技力量的持续投入	交通流混合性现象严重
居民出行安全的内在需求	低安全水平道路比重较大
机会O	**威胁T**
交通工程技术水平提升	机动车保有量增加
安全技术广泛应用	非职业性驾驶人数量增加
信息技术的逐步推广	交通活动强度加大
发达国家交通管理的成功经验和教训	城乡一体化进程加快

2. 评价指标现况

1）优势子指标层

(1) 国民经济的快速发展：2013年我国经济总量为568845亿元，同比增长

7.7%。财政收入近13万亿元,同比增长10.1%,固定资产投资为436528亿元。

(2) 政府主管部门的重视:各政府管理部门已经认识到道路交通安全形势的严峻性,高度重视道路交通安全,颁布了一系列相关政策,启动了一些重大的交通安全研究项目,积极开展预防重特大道路交通事故的研究,着力破解道路安全中的一些重难点问题,推广了一系列新的安全管理技术,强化了对车辆和驾驶人的安全动态监管、交通信息采集及交通控制的智能化采集。

(3) 社会各界对交通安全的关注:道路交通安全问题已经在社会上引起了广泛而深远的关注。随着各类交通事故的产生以及有关道路交通安全的宣传教育,社会上已经普遍形成了对交通安全的高度关注,也渴求社会能提供一个供生活、出行的安全交通环境。

(4) 科技力量的持续投入:政府应组织高校、科研机构等开展一系列重大的交通安全研究项目,对中国交通安全现状展开一次深入的研究和探讨,建立适合中国国情的交通安全研究理论体系,摸索出一套具有中国特色的交通安全管理机制,开创出一套新的交通安全教育宣传办法。同时,在资金和条件允许的前提下,应尽快将已取得的一系列高科技成果应用到道路交通安全上来,以确保交通系统安全功能的健全,减少交通事故的发生频率、人员伤亡和财产损失。

(5) 居民出行安全的内在需求:随着经济、社会的发展,安全、文明、舒适的出行方式将逐步成为全社会的追求。人们将更注重自身的价值,珍爱自己的生命,追求科学的道德观念。因此,人们需要社会提供一个更为安全的居住生活环境,也亟须一个安全的出行环境,以实现各种社会活动,满足人全面发展的需求。

2) 劣势子指标层

(1) 主要交通参与群体安全意识淡薄:伴随着全社会宣传教育机制的建立,现代交通安全意识已初步形成,但主要交通参与群体的安全意识还比较淡薄。进一步的交通安全宣传教育,将促进交通法规、交通安全常识在全社会的深入渗透,增强交通参与者的交通法制意识、交通安全意识和交通文明意识,逐步养成文明、安全的出行习惯。

(2) 驾驶人、行人素质普遍较低:驾驶人的素质主要指驾驶人的驾驶技能和驾驶行为的文明守法程度。当前,我国机动车驾驶人的素质还普遍较低:新驾驶人在驾驶技能上存在操作不熟练、无法应对和处理复杂道路状况以及路权意识不明晰等问题;具有驾驶经验的驾驶人则往往出现驾驶随意性较大、精神不集中等一系列违法现象。而行人的素质较低主要表现为闯红灯、违法占道等行为。

(3) 交通安全管理尚不成体系:长期以来,公安交通管理部门在预防和控制道路交通事故,特别是重特大事故方面做了很大的努力,也取得了较为丰富的管理经验。但是,一些问题依旧尚待解决:不少管理对策、措施立足于被动应付、经验管理;对于交通事故调查研究,超前控制不深、不透,缺乏专业的管理与技术人才,专业化水平不高;对社会发展进程中出现的新情况、新问题研究的主动性、积极性不够;解决交通问题通常停留在治标层次,管理的力度和水平都不到位。

(4) 交通流混合性现象严重:我国交通流最明显的特征之一是混合性,这种混合性主要表现在机非混合、人机混合、人非混合,导致路段出入口、交叉口等存在严重的交通冲突,增加了各类交通事故的发生概率。

(5) 低安全水平道路比重较大:低安全水平道路主要是指与道路线形设计、路面设计等相关的一些关键参数不符合安全标准,如最小平曲线半径、停车与超车视距等;且缺少必要的安全设施,如安全防护及防撞缓冲系统、防眩设施、隔离封闭设施、道路照明设施和视线诱导设施安全设施等。合理地规划设计道路有利于预防交通事故的发生,而交通安全设施对减轻事故严重程度、排除各种干扰、提高道路的服务水平、提供视线诱导、增强道路的景观等方面起着极为重要的作用。当前,我国一些低等级道路往往也是低安全水平道路,存在着众多事故隐患。特别是,在我国的西部地区,路面行车条件极不理想,还存在一些急弯路段和危险路段,问题尤为严重,时常发生重大恶性交通事故。

3) 机会子指标层

(1) 交通工程技术水平提升:随着交通工程理论的完善和交通工程实践经验的积累,安全设计的理念将进一步融入道路基础设施设计、道路交通标志标线设计,对我国道路交通事故的发生机理有着更为深刻的认识,而标志视认性和人机工程学研究也将取得突破性的进展。

(2) 安全技术广泛应用:安全技术的广泛应用对于降低道路交通事故伤亡人数起着极为关键的作用。目前,国家正在制定更加严格的机动车安全技术标准,建立更加严格的车辆安全检测和管理制度,引导和促使老旧、低安全值车辆的更新换代。另外,车辆人体工程学的迅速发展,车辆制造工艺的逐步提高,安全气囊、ESP 系统等安全设备的广泛运用,将为驾乘人员提供更为有效的保护。

(3) 信息技术的逐步推广:目前,国内引进了不少先进的交通管理技术,如信息化技术中的全球定位系统、地理信息系统、电子眼、各种传感装置等;管理系统如德国紧急救援体系、智能交通系统等。这些信息技术的充分应用必将有效地提升我国的交通安全管理技术和水平。

(4) 发达国家交通管理的成功经验和教训:同发达国家相比,我国道路交通安全水平还存在较大的差距,应积极学习和借鉴国外的成功管理经验和教训。发达国家已形成了较为完整的管理体系,通过政府牵头,全社会参与到交通安全管理;重视交通立法,如日本针对本国汽车工业的发展,先后制定了《道路交通法》、《道路运输法》、《紧急措施法》、《交通安全对策基本法》等,内容几乎涉及与交通运输有关的各个方面，为交通管理提供了根本的依据；系统化地实施交通安全教育工作，把交通安全宣传教育作为提高国民交通安全素质、搞好交通安全的一项治本措施来抓；美国还高度重视交通资料数据的收集、道路通行能力的数量化分析，由分析结果制定出科学、合理的改善措施。

4）挑战子指标层

（1）机动车保有量增加：根据我国公安交通管理局的数据，至2014年4月底，全国机动车保有量达2.56亿辆，其中汽车1.44亿辆，摩托车9430万辆。在机动车辆保有量保持强劲增长的势头下，道路交通安全的形势更加严峻。车辆增加使原来拥挤不堪的道路更加拥堵，交通流内部的冲突更为强烈，交通系统的不安全性增加，交通事故也可能更频繁地发生。

（2）非职业性驾驶人数量增加：至2014年，全国机动车驾驶人约2.87亿人。由于私人汽车拥有量的增加，非职业性驾驶人大幅度增加。由非职业性驾驶人员引起的交通事故占事故总数的比例约为38.6%，非职业性驾驶人群体的扩大无疑给交通安全水平的提升带来巨大的压力。

（3）交通活动强度加大：随着社会经济的发展，居民的经济社会活动更为丰富，人均出行次数增多，出行距离也明显增加，且交通出行方式结构也由原来的以非机动车、步行为主向以小汽车、公共交通等机动化出行工具为主转变。

（4）城乡一体化进程加快：城乡一体化是我国现代化和城市化发展的一个新阶段，它促使生产力在城市和乡村之间合理分布，逐步实现生产要素的合理流动和优化组合，加快城乡经济和社会生活紧密结合与协调发展，逐步缩小直至消灭城乡之间的基本差别，从而使城市和乡村融为一体。在城乡一体化进程中，大量农村人口涌入城市，他们对交通法规意识模糊，对城市交通方式和交通特点不了解、不适应，成为交通事故的多发群体。

2.3.3 评价结果

如表2-13、表2-14所示。

表2-13 各子指标层对与准则层指标的权重

子指标层	因素	平均权重	打分	加权分数
优势(S)	国民经济的快速发展	0.214	3	0.643
	政府主管部门的重视	0.214	3	0.643
	社会各界对交通安全的关注	0.214	3	0.643
	科技力量的持续投入	0.143	2	0.286
	居民出行安全的内在需求	0.214	3	0.643

续表

子指标层	因素	平均权重	打分	加权分数
劣势(W)	主要交通参与群体的安全意识淡薄	0.250	4	1.000
	驾驶人、行人素质普遍较低	0.250	4	1.000
	交通安全管理尚不成体系	0.188	3	0.564
	交通流混合性现象严重	0.187	2	0.561
	低安全水平道路比重较大	0.125	2	0.250
机会(O)	交通工程技术水平提升	0.307	4	1.228
	安全技术广泛应用	0.307	4	1.228
	信息技术的逐步推广	0.231	3	0.693
	发达国家交通管理的成功经验和教训	0.154	2	0.308
挑战(T)	机动车保有量加大	0.300	3	0.900
	非职业性驾驶人数量增加	0.300	3	0.900
	交通活动强度加大	0.200	2	0.400
	城乡一体化进程加快	0.200	2	0.400

表 2-14 各指标对总指标的指标权重

子指标层		因素	平均权重	打分	加权分数
优势(S)	0.270	国民经济的快速发展	0.058	3	0.173
		政府主管部门的重视	0.058	3	0.173
		社会各界对交通安全的关注	0.058	3	0.173
		科技力量的持续投入	0.038	2	0.077
		居民出行安全的内在需求	0.058	3	0.173
劣势(W)	0.288	主要交通参与群体的安全意识淡薄	0.077	4	0.308
		驾驶人、行人素质普遍较低	0.077	4	0.308
		交通安全管理尚不成体系	0.058	3	0.173
		交通流混合性现象严重	0.038	2	0.077
		低安全水平道路比重较大	0.038	2	0.077
机会(O)	0.250	交通工程技术水平提升	0.077	4	0.308
		安全技术广泛应用	0.077	4	0.308
		信息技术的逐步推广	0.058	3	0.173
		发达国家交通管理的成功经验和教训	0.038	2	0.077
挑战(T)	0.192	机动车保有量增加	0.058	3	0.173
		非职业性驾驶人数量增加	0.058	3	0.173

续表

子指标层		因素	平均权重	打分	加权分数
挑战(T)	0.192	交通活动强度加大	0.038	2	0.077
		城乡一体化进程加快	0.038	2	0.077

针对优势、劣势、机会和挑战，对整体一致性和各个子指标一致性作出检验(表 2-15)。

表 2-15　一致性检验

总体一致性检验	
$\lambda_{max}=4.0456$ $CI=(\lambda_{max}-n)(n-1)=0.01326$ $CR=CI/RI=0.01547<0.1$	
优势	劣势
$\lambda_{max}=6.3901$ $CI=(\lambda_{max}-n)(n-1)=0.0589$ $CR=CI/RI=0.05010<0.1$	$\lambda_{max}=6.5694$ $CI=(\lambda_{max}-n)(n-1)=0.02782$ $CR=CI/RI=0.020145<0.1$
机会	挑战
$\lambda_{max}=6.4584$ $CI=(\lambda_{max}-n)(n-1)=0.06584$ $CR=CI/RI=0.05781<0.1$	$\lambda_{max}=5.8971$ $CI=(\lambda_{max}-n)(n-1)=0.01875$ $CR=CI/RI=0.01689<0.1$

经检验，数据皆有效。

依次进行求和，可以得到总优势力度 S，总劣势力度 W，总机会力度 O，总挑战力度 T。计算结果如下：

总优势力度 $S=\sum_{i=1}^{n}\frac{S_i}{nS}=2.857$；

总劣势力度 $W=\sum_{i=1}^{n}\frac{W_i}{nW}=3.375$；

总机会力度 $O=\sum_{i=1}^{n}\frac{O_i}{nO}=3.457$；

总挑战力度 $T=\sum_{i=1}^{n}\frac{T_i}{nT}=2.600$ 。

在对整个交通安全发展环境内外因素进行匹配分析的基础上，利用二维(极)坐标工具和强度、力度等概念将战略决策过程定量化，使 S、W、O、T 四要素具有一定的可计量性和可比性，结果如图 2-10 所示。

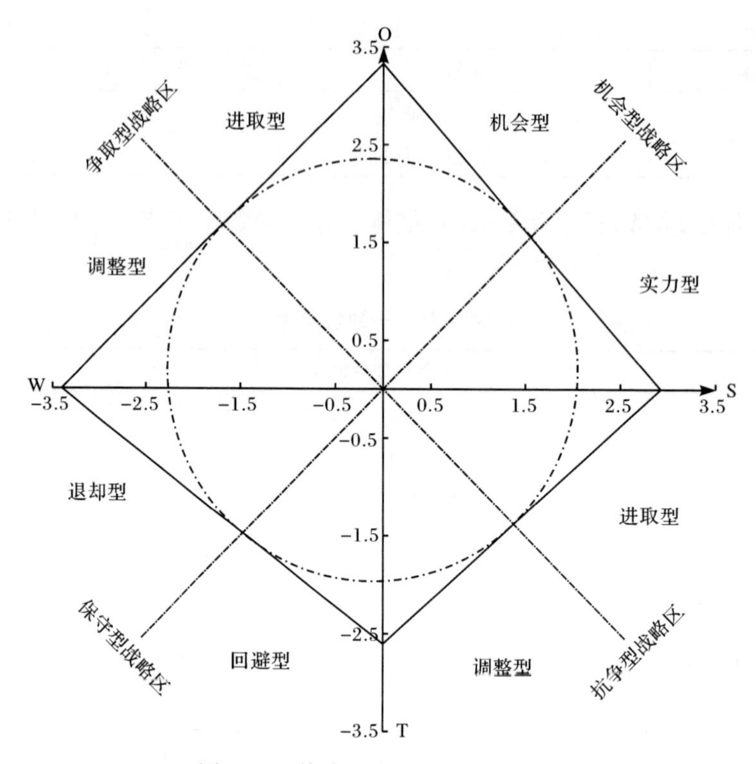

图 2-10　战略四边形 SWOT 分析图

对于战略四边形 SWOT，其重心坐标 $P(X,Y)=\left(\sum_{i=1}^{n}\frac{x_i}{4},\sum_{i=1}^{n}\frac{y_i}{4}\right)=(-0.130,0.124)$，而战略类型方位角 θ，$\tan\theta=\frac{Y}{X}=-0.96$，所以 $\theta=136.17°\approx(19/25)\pi$。因此，根据图 2-10，当前我国的交通安全发展战略类型属于争取型战略区，类型为调整型。

2.3.4　评价结论

通过以上的 SWOT 评价，可以发现：

(1) 就优势和劣势而言，我国交通安全发展优势并不明显，劣势较为显著。我国交通流的混合性，使现有道路的交通条件差异性较大，加之管理水平、管理技术和管理经验上的不足，已经成为遏制交通安全发展水平进一步提高的硬性瓶颈。当然，政府管理部门的推动作用、交通参与者的安全意识的提升、科技力量的投入以及执法体系的进一步完善必然成为推进安全性提高的主动力。

(2) 就机会和挑战而言，机会大于挑战。在未来的几年中，社会经济的发展使全社会有更充足的社会、技术、科学和经济力量投入到道路交通基础设施规划建设、车辆安全升级改造和全民安全教育中，这些将为交通安全水平的大幅提升带来良好的契机。当然，也存在着车辆保有量增长、交通活动加剧、客货运量加大等一系列负面影响因素。但就总体而言，交通安全形势会在平稳的态势下有一定程度的好转。

第3章　城市交通设施(交通信号倒计时装置)对交通行为安全性的影响调查与建模研究

根据作者对“全民交通行为安全性提升综合技术及示范”课题的前期研究发现,城市交通设施对交通参与者的行为安全性有很大影响。为了进一步理解城市交通设施对交通参与者行为的影响规律并为全民交通行为安全性提升对策制定提供理论研究基础。本章将着重研究城市交通信号倒计时装置对交通行为安全性的影响,并建立相应模型。

在城市交通系统中,任何一种设施要实现其设置效果,都必须被交通参与者所认知,交通设施所提供的信息,只能依靠交通参与者的感觉和判断来决定其决策行为。本章将从交通安全角度出发,分机动车驾驶人、行人两个方面,分析有、无倒计时装置对驾驶人、行人行为决策过程的影响,进而得出倒计时装置对交通行为安全性的影响。

3.1　国内外研究及本章研究思路

交通信号倒计时装置实时显示交通信号的剩余时间,使交通出行者对信号灯的变化做到心中有数,并据此调整自己的决策行为,避免在等待红灯时产生焦虑。目前,国外采用交通信号倒计时装置的主要有美国、澳大利亚、荷兰、伊朗、印度、泰国、马来西亚等国家的一些城市。国内的交通信号倒计时装置最早出现在20世纪80年代中期,北京从澳大利亚引进并启用倒计时显示器。随着技术的发展,现阶段倒计时装置普遍采用标准7段码来显示时间(王岩,2008)。交通信号倒计时装置的分类如图3-1所示。

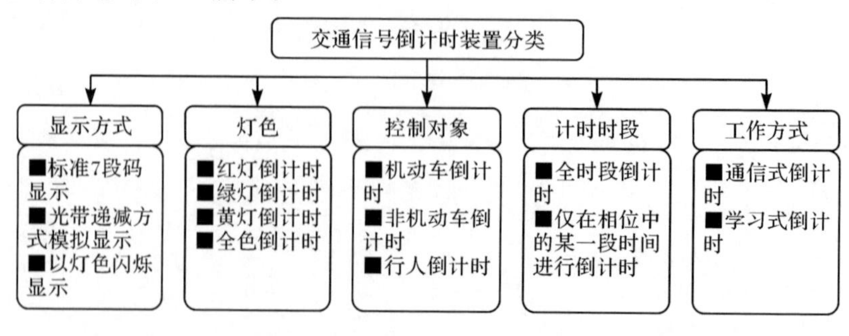

图3-1　交通信号倒计时装置分类

从现有的使用情况上看,交通信号倒计时受到了广大交通参与者的普遍欢迎。交通信号倒计时避免了因害怕闯信号或盲目快速行驶而出现的急刹车、行人抢灯等现象,能够有效地预防车辆追尾事故。然而,倒计时装置也会产生一些负面效应,例如,在绿灯期间,尤其是绿灯末期会导致驾驶人加速通过停车线,从而容易与下一相位的车辆在路口发生侧面冲突,也容易导致行人加快速度过马路,从而与上一相位的机动车发生冲突。尽管有一些学者开展了该领域的部分研究,但总体上针对交通行为安全性的相关研究还比较匮乏。

在柏林,Keegan 和 O'Mahony(2003)以信号控制的人行横道为例,研究一种绿灯灯色倒计时对行人行为的影响。其目的在于评价倒计时装置对行人过街行为的影响,特别是对闯红灯过街行为的影响。结果显示,绝大多数的女性行人过高地估计了自己的等候时间。在倒计时器安装之前,有 65%的行人会在绿灯和黄灯相位开始过街;而在倒计时器安装之后,这个比例增加到 75%。

余璇(2008)对上海市设置行人绿闪信号灯的中山北路—花园路交叉口和未设置行人绿闪信号灯的曹安公路—绿苑路交叉口进行调查,结果表明设置行人过街绿闪信号灯能达到提高交叉口安全性的目的。

王岩(2008)介绍了交通信号倒计时在国内外的应用情况,对交通信号倒计时的分类进行系统总结,对比分析了交通信号倒计时的优缺点,提出使用交通信号倒计时的一些建议。

本章将从交通安全角度出发,从机动车驾驶人、行人两个方面,分析倒计时装置对驾驶人、行人行为决策过程的影响,研究不同城市有、无机动车或行人倒计时装置对交通行为安全性的影响,并针对倒计时装置对交通安全所产生的负面影响,提出倒计时装置设置的改善建议,为交通管理部门选用交通信号倒计时装置提供参考依据。图 3-2 给出了本章的研究思路。

3.2　交通调查方案设计与实施

驾驶人到达交叉口处的行为可分为加速、减速、匀速以及停车等待四种类型,而行人到达路段的行为可分为匀速前进、中途停驻、中途加快、中途放慢以及等待下一个绿灯过街五种类型。

3.2.1　交叉口驾驶人调查

本书在驾驶人调查方面参考马天宇(2008)的相关思路,重点开展关于交叉口驾驶人的实地交通调查。交叉口驾驶人交通调查需采集的数据包括以下几个方面。

(1) 交叉口概况。交叉口配时方案及相位顺序、车道功能划分、交叉口面积、

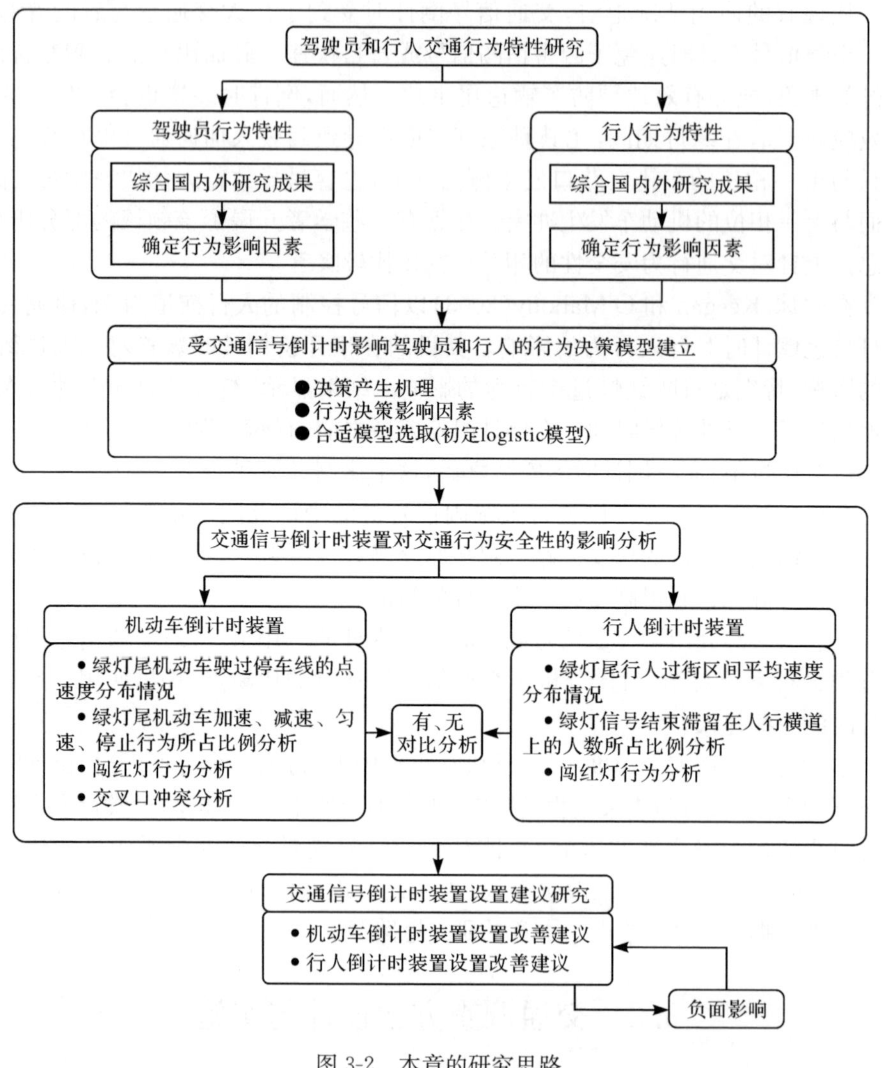

图 3-2　本章的研究思路

交叉口交通量、相交道路等级、交叉口基本交通状况、有无监控设施。

(2) 车辆状态。车辆通过停车线的地点车速(m/s)、通过停车线前 30m 的地点车速(m/s)、通过上述两个端面的区间车速(m/s)、闯红灯个数、产生冲突的个数。通过对比停车线断面和停车线前 30m 断面的地点车速，可以判定驾驶人决策行为(加速、匀速、减速和停车)。

(3) 车辆参数。车型、新旧程度。

(4) 信号状态。倒计时信号显示时间。

本书通过摄像调查、车速调查采集到上述数据。

1. 车速调查

车速调查由地点车速调查和区间车速调查两个部分组成,两部分调查同时进行,地点车速采用雷达枪观测,而区间车速采用牌照法进行调查。调查对象为直行车流,调查时间为 15:45～18:30。

为了更好地分析,应尽可能排除其他影响驾驶人行为的因素,选取其他因素相似的交叉口作为对比。南京市进香河路与珠江路交叉口西进口道和上海市恒丰路与天目西路交叉口西进口道的高峰交通量、定周期信号控制、信号配时方案一致,而且进口道周围交通环境基本一致。因此,调查选取这两个进口道作为研究对象(表 3-1)。

表 3-1　车速调查选取的地点

南京市进香河路与珠江路交叉口西进口道 (有交通信号倒计时装置)	上海市恒丰路与天目西路交叉口西进口道 (无交通信号倒计时装置)

调查位置示意图	

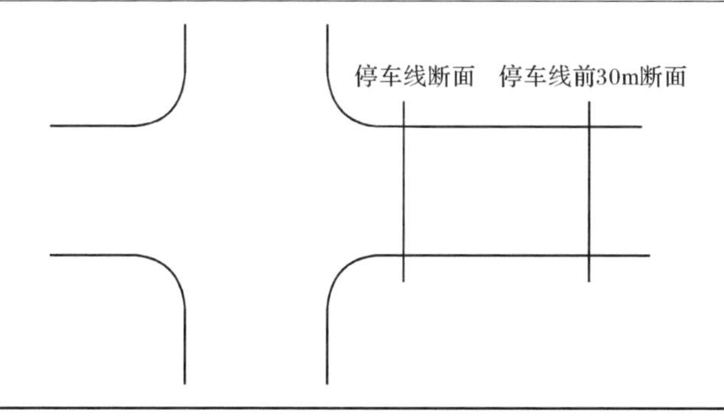

1) 地点车速

在地点车速调查中,采用雷达枪观测机动车到达停车线、停车线前 30m 这两个断面的地点车速(图 3-3)。

图 3-3 雷达枪

2) 区间车速

采用牌照法观测机动车的区间车速,其调查过程为:分别在停车线、停车线前30m断面,一人读取并记录通过该断面的机动车车牌号的末三位数和车型,一人读取并记录机动车通过该断面的时间;观测后将两个断面同车牌的车辆对应起来,算出车辆行驶时间,进而根据两断面之间的距离(30m)测算区间车速。

调查对象为进口道中的直行车流。该调查除了测量车速外,还需记录机动车车型、信号灯显示时刻以及车辆新旧程度等信息。综合上述两种调查可以看出,在停车线断面需要三人,一人用雷达枪观测地点车速,一人记录地点车速、牌照末三位和车辆新旧程度,一人记录机动车通过时间和车型;在停车线前30m断面也需要三人,一人记录地点车速,一人记录地点车速和牌照末三位,一人记录机动车通过时间和车型。

2. 驾驶人决策行为判定

驾驶人决策行为判定可通过地点车速与区间车速的调查获取。为了分析交通信号倒计时装置对驾驶人决策行为的影响,还需要采用一台摄像机同步观测信号倒计时装置的变化情况。车速调查和摄像调查必须同时开始,通过这两部分的调查可为后续建立驾驶人行为决策模型提供数据支持。

3. 冲突、闯红灯个数调查

本书采用摄像法进行冲突和闯红灯个数调查。采用该方法拍摄交叉口交通个体的运动状态基本不受遮挡,还可用于观测道路交通流流量、速度、事件、分类等,更有助于对交通参与者个体微观运动行为的捕捉观测。摄像调查选取的地点见表 3-2。

表 3-2　摄像调查选取的地点

南京市进香河路与学府路交叉口 (有交通信号倒计时装置)	宁波市桑田路与中山东路交叉口 (无交通信号倒计时装置)

南京市进香河与学府路交叉口(有交通信号倒计时装置)南进口道和宁波市桑田路与中山东路交叉口(无交通信号倒计时装置)南进口道的高峰交通量一致、直行和左转向同时放行、进口道周围交通环境基本一致,调查选取这两个进口道作为研究对象。

在采集数据之前,应先设计数据的采集方案,确定摄像机的摆放位置,利用两台摄像机分别摄录车流和信号灯,摄录前将两台摄像机的时间调成一致,以保证同时开始。调查时间为晚高峰,即 15:45～18:30。这主要是因为:道路交通量比较大,可采集的样本较多;高峰时期比平峰时间更能反映出交通信号倒计时装置对冲突、闯红灯行为的影响。冲突点的调查表格见表 3-3。

表 3-3　冲突点调查表格

序号	信号显示时刻	冲突车辆类型	冲突类型		
			正向冲突	追尾冲突	横穿冲突
1					
2					

3.2.2　路段行人调查

路段行人交通调查需采集的数据包括以下几个方面。

(1) 路段概况。配时方案及相位顺序、人行横道长度、有无监控设施。

(2) 行人状态。行人过街平均速度(m/s)、行人过街行为意识调查。

(3) 行人参数。性别、年龄。

(4) 行人过街过程。主要是观察倒计时显示剩余时间 5s 和黄灯时间行人的过街过程,包括中途加快、中途放慢、匀速前进、中途停驻以及等待下一个周期。

(5) 信号状态。倒计时信号显示时间。

本书通过问卷调查、摄像调查采集上述调查内容。

1. 问卷调查

为了解行人的交通安全意识、行人对交通信号倒计时装置的认识以及相应的行为反应,在南京市火车站开展行人问卷调查,共发放调查问卷 400 份,收回 361 份,回收率 90%。研究样本的基本情况见表 3-4。

表 3-4 研究样本的基本情况

类别		数量	有效百分比/%	累计百分比/%
性别	男	187	51.94	51.94
	女	174	48.06	100.00
年龄	18 岁以下	57	15.88	15.88
	18~25 岁	146	40.39	56.27
	26~30 岁	35	9.75	66.02
	31~35 岁	26	6.96	72.98
	36~40 岁	34	9.47	82.45
	41~50 岁	29	8.08	90.53
	50 岁以上	34	9.47	100.00
婚姻状况	未婚	209	57.79	57.79
	已婚	152	42.21	100.00
职业	学生	189	52.35	52.35
	公司职员	51	14.13	66.48
	工人	25	6.93	73.41
	公务员	10	2.77	76.18
	老师	26	7.20	83.38
	家庭主妇	19	5.26	88.64
	其他	41	11.36	100.00
学历	小学及以下	37	10.34	10.34
	初中	58	15.92	26.26
	高中或中专	54	15.08	41.34
	大专或本科	108	29.89	71.23
	研究生及以上	104	28.77	100.00

续表

类别		数量	有效百分比/%	累计百分比/%
收入	2万元以下	235	65.19	65.19
	2万～5万元	80	22.15	87.34
	5万～8万元	22	6.01	93.35
	8万元以上	24	6.65	100.00

2. 摄像调查

1) 调查目的

路段行人摄像调查的主要目的是:①获取行人过街的区间平均速度;②观察读取绿灯信号结束时,滞留在人行横道上的行人数量;③观察行人的过街决策行为(均匀步速前进、中途停驻、中途加快、中途放慢);④观察闯红灯行为,并记录闯红灯的个数。

2) 调查地点的选择

南京市进香河路东大西门路段与北京市交大东路交大东门路段的行人流量一致、承担功能相似、行人交通组成和路段周围交通环境基本一致,调查选取这两个路段作为研究对象。调查地点的选择见表3-5。

表3-5　摄像调查选取的地点

南京市进香河路东大西门路段 (有交通信号倒计时装置)	北京市交大东路交大东门路段 (无交通信号倒计时装置)

3) 数据采集

在采集数据之前,应先设计数据的采集方案,确定摄像机的摆放位置,保证视野良好、画面清晰,利用一台摄像机摄录人流和信号灯情况。调查时间选为15:45～17:00,因为此时人流量比较大,可采集样本较多。

3.3 受倒计时影响驾驶人和行人的行为决策模型建立

交通调查结果表明，驾驶人和行人在有、无交通信号倒计时装置时的交通行为的确存在差异性。本书将分析驾驶人在交叉口处、行人在路段处的行为决策模型和主要的影响因素，运用 logistic 模型建立有、无倒计时装置情况下的行为决策模型，并对影响行为决策的因素进行敏感性分析。驾驶人、行人采集的样本主要是绿灯通行时间剩余 5s 和黄灯时间内的车辆或行人。

3.3.1 交叉口驾驶人行为决策模型建立

1. 驾驶人行为决策产生机理

驾驶人行至信号交叉口处的决策属于风险决策，在绿灯剩余时间不多和黄灯时间内，在信号交叉口处的决策过程可分为六个阶段(马天宇，2008)：察觉问题、确定决策目标、分析备选方案及可能的结果、选择备选方案、实施方案、反馈，具体如图 3-4 所示。

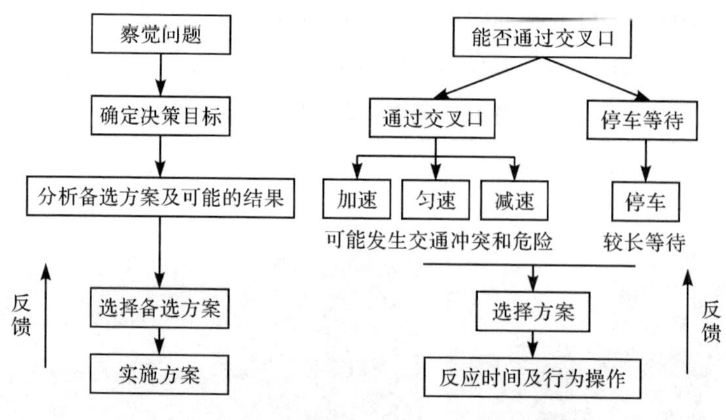

图 3-4 驾驶人行为决策过程模型(马天宇，2008)

2. 驾驶人行为决策的影响因素

驾驶人在察觉问题的过程中，正确地感知现有情景对驾驶人的判断决策和确定决策目标极其重要。决策行为学者霍格思提出了一个“判断的理论模式”可以较好地说明这一判断过程(黄孟藩等，1995)，如图 3-5 所示。

由上述过程可以看出，驾驶人的判断过程是对周围信息获取、处理、输出的过程。驾驶人在行驶过程中，不断地接收多种渠道的信息。在信号交叉口，驾驶人除了要接收信号灯的信息，其判断还受到交叉口处其他信息的影响，如道路信息、

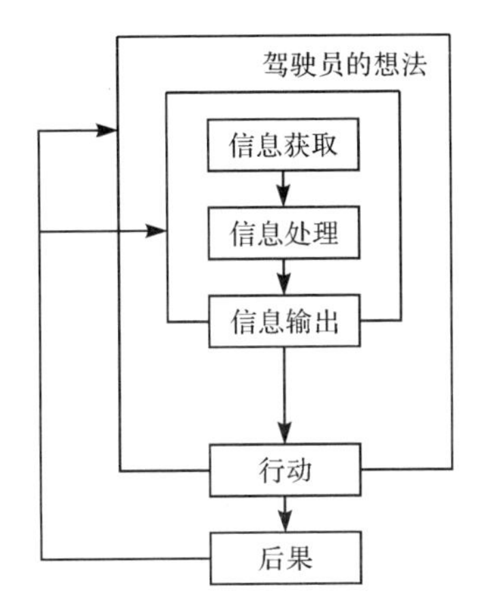

图 3-5　驾驶人行为决策过程模型(黄孟藩等,1995)

环境信息等。因此,行至交叉口的驾驶人,其行为决策是驾驶人自身、车辆因素、道路中其他车辆以及道路环境(交通信号、道路障碍等)等多种因素共同作用的结果。驾驶人决策的主要影响因素可归纳如下(仲媛媛,2006),如图 3-6 所示。

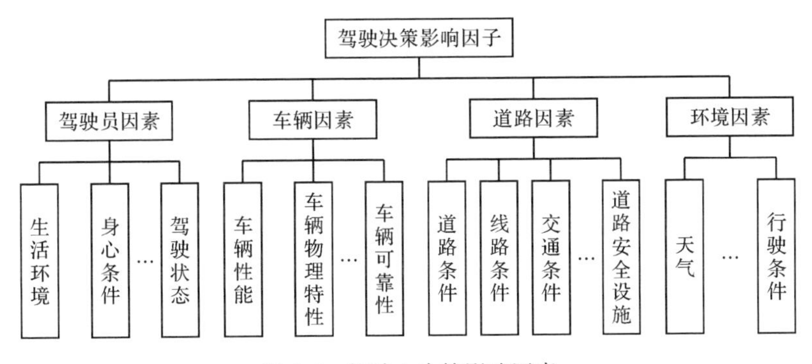

图 3-6　驾驶人决策影响因素

3. logistic 模型建立

借鉴相关研究思路(马天宇,2008),运用 logistic 模型对影响驾驶人决策行为的影响因素进行分析。受调查条件和采集样本数量的限制,调查只考虑车型、车辆新旧程度、倒计时信号灯显示时间、停车线断面地点车速、停车线前 30m 断面地点车速和区间车速等影响因素,并将驾驶人的行为决策分为“加速”、“减速”、“匀速”、“停车”四种选择。因变量为多水平的分类变量,调查的数据均来自随机样本,符合 logistic 模型的建模要求。

假设驾驶人在交叉口处行为选择包括加速、减速、匀速和停车四种类型,以停车行为作为基础,用 p_1 到 p_4 分别表示选择这四种行为模式的概率,则有 logistic

公式：

$$\ln\left(\frac{p_i}{p_4}\right)=\alpha^i+\sum_{k=1}^{k}\beta_k^i x_k^i=V_i \tag{3-1}$$

式中，i 为从 1 到 3 的整数，分别表示除停车以外的 3 种行为方式；α^i 为第 i 种行为的常数项；β_k^i 为相应变量 x_k^i 的系数，它表示选择第 i 种行为方式的第 k 个变量；V_i 表示各种行为对停车的相对效用。

$$\begin{cases} p_1=\dfrac{e^{V_1}}{1+y} \\ p_2=\dfrac{e^{V_2}}{1+y} \\ p_3=\dfrac{e^{V_3}}{1+y} \\ p_4=\dfrac{e^{V_4}}{1+y} \end{cases} \tag{3-2}$$

1）确定选择枝

通过对比驾驶人在距离停车线 30m 处以及在停车线处的地点车速，可判断驾驶人的行为差异，并将驾驶人行为分为停车、匀速、加速、减速四种类型，分别用－1、0、1、2 表示。此外对各影响因素进行了变量转换，见表 3-6。

表 3-6　影响因素的表达

影响因素		变量表达
车型[以车长 L(单位：米)为衡量标准]	$L<4.1$	1
	$4.1<L<4.5$	2
	$4.5<L<6.5$	3
车辆新旧程度	新车	1
	旧车	0
倒计时信号显示时刻	黄灯或 0s	0
	1s	1
	2s	2
	⋮	⋮
	5s	5
车速	车辆通过停车线断面的地点车速	连续变量
	车辆通过停车线前 30m 断面的地点车速	连续变量
	车辆通过两端面之间的区间车速	连续变量

2）计算结果与分析

（1）模型标定。应用上述的 logistic 模型进行建模，并对模型进行参数的标定。

(2) 有倒计时信号交叉口结果分析。在有倒计时装置的情况下,主要分析南京市进香河路与珠江路交叉口西进口道的调查数据。采用统计软件SPSS分析各种影响驾驶人行为决策的影响因素(参数),并进行参数检验,得到各种驾驶行为决策下的参数估计,见表3-7。

表3-7　有倒计时装置信号交叉口参数估计结果(sig.值)

影响因素(参数)	减速	加速	匀速
车型	0.46	0.73	0.53
车辆新旧程度	0.25	0.09	0.37
倒计时信号显示时间	0.003	0.005	0.001
车辆通过停车线断面的地点车速	0.16	0.26	0.39
车辆通过停车线前30m断面的地点车速	0.14	0.81	0.03
车辆通过两端面(30m)之间的区间车速	0.002	0.007	0.003

注:sig.值>0.05时,自变量不显著;sig.值≤0.05,则显著相关(下同)。

从sig.参数可以看出:

① 车型、车辆新旧程度、车辆通过停车线断面的地点车速、通过停车线前30m断面的地点车速对驾驶人行为决策的影响不显著。而倒计时信号显示时间、车辆通过两端面(30m)之间的区间车速对驾驶人行为决策有着显著的影响。

② 倒计时显示时间对匀速行为的敏感性最强;其次是减速行为;而加速行为的敏感性相对不如前两者,这可能是因为一小部分驾驶人的心理比较激进,即使倒计时显示的剩余时间只有2~3s的情况下,这部分驾驶人仍然会选择加速通过。

通过计算,驾驶人行为决策的logistic模型如下所示:

$$\ln\frac{p_1}{p_4}=6.182+1.953x_1-0.235x_2$$
$$\ln\frac{p_2}{p_4}=4.815+1.678x_1-0.134x_2 \tag{3-3}$$
$$\ln\frac{p_3}{p_4}=6.374+2.154x_1-0.277x_2$$

式中,p_1、p_2、p_3、p_4分别表示车辆减速、加速、匀速以及停车等待四种行为模式的选择概率;x_1为倒计时信号显示时间(s);x_2为车辆通过两端面之间的区间车速(m/s)。

机动车的区间车速调查结果显示,信号交叉口处的车辆通过两断面之间的区间车速大多集中在10~30m/s。假设车辆的区间车速为20m/s,即$x_2=20$;分别取x_1为0,1,2,3,4,5,分析倒计时信号显示时间对驾驶人决策行为的敏感性,见表3-8。

表 3-8　倒计时信号显示时间的敏感性分析结果

倒计时显示时间(变量 x_1)	减速/%	加速/%	匀速/%	停车/%
0	27.24	52.33	14.25	6.19
1	31.94	46.61	20.43	1.03
2	34.54	38.29	27.01	0.16
3	78.81	12.39	8.74	0.05
4	35.61	22.77	41.62	0.00
5	34.31	16.67	49.03	0.00

由表 3-8 得出如下结论：

① 当信号显示的时间大于 4s 时，驾驶人不会选择停车；当小于 4s 时，随着信号显示的减少，驾驶人选择停车的比例有所增加。

② 在倒计时信号交叉口处，驾驶人选择减速的比例仍然占了绝大部分。当小于 3s 时，随着信号显示的减少，驾驶人选择减速的比例有所减少，反之，该比例有所增加。

③ 驾驶人会根据信号显示的时间调整车辆状态，驾驶人加速和匀速行驶的决策点为信号显示时间是 3s：当信号显示的时间大于 3s 时，驾驶人匀速行驶的比例增加；而相反时，驾驶人则表现为加速。同理，驾驶人加速和减速行驶的决策点为信号显示时间 2s：当信号显示的时间大于 2s 时，驾驶人减速行驶的比例增加；而相反时，驾驶人则表现为加速。另外，驾驶人减速和匀速行驶的决策点为信号显示时间 4s：当信号显示的时间大于 4s 时，驾驶人匀速行驶的比例增加；而相反时，驾驶人则表现为加速。

(3) 无倒计时信号交叉口结果分析。在无倒计时装置的情况下，主要分析上海市恒丰路与天目西路交叉口西进口道的调查数据。采用统计软件 SPSS 分析各种影响驾驶人行为决策的影响因素(参数)，并进行参数检验，得出的各种驾驶行为决策下的参数估计，见表 3-9。

表 3-9　无倒计时信号交叉口参数估计结果(sig. 值)

影响因素(参数)	减速	加速	匀速
车型	0.09	0.15	0.23
车辆新旧程度	0.72	0.48	0.61
车辆通过停车线断面的地点车速	0.06	0.21	0.17
车辆通过停车线前 30m 断面的地点车速	0.008	0.037	0.025
车辆通过两端面(30m)之间的区间车速	0.32	0.28	0.13

从 sig. 参数可以看出：

① 与有倒计时装置的信号交叉口不同点在于，车辆通过停车线前 30m 断面的地点车速对驾驶人行为决策有显著影响。

② 从检验值中可以看出，车辆通过停车线前 30m 断面的地点车速对驾驶人选择减速行为影响最为显著。而与有倒计时的情况相似的是驾驶人的加速行为是三种行为决策中受影响最不显著的。

通过计算，驾驶人行为决策的 logistic 模型如下所示：

$$
\begin{aligned}
\ln\frac{p_1}{p_4} &= -9.87 + 0.97x_3 \\
\ln\frac{p_2}{p_4} &= -3.66 + 0.69x_3 \\
\ln\frac{p_3}{p_4} &= -5.94 + 0.83x_3
\end{aligned}
\tag{3-4}
$$

同理，模型中 p_1、p_2、p_3、p_4 分别表示车辆减速、加速、匀速以及停车等待四种行为模式的选择概率；x_3 为车辆通过停车线前 30m 断面的地点车速(m/s)。

由地点车速调查结果可以看出，信号交叉口车辆通过停车线前 30m 断面的地点车速大多集中在 5～40m/s。本书以 5m/s 为车速间隔递增，分析地点车速对驾驶人决策行为的敏感性，见表 3-10。

表 3-10 地点车速的敏感性分析结果

地点车速(变量 x_3)/(m/s)	减速/%	加速/%	匀速/%	停车/%
5	0.33	40.85	8.41	50.41
10	2.22	67.26	27.89	2.63
15	6.80	50.75	42.39	0.06
20	16.85	31.00	52.15	0.00
25	33.44	15.17	51.39	0.00
30	53.32	5.97	40.71	0.00
35	71.09	1.96	26.95	0.00
40	83.68	0.57	15.75	0.00

由表 3-10 得出如下结论：

① 当车速小于 10m/s 时，驾驶人选择加速决策的比例有一个明显的增加，反之，加速决策的比例有所减少。随着车速的增加，驾驶人选择停车的比例不断减少，特别是车速控制在 10m/s 之后，停车比例急剧减少，直到车速到达 20m/s 时，驾驶人基本上不会选择停车。

② 当车速控制在 20～25m/s 时，驾驶人选择匀速决策的比例保持平稳。但随着车速的增加或减少，匀速行驶的车辆比例逐渐减少。

③ 加速曲线与匀速曲线存在一个交点，此时车速为 17m/s；同样地，加速曲线与减速曲线也存在一个交点，此时车速为 22.5m/s；减速曲线与匀速曲线也存在一个交点，此时车速为 28m/s。当车速小于 17m/s 时，驾驶人决策行为主要表现为加速行驶；当车速在 17～28m/s 时，驾驶人决策行为主要表现为匀速行驶；当车速大于 28m/s 时，主要表现为减速行驶。

由此可见，为了使通过交叉口的车辆保持较为平稳的车速，保证交叉口的交通安全有序，应采取限速等措施控制车辆的速度。通过分析，本书建议将离停车线 30m 处的车速控制在 17～28m/s 的范围内。

(4) 对比分析：本节在有、无倒计时装置影响的情况下，分别建立驾驶人行为决策的 logistic 模型，两个模型的异同点如下：

① 从两者模型结构来看，有倒计时装置的信号交叉口驾驶人行为决策与倒计时信号显示时间、车辆通过两端面(30m)之间的区间车速显著相关；而无倒计时装置信号交叉口驾驶人行为决策只与车辆通过停车线前 30m 断面的地点车速显著相关。由此可见，在信号显示的影响下，驾驶人会根据信号灯的变化情况来调整自身行为，并可能会受到性格、能力等因素的影响，采取减速、匀速或加速行为，从而使得车辆从 20m 处至停车线处的行驶时间成为衡量驾驶人行为决策的重要因素。而在无信号交叉口，车速成了驾驶人决策的关键因素。

② 有倒计时信号交叉口驾驶人选择减速行驶的比例比较高；随着通过车辆点速度的增加，无倒计时信号交叉口驾驶人减速的样本也在逐渐增加。由此可见，无论是否存在倒计时信号，驾驶人行至交叉口的行为都是以减速为主。

③ 通过对影响因素的敏感性分析，倒计时信号显示剩余 3s 是驾驶人加速或匀速行为的决策点，倒计时信号显示剩余 2s 是驾驶人加速和减速行驶的决策点，倒计时信号显示剩余 4s 是驾驶人减速或匀速行为的决策点；在无倒计时信号交叉口，要使得通过交叉口的车辆保持较为平稳的车速，应将距离离停车线 30m 处的车速控制在 17～28m/s。

3.3.2 路段行人行为决策模型建立

1. 行人行为决策产生机理

与驾驶人决策一样，行人行至信号路段处的决策也属于风险决策。行人行至路段时无法预知所处的环境，如信号灯的状态、路段上机动车与非机动车的行驶状态等。行人为了节省出行时间，行至路段处时总希望能够通过路段。但是，行人在路段处也会遇到风险，如在路段处与机动车、非机动车产生冲突等。因此，行人将在考虑时间和风险的平衡后,对行走行为作出决策。尤其是在黄灯时间内,车辆处于可通过或者不能通过的矛盾中时,不同的行人作出的决策存在着差异性。同样地,行人在绿灯剩余时间不多及黄灯时间内在信号路段处的决策过程可分为六个阶段:察觉问题、确定决策目标、分析备选方案及可能的结果、选择备选方案、实施方案、反馈。行人在路段处的决策过程如图3-7所示。

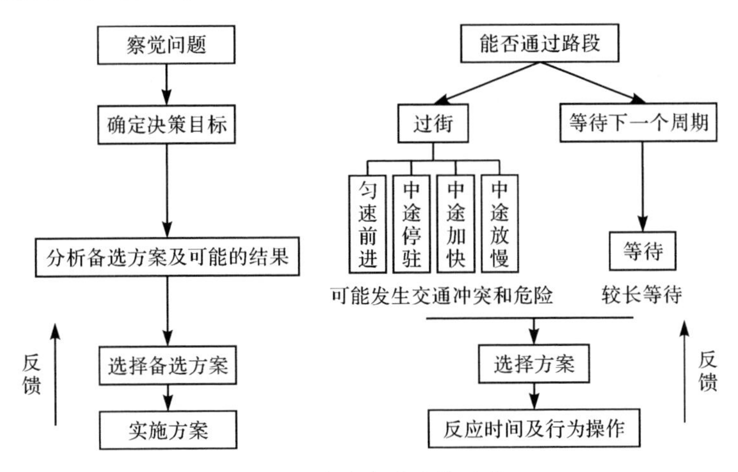

图3-7 行人行为决策过程

2. 行人行为决策的影响因素

行人的判断过程是对周围信息获取、处理、输出的过程。在信号路段,行人除了要接受信号灯的信息,其判断还受到路段处其他信息的影响,如道路信息、环境信息。因此,行至路段的行人,其行为决策是在行人自身、车辆因素、道路中其他车辆以及道路环境,如交通信号、道路障碍等多种因素共同作用的结果,将行人决策主要影响因素归纳如下,如图3-8所示。

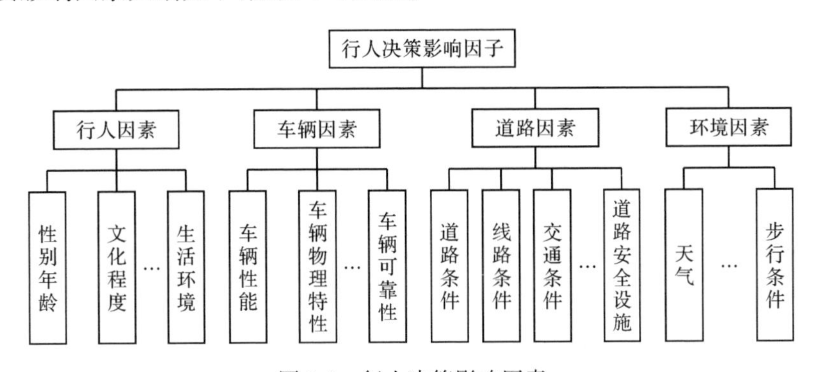

图3-8 行人决策影响因素

由于调查条件的限制，本书挑选了几个可观测的因素，对其进行分析，并运用模型检验其影响行人决策行为的显著性。

1）性别

女性对不安全行为的认知程度比男性要高，相对而言，女性的决策行为较为保守。

2）年龄

行为问卷调查将不同年龄的人分为四类：少年——18 岁以下、青年——18～35 岁、中年——36～50 岁、老年——51 岁以上。

3. logistic 模型建立

1）模型结构

驾驶人、行人行为决策都采用 logistic 模型建模，两者模型的结构一致。在驾驶人行为决策模型中已详细阐述其模型结构，在这一小节不作重复说明。

将等待下一个周期过街的行为作为基础，用 p_1 到 p_5 分别表示选择 5 种行为模式的概率，则有 logistic 公式：

$$\ln\left(\frac{p_i}{p_5}\right)=\alpha^i+\sum_{k=1}^{k}\beta_k^i x_k^i=V_i \tag{3-5}$$

式中，i 为从 1 到 4 的整数，分别表示除等待下一个周期过街以外的其他 4 种行为方式；α^i 为第 i 种行为的常数项；β_k^i 为相应变量 x_k^i 的系数，它表示选择第 i 种行为方式的第 k 个变量；V_i 表示各种行为对等待下一个周期过街行为的相对效用。

2）确定选择枝

将行人的行为模式分为等待下一个绿灯过街、均匀步速前进、中途停驻、中途加快、中途放慢五种类型，并分别用－1、0、1、2、3 表示。此外对各影响因素进行了变量转换，见表 3-11。

表 3-11　影响因素的表达

影响因素		变量表达
性别	男	1
	女	2
年龄	少年	1
	青年	2
	中年	3
	老年	4

续表

<table>
<tr><th colspan="2">影响因素</th><th>变量表达</th></tr>
<tr><td rowspan="5">倒计时信号
显示时刻</td><td>黄灯或0s</td><td>0</td></tr>
<tr><td>1s</td><td>1</td></tr>
<tr><td>2s</td><td>2</td></tr>
<tr><td>⋮</td><td>⋮</td></tr>
<tr><td>5s</td><td>5</td></tr>
<tr><td>速度</td><td>行人过街平均速度</td><td>连续变量</td></tr>
</table>

3) 计算结果与分析

(1) 模型标定。行人行为决策模型的标定过程与驾驶人模型标定过程保持一致。

(2) 有倒计时信号路段结果分析。在有倒计时装置的情况下,主要分析南京市进香河路东大西门路段的调查数据。采用统计软件 SPSS 分析各种影响行人行为决策的影响因素(参数),并对参数进行检验,得到各种行人行为决策下的参数估计,见表 3-12。

表 3-12 有倒计时装置信号路段参数估计结果(sig. 值)

影响因素(参数)	中途放慢	中途加快	匀速前进	中途停驻
性别	0.231	0.117	0.035	0.108
年龄	0.156	0.079	0.064	0.302
倒计时信号显示时间	0.009	0.015	0.004	0.011
行人过街平均速度	0.009	0.005	0.001	0.000

从 sig. 参数可以看出:

① 性别、年龄对行人行为决策的影响不显著。然而,倒计时信号显示时间、行人过街平均速度对行人行为决策有显著性的影响。

② 倒计时信号显示时间对行人选择匀速前进行为的敏感性最强;其次是中途放慢;再次是中途停驻;最后是匀速前进,这可能是因为对于行为比较激进的行人,即使倒计时显示剩余时间为 2～3s 时,也会选择中途加快速度过街。

通过计算,得到的行人行为决策 logistic 模型如下:

$$\ln\frac{p_1}{p_5}=5.186+1.953x_1-2.151x_4$$

$$\ln\frac{p_2}{p_5}=2.734+1.678x_1-1.336x_4$$

$$\ln\frac{p_3}{p_5}=4.392+2.154x_1-2.394x_4$$

$$\ln \frac{p_4}{p_5} = 6.374 + 1.257x_1 - 2.770x_4 \tag{3-6}$$

式中，p_1、p_2、p_3、p_4、p_5 分别表示行人选择中途放慢、中途加快、匀速前进、中途停驻、等待下一个周期过街的行为概率；x_1 为倒计时信号显示时间(s)；x_4 为行人过街平均速度(m/s)。

由区间行人过街平均速度调查结果可以看出，在有倒计时信号装置路段，行人的过街速度大多集中在 1.0～3.0m/s。假设行人区间车速为 2m/s，即 $x_4=2$；分别取 x_1 为 0,1,2,3,4,5，分析倒计时信号显示时间对行人决策行为的敏感性，见表 3-13。

表 3-13　倒计时信号显示时间的敏感性分析结果

倒计时显示时间（变量 x_1）	中途放慢/%	中途加快/%	匀速前进/%	中途停驻/%	等待/%
0	32.45	14.26	9.02	30.86	13.40
1	45.32	15.13	15.40	21.49	2.66
2	52.25	13.25	21.71	12.35	0.43
3	54.95	10.58	27.92	6.48	0.06
4	54.75	8.01	34.01	3.22	0.01
5	52.63	5.85	39.98	1.54	0.00

由表 3-13 得出如下结论：

① 随着信号显示时间的减少，行人选择等待下一个周期过街、中途停驻过街的比例会逐渐增加。而当倒计时显示的时间大于 4s 时，行人不会选择等待下一个周期过街。

② 无论信号显示时间的长短，在有倒计时信号装置路段，行人选择中途放慢过街的比例仍然占了绝大部分。随着信号显示时间的减少，行人选择中途放慢过街的比例降低。

③ 行人会根据信号显示的时间调整自身行为，行人选择中途加快过街和中途停驻过街的决策点为信号显示时间 2s。当信号显示的时间大于 2s 时，行人选择中途加快过街的比例增加；而相反时，行人则表现为中途停驻在人行横道上。

④ 无倒计时信号路段结果分析。在无倒计时装置的情况下，主要分析北京市交大东路交大东门路段的调查数据。采用统计软件 SPSS 分析各种影响行人行为

决策的影响因素(参数),并对参数进行检验,得到各种行人行为决策下的参数估计,见表 3-14。

表 3-14　无倒计时信号路段参数估计结果(sig. 值)

影响因素(参数)	中途放慢	中途加快	匀速前进	中途停驻
性别	0.431	0.254	0.390	0.335
年龄	0.253	0.078	0.064	0.202
行人过街平均速度	0.204	0.115	0.071	0.409

从 sig. 参数可以看出,所有的影响因素都未通过检验,表明性别、年龄及行人过街平均速度等因素对行人行为决策的影响显著性不大。

3.4　倒计时装置对交通行为安全性的影响分析

3.4.1　机动车倒计时装置

本章从车速、决策行为比例、闯红灯行为、冲突这四个方面来分析机动车倒计时装置对驾驶人行为安全性的影响。

1. 车速分析

统计处理南京市进香河路与珠江路交叉口西进口道、上海市恒丰路与天目西路交叉口西进口道的车速调查数据,以开展机动车倒计时装置对车速的影响分析。车速对比的内容包括机动车驶过停车线断面的地点车速、驶过停车线前 30m 断面的地点车速以及通过这两端面间(30m)的区间车速,分析的主要内容是绿灯周期内车速的变化情况。

1) 停车线断面的地点车速(图 3-9)

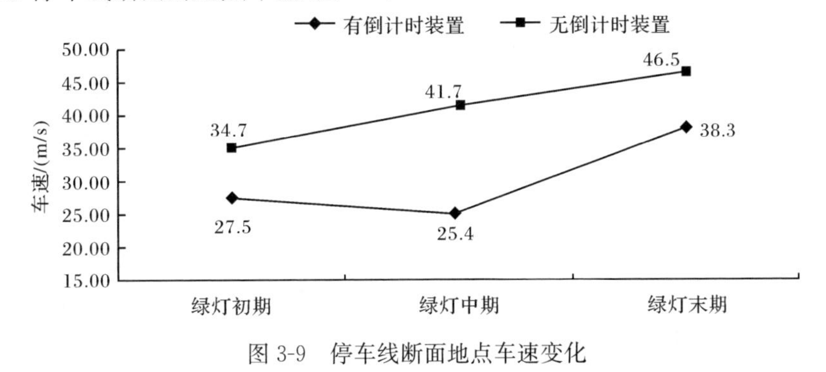

图 3-9　停车线断面地点车速变化

对比有、无倒计时装置地点车速曲线，可以看出：

(1) 在绿灯初期、中期和末期，无倒计时装置信号交叉口机动车驶过停车线断面的地点车速均略高于有倒计时装置的情况。

(2) 在有倒计时信号交叉口，机动车驶过停车线的地点车速在绿灯中期有所降低，在绿灯末期有所上升。这可能是因为在信号显示的影响下，驾驶人会根据倒计时显示的剩余时间来调整自身行为，进而采取加速、匀速、减速等行为。

(3) 在无倒计时信号交叉口，从绿灯启亮到绿灯结束，机动车驶过停车线的地点车速一直呈递增趋势。这可能是因为缺少倒计时装置的剩余时间显示，驾驶人无法准确地获取信号灯变化信息。因此，驾驶人往往以较高的地点车速驶过停车线，希望在红灯开始前通过交叉口。

2) 停车线前 30m 断面的地点车速(图 3-10)

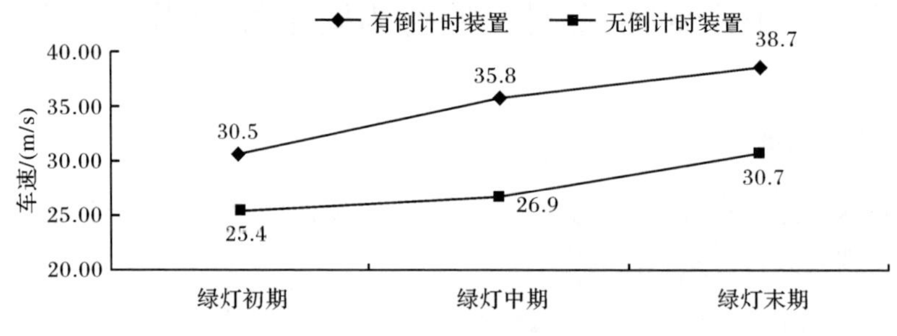

图 3-10 停车线前 30m 断面地点车速变化

对比有、无倒计时装置地点车速曲线，可以看出：

(1) 在绿灯初期、中期和末期，无倒计时装置信号交叉口机动车驶过停车线前 30m 断面的地点车速均略高于有倒计时装置的情况。这一点与车辆通过停车线的地点车速对比情况一致。

(2) 在有倒计时信号交叉口，从绿灯启亮到绿灯结束，机动车驶过停车线前 30m 的地点车速一直呈递增趋势。从绿灯初期到中期，车速变化不大，这可能是因为在信号显示的影响下，驾驶人在绿灯初期、中期有充分的通行时间通过交叉口；而在绿灯末期，车速有所增大，这可能是因为驾驶人在绿灯末期会根据倒计时显示的剩余时间来调整自身行为，此时大部分驾驶人将以较高的地点车速通过该断面。

(3) 在无倒计时信号交叉口，从绿灯启亮到绿灯结束，机动车驶过停车线前 30m 的地点车速一直呈递增趋势。这可能是因为缺少倒计时装置的剩余时间显示，驾驶人无法准确地获取信号灯变化信息。因此，驾驶人往往以较高的地点车速驶过停车线，希望在红灯开始前通过交叉口。

3) 区间车速(图 3-11)

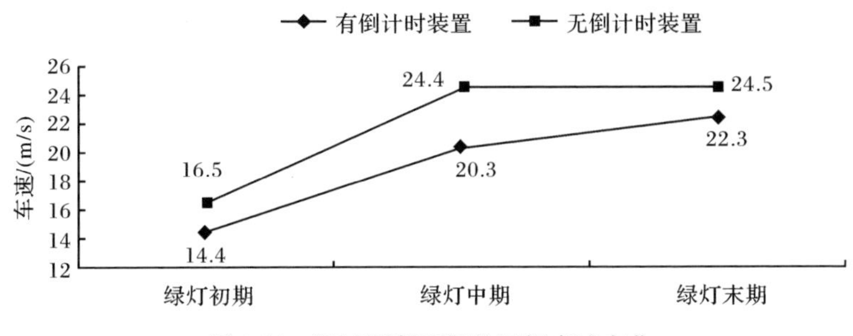

图 3-11　通过两断面间的区间车速变化

对比有、无倒计时装置区间车速曲线可以看出,区间车速变化与停车线断面、停车线前 30m 断面的变化情况相似。在绿灯初期、中期和末期,无倒计时装置信号交叉口机动车的区间车速均略高于有倒计时装置的情况。

综上所述,无论是地点车速还是区间车速,有倒计时信号交叉口的机动车速度略低于无倒计时信号交叉口的情况。这表明在有倒计时装置交叉口,驾驶人将根据倒计时装置显示剩余时间来调整行车速度,这充分体现了倒计时装置的优势。

2. 不同行为决策比例分析

本节主要对比有、无倒计时装置驾驶人的不同决策行为,这包括两个方面:一是驾驶人不同决策行为比例;二是在绿灯尾信号显示的不同时间内,驾驶人不同决策行为比例的变化。

1) 驾驶人决策行为比例

分别采集信号交叉口停车线处、停车线前 30m 处车辆的地点速度,对比两个车速的大小,以此判断驾驶人在接近交叉口处时的加速、减速或匀速行为;若在停车线处车速降为 0,则可判断为停车等待,如图 3-12 所示。

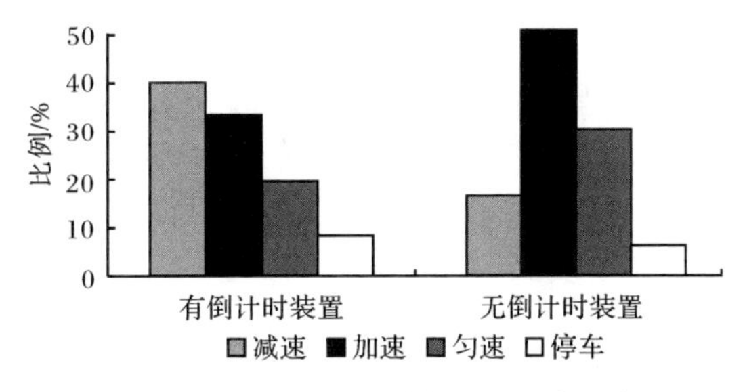

图 3-12　驾驶人不同决策行为比例比较

由于有倒计时装置的剩余时间显示,有倒计时信号交叉口的驾驶人在绿灯末期选择停车等待、减速行驶行为的比例明显高于无倒计时信号交叉口的情况。同时,在无倒计时信号交叉口驾驶人更容易选择加速行驶。

2) 信号显示不同时间内驾驶人决策行为比例的变化情况

统计南京市进香河路与珠江路交叉口西进口道、上海市恒丰路与天目西路交叉口西进口道的调查数据,得到黄灯时间为 0s、1s、2s、3s、4s、5s 时驾驶人的行为变化规律,如图 3-13 和图 3-14 所示。

(1) 有倒计时装置信号交叉口。

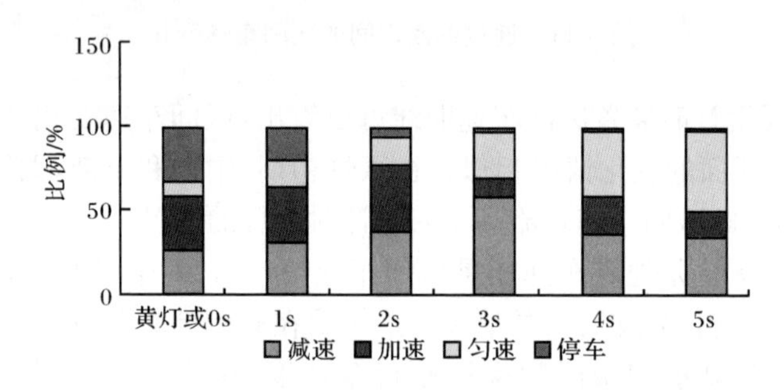

图 3-13　驾驶人不同决策行为比例变化情况(有倒计时装置)

从图 3-13 可以看出:

① 对于停车决策。当显示时间大于 4s 时,绝大部分的驾驶人选择通过交叉口,一般不选择停车。随着倒计时显示的剩余时间不断减少,驾驶人选择停车的比例逐渐增加。

② 对于匀速决策。当绿灯倒计时显示 5s 时,匀速行驶的比例最大。随着倒计时显示的剩余时间不断减少,驾驶人选择匀速的比例逐渐增加。

③ 对于加速决策。当显示时间大于 3s 时,驾驶人选择加速行驶的比例不断增加;当剩余时间小于 3s 时,加速行驶的比例不断减少。这是由于在这段时间内已无法以匀速状态通过交叉口,部分驾驶人希望在红灯信号开始前通过而采取的激进行为。

④ 对于减速决策。当显示时间大于 3s 时,驾驶人选择减速行驶的比例不断减少;当剩余时间小于 3s 时,减速行驶比例不断增大,这与加速决策行为比例变化情况恰恰相反。因此,驾驶人加速和匀速行驶的决策点为信号显示时间 3s。

(2) 无倒计时装置信号交叉口。

从图 3-14 可以看出:

① 对于停车决策。随着绿灯时间不断减少,驾驶人选择停车的比例逐渐增加。

② 对于匀速决策。从变化规律中可见,在绿灯末期,驾驶人选择匀速行驶的

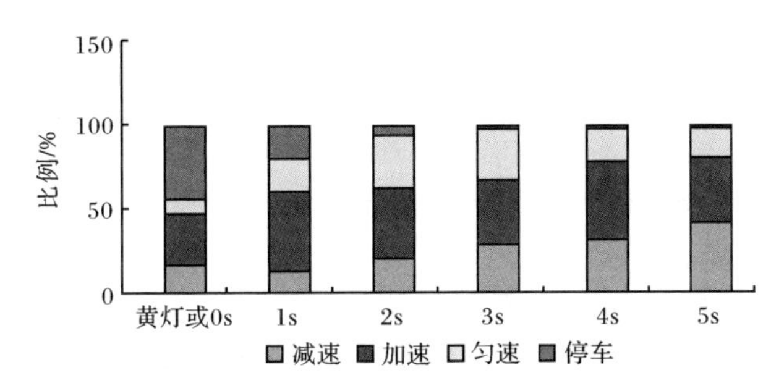

图3-14 驾驶人不同决策行为比例变化情况(无倒计时装置)

比例不大。

③ 对于加速决策。在绿灯末期,驾驶人选择加速行驶的比例是最大的。

④ 对于减速决策。随着绿灯时间不断减少,驾驶人选择停车的比例逐渐减少。

综上所述,在绿灯末期,驾驶人在有倒计时信号交叉口选择减速行驶的比例大,而在无倒计时信号交叉口更倾向于选择加速行驶。这也说明在有倒计时装置交叉口,驾驶人将倒计时装置显示剩余时间调整自身行为,这充分体现了倒计时装置的优势。

3. 闯红灯比例分析

在信号交叉口高速行驶往往会导致机动车驾驶人在绿灯末期或黄灯期间,甚至是在红灯期间进入交叉口而发生闯红灯行为。一般来讲,闯红灯冲突在交叉口所有冲突中占很高的伤害比例(Norton,1992)。本节主要通过车闯红灯比例来分析有、无倒计时装置对交通行为安全性的影响。

当信号灯由黄灯转为红灯时,驾驶人出现的闯红灯行为分为两种类型:一是由于驾驶人处于困境区域,即驾驶人处于既不能按照通常的减速度停止,也不能保持原来的速度通过,而采取的无意闯红灯行为;二是驾驶人故意的抢灯通过(Keegan et al.,2003)。

对比分析南京市进香河路与学府路交叉口南进口道、宁波市桑田路与中山东路交叉口南进口道的视频,对红灯开始时驾驶人的闯红灯行为进行统计,见表3-15。

表 3-15 闯红灯比例情况

类型	无意闯红灯/%	故意闯红灯/%	总和/%
有倒计时装置	4.18	2.45	6.63
无倒计时装置	8.31	3.14	11.45

由表 3-15 可以看出：

(1) 无意闯红灯方面。在无倒计时信号交叉口，驾驶人闯红灯的比例高于有倒计时信号的情况。由此可见，安装倒计时装置有助于改善驾驶人闯红灯行为。

(2) 故意闯红灯方面。在有、无倒计时信号交叉口，驾驶人故意闯红灯的比例均比较小，这主要是因为上述两个交叉口都安装了监控设施。

4. 交叉口冲突分析

交叉口冲突分析主要包括冲突点对比分析和冲突严重性两部分内容。

1) 交叉口冲突介绍

在 1977 年奥斯陆会议上，学者提出了交通冲突的一个基本定义，即两个或多个道路使用者在一定的时间和空间上彼此接近到一定程度，此时若不改变其运动状态，就有发生碰撞的危险，这种现象称为交通冲突。交通冲突主要包括正向冲突、追尾冲突、转向冲突三种类型。

表 3-16 冲突类型

类型	表现形式
正向冲突	直行车流与直行车流
追尾冲突	直行车流与同向直行车流、左转车流与同向车流、右转车流与同向车流、右转车流与左侧直行车流(直行与右侧右转车流)
转向冲突	左转车流与直行车流、左转车流与左转车流、左转车流与右转车流

2) 冲突点对比分析

对比分析南京市进香河路与学府路交叉口南进口道、宁波市桑田路与中山东路交叉口南进口道的调查视频，本节只考虑直行、左转车流与其他车流产生的冲突，得到这两个不同进口道在有、无倒计时装置情况下产生的冲突。具体观察内容包括产生冲突时信号显示阶段、发生冲突的车辆类型以及冲突的严重性判定。本节将从冲突点在绿灯周期的发生比例情况、不同绿灯时期不同类型的冲突发生情况和冲突严重性三个方面，来分析有、无交通倒计时装置对冲突的影响。

(1) 冲突点在绿灯周期的发生比例情况(图 3-15、图 3-16)。

由图 3-15 和图 3-16 分析可以看出，在有交通信号倒计时装置的情况下，交通冲突一般发生在绿灯初期，这有可能是因为随着红灯倒计时数字不断减少，无形

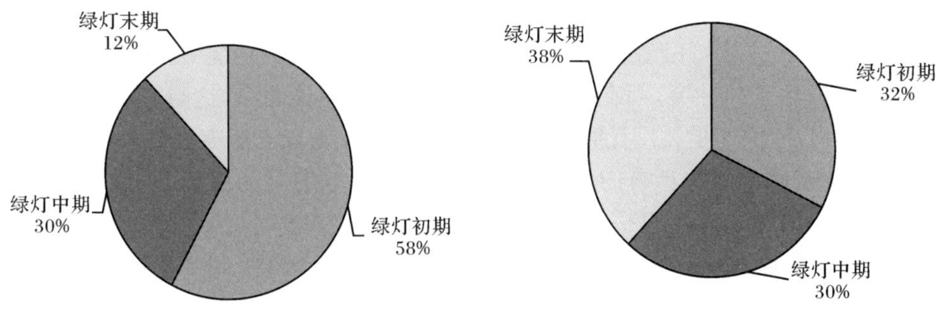

图 3-15　有交通信号倒计时装置　　图 3-16　无交通信号倒计时装置

中给驾驶人一种期待感和竞争感,促使驾驶人在红灯末提前启动,进而在绿灯初期与其他车辆产生冲突;在没有交通信号倒计时装置情况下,交通冲突在绿灯初期、中期、末期发生的概率相差不大。

(2) 不同绿灯时期不同类型冲突的发生情况(图 3-17、图 3-18)。

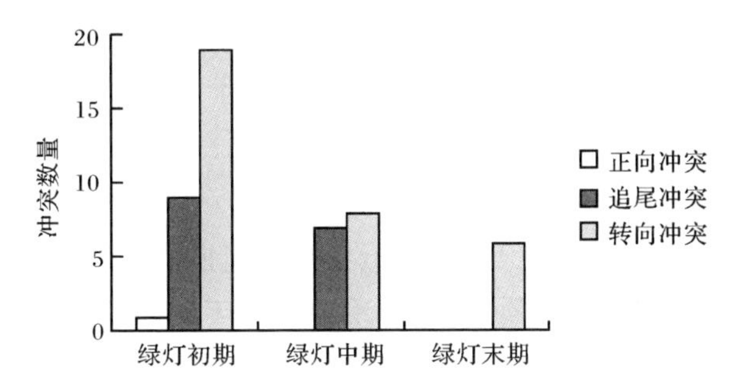

图 3-17　有交通信号倒计时装置的冲突数量

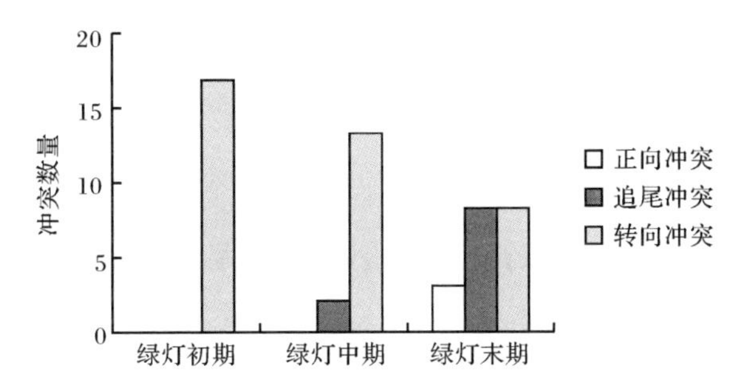

图 3-18　无交通信号倒计时装置的冲突数量

由于交通调查选取的进口道,在绿灯周期时,直行车和左转车是同时放行的,所以在每个绿灯阶段都存在着横穿冲突。由图 3-17 分析可以看出,在有交通信号倒计时装置的情况下,车辆一般在绿灯初期会发生正向冲突,在绿灯末期一般不发生追尾冲突，这说明了交通信号倒计时装置在绿灯初期对交通安全影响比较大。由图3-18分析可以看出，在无交通信号倒计时装置的情况下，车辆一般在绿灯末期会发生正向冲突，而在绿灯初期一般不发生追尾冲突，这与有倒计时的情况恰恰相反，这说明了无倒计时装置在绿灯末期对交通安全影响比较大。

(3) 冲突严重性。严重的交通冲突决定引发事故的可能性和严重程度，常见的交通冲突的判别方法包括发生冲突的时间间距、与冲突发生点的距离、冲突发生时汽车的加速度或减速度等。但考虑到实际观测的条件限制和操作的可行性，目前常采用的方式是选取距离、速度、时间三个参数中的一个参数作为判别标准。当然，如果能同时用这三个参数来表述交通冲突，那么对交通冲突的判别将是最准确的，但是目前的技术水平还无法达到。

本节采用距离冲突发生点的距离来判定冲突的严重程度，对冲突严重性进行赋值：0—不严重、1—严重，以分析有、无倒计时装置对冲突严重性的影响。

表3-17　冲突严重性分析

倒计时装置安装情况	绿灯初期	绿灯中期	绿灯末期	平均值
有倒计时装置	0.448	0.467	0.167	0.361
无倒计时装置	0.563	0.533	0.526	0.540

由表3-17可得：

① 有倒计时信号交叉口。绿灯初期、中期发生的冲突比末期要严重，这是因为在倒计时显示的影响下，大部分驾驶人会在绿灯末期选择减速行驶。

② 无倒计时信号交叉口。绿灯不同阶段发生冲突的严重性高于有倒计时信号交叉口的情况，但各个阶段之间的冲突严重程度相差不大。这说明在无倒计时装置下，驾驶人很容易高速行车，从而导致较为严重的冲突。

综上所述，交通信号倒计时装置给驾驶人提供了准确的交通信息，能有效地避免严重冲突的发生。

3.4.2　行人倒计时装置

本章从行人过街速度、人行横道上滞留人数、闯红灯等来分析行人倒计时装置对行人行为安全性的影响。

1. 行人过街平均速度

研究内容包括不同绿灯阶段行人过街平均速度的分布情况以及性别、年龄对行人过街速度的影响分析。

1) 不同绿灯阶段行人过街平均速度(图3-19)

对比有、无倒计时装置行人过街的平均速度曲线可以看出：

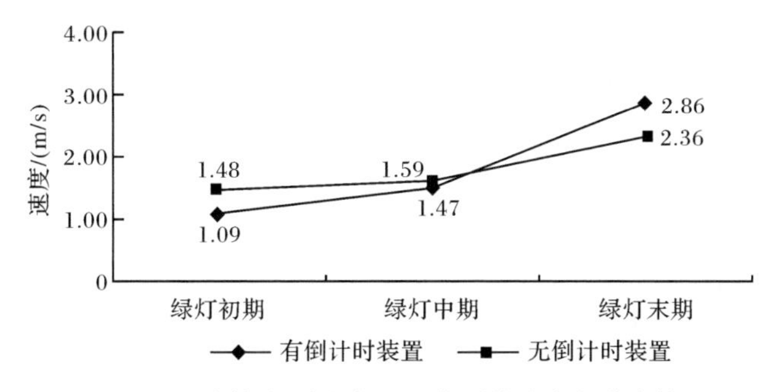

图 3-19　不同绿灯阶段行人过街平均速度的分布情况

(1) 在有倒计时装置的路段,行人在绿灯初期的过街速度比无倒计时装置的路段低,在绿灯中期两者速度相差不大,而在绿灯末期比无倒计时装置路段的行人速度要高。

(2) 在有、无倒计时装置时,行人过街平均速度曲线均呈现递增趋势。这说明有、无倒计时装置对行人过街的平均速度变化影响不大。

2) 性别、年龄对行人过街速度的影响(图 3-20、图 3-21)

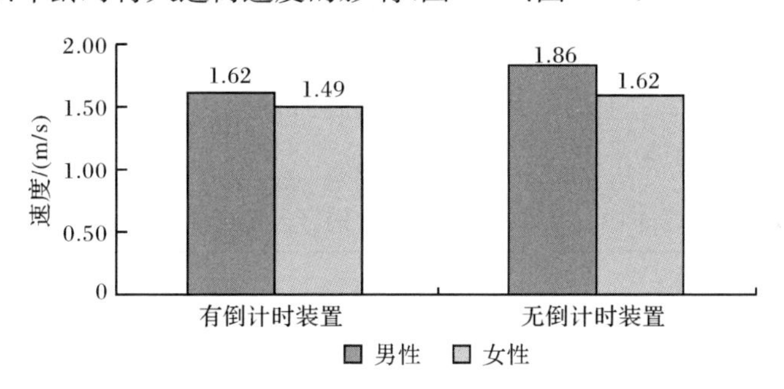

图 3-20　性别对行人过街速度的影响

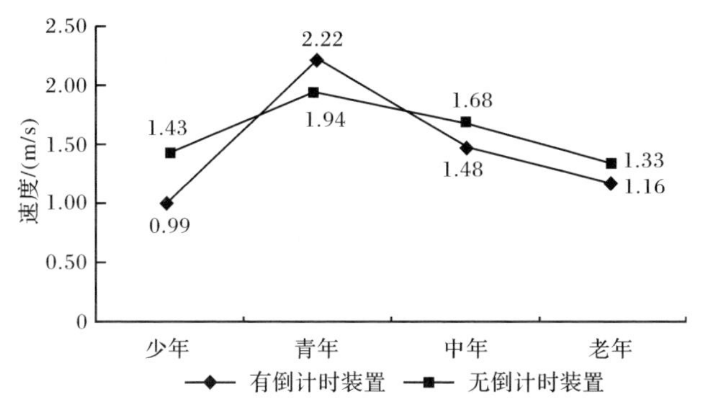

图 3-21　年龄对行人过街速度的影响

由图 3-20 和图 3-21 可以看出，男性的过街速度高于女性；青年人群的过街速度是最高的，其次依次为中年、少年、老年；有、无倒计时装置对行人过街速度的变化影响不大，两条曲线基本呈现相似的变化规律。

2. 绿灯信号结束滞留在人行横道上的行人分析

研究内容包括滞留在人行横道上的行人比例分析以及滞留在人行横道上的行人性别、年龄分布情况。

1) 滞留在人行横道上的行人比例分析(表 3-18)

表 3-18 滞留在人行横道上的行人比例的影响

倒计时装置安装情况	信号灯结束滞留在人行横道上的人数总和	过街行人总数	比例/%
有倒计时装置	39	404	9.65
无倒计时装置	12	97	12.37

由表 3-18 可以得出，在无倒计时装置的路段，绿灯信号结束后滞留在人行横道上的行人比例略高于有倒计时装置路段的情况。这表明在我国设置倒计时装置能起到提高行人行为安全性的目的。

2) 滞留在人行横道上的行人性别、年龄分布情况

(1) 性别(表 3-19)。

表 3-19 滞留在人行横道上的行人性别分布情况

倒计时装置安装情况	男性/%	女性/%
有倒计时装置	43.59	56.41
无倒计时装置	41.67	58.33

由表 3-19 可以得出，在绿灯信号结束后，滞留在人行横道上的女性行人多于男性；但有、无倒计时装置对滞留行人的性别影响不大，两者均呈现出女性多于男性的规律。

(2) 年龄(表 3-20)。

表 3-20 滞留在人行横道上的行人年龄分布情况

倒计时装置安装情况	少年/%	青年/%	中年/%	老年/%
有倒计时装置	5.14	76.92	15.38	2.56
无倒计时装置	7.69	61.54	23.08	7.69

由表 3-20 和图 3-22 可以得出，在绿灯信号结束后，滞留在人行横道上的青年

最多,这可能是因为调查路段都在学校周边,青年的组成比例大,而且青年对不安全行为认知程度比其他三种人群要低。然而,有、无倒计时装置对滞留行人的年龄影响不大,两者基本呈现相似的规律。

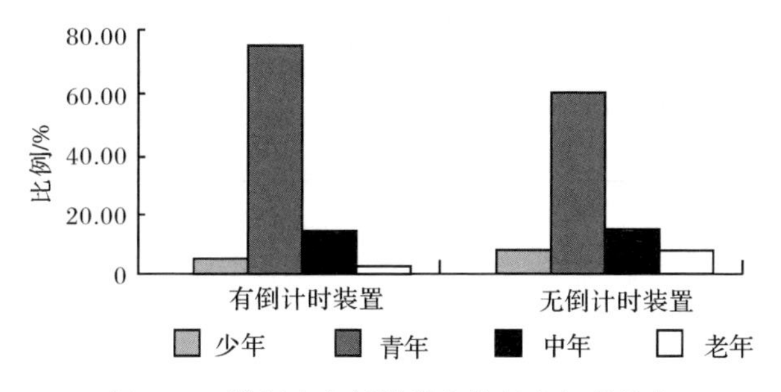

图3-22　滞留在人行横道上的行人年龄分布

3. 行人闯红灯比例分析

研究内容包括行人闯红灯比例分析以及分析闯红灯行人性别、年龄分布情况。

1) 行人闯红灯比例分析

由表3-21可以得出,在未设置倒计时装置的路段,闯红灯的行人比例低于有倒计时装置路段的情况。这是由于根据倒计时的显示,一部分行人在绿灯末期,不愿意等待下一个周期过街,从而在红灯期间过街发生闯红灯行为;一部分行人在红灯信号快结束时,提前过街而发生闯红灯行为。

表3-21　有、无倒计时装置对闯红灯比例的影响

倒计时装置安装情况	行人闯红灯总数	过街行人总数	比例/%
有倒计时装置	133	404	32.92
无倒计时装置	21	97	21.65

2) 闯红灯行人的性别、年龄分布情况

(1) 性别(表3-22)。

表3-22　闯红灯行人的性别分布情况

倒计时装置安装情况	男性/%	女性/%
有倒计时装置	52.63	47.37
无倒计时装置	66.67	33.33

由表3-22可以得出:在绿灯信号结束后,闯红灯的女性行人少于男性,这表明女性对不安全行为认知程度比男性高,与行人问卷调查结果保持一致;但有、无倒

计时装置对闯红灯行人的性别影响不大，两者均呈现女性行人少于男性的规律。

(2) 年龄(表 3-23)。

表 3-23　闯红灯行人的年龄分布情况

倒计时装置安装情况	少年/%	青年/%	中年/%	老年/%
有倒计时装置	0.00	85.71	9.52	4.76
无倒计时装置	2.26	66.17	27.07	4.51

由表 3-23 和图 3-23 可以得出：青年人闯红灯的比例最高，这更加说明青年对不安全行为认知程度比其他三种人群要低；但有、无倒计时装置对闯红灯行人的年龄影响不大，两者基本呈现相似的规律。

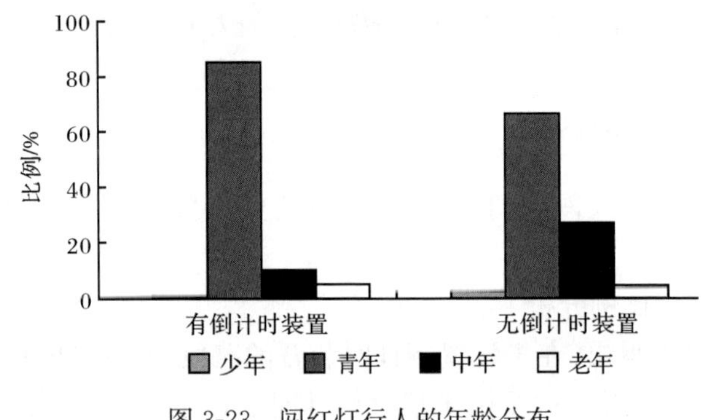

图 3-23　闯红灯行人的年龄分布

3.4.3　交通信号倒计时装置设置建议

综上所述，可以总结出安装机动车、行人倒计时装置的优势和负面影响。

(1) 机动车倒计时装置。在安装倒计时装置后，机动车速度、加速决策行为比例、闯红灯比例、冲突严重性有所降低，从而提高了驾驶人行为安全性。

(2) 行人倒计时装置。在安装倒计时装置后，滞留在人行横道上的行人比例有所降低，从而提高了行人闯红灯过街的比例。

1. 机动车倒计时设置建议

安装机动车倒计时装置能够让驾驶人及时了解信号灯的变化情况，从而有效地提高驾驶人行为安全性。但容易导致驾驶人在绿灯末加速抢灯、红灯末提前启动等行为，从而存在严重交通冲突的危险。

因此，本章针对机动车倒计时的设置提出如下建议：在绿灯末、红灯末设置灯色闪烁时间，提醒驾驶人绿灯即将结束，即信号表现形式应设置为“绿灯—绿灯闪烁—黄灯—红灯—红灯闪烁”。例如，从调查结果可以看出，驾驶人选择加速行驶的比例曲线临界点为3s,则应将绿灯闪烁时间设置为3s,以降低驾驶人选择加速行驶的比例,或者采用光带递减式等其他倒计时装置形式。

为了使倒计时装置能够更有效地为驾驶人服务,本章提出其他保障措施:

(1) 合理地设置绿灯间隔时间。从驾驶人心理、驾驶行为、交通安全角度出发,合理地设计交叉口信号配时,提高信号绿灯间隔的合理性。例如,余璇(2008)对设置信号绿灯间隔时间有较为详细的研究。

(2) 明确黄灯含义。根据《中华人民共和国道路交通安全法实施条例》的规定,黄灯亮时,已越过停止线的车辆可以继续通行。这表明在黄灯亮时,位于停车线后的车辆是禁止通行的。但在实际情况中,往往是黄灯启亮时驶近停车线的车辆来不及刹车,从而使得黄灯期间仍有大量车辆继续通行,这几乎形成了事实上的黄灯时间允许车辆通行的惯例。因此,参照国外的经验,建议将该规定修改为:黄灯亮时禁止通行,但对于已越过停止线的车辆,如果紧急刹车可能导致危险的,可以继续通行。

(3) 加强交通安全宣传教育,营造交通安全文化氛围,加强交通安全文化建设,以提高交通参与者的交通安全基本素质,使机动车驾驶人形成友好驾驶和文化出行的习惯。

2. 行人倒计时装置设置建议

安装行人倒计时装置能够让行人及时了解红绿灯变化情况,从而有效地减少行人滞留在人行横道的人数,但容易增加闯红灯此类违章行为的发生。行人与驾驶人一样容易在绿灯末加速抢灯、红灯末提前启动,从而使得行人与路段机动车产生冲突,存在一定程度上的危险性。

因此,本章针对行人倒计时的设置提出建议如下:在绿灯末、红灯末设置灯色闪烁时间,提醒行人绿灯即将结束,即表现形式为"绿灯—绿灯闪烁—红灯—红灯闪烁",或者采用光带递减式等其他倒计时装置形式。

为了使倒计时装置能够更有效地为行人服务,本章提出其他保障措施:

(1) 加强对行人的交通法规和交通安全常识的宣传和教育,预防和矫正交通违章心理。通过各种形式的宣传教育,如宣传标语、公益广告灯等,强化行人的交通安全意识,促使行人自觉遵守交通规则。

(2) 合理设置绿灯间隔时间。从行人心理、过街行为、交通安全角度出发,合理设计路段信号配时,提高信号绿灯间隔时间设置的合理性。

(3) 科学规划和加强步行交通系统的建设,改善步行交通环境,提高步行交通服务水平。交通环境的提升有助于补偿行人等待时间长而引起的心理不平衡。同时,应注重加强对儿童和老年人的保护和管理。

第 4 章　城市化中的交通参与者环境适应性及对交通行为安全性的影响调查与规律研究

我国的交通事故数据表明历年伤亡比例最大的是农村户籍交通参与者。在我国的城市化进程中，大量的农村人口涌入城市成为城市新的人口部分。同时，城市化建设促进了城乡结合部的进一步扩大，大量的农村开始实行城镇化。此时，无论是涌入城市的新移民，还是城镇居民，都面临着对新交通环境的适应问题。因此，研究交通参与者对交通环境适应性及对交通行为安全性的影响是制定提升对策的重要基础。

本章以外来务工人员为主要研究对象，从环境适应能力、环境变化度、主观意识等角度，把握交通参与者交通环境适应性内涵，并建立相应评价指标体系，分析交通环境适应性的影响因素，探索不同因素对不同交通参与者的交通环境适应性的影响规律。最后，本章通过建立不同交通参与者交通环境适应性水平和交通违法行为之间的关联性，揭示交通环境适应性对交通行为安全性的影响规律。本章得到的研究结论将为提高外来务工人员的交通环境适应性水平提供一定的指导作用，对于提升其安全性水平具有较大意义。

4.1　我国城市化及人口流动趋势

4.1.1　我国的城市化趋势

伴随着经济的快速发展，我国的城市化进程日益加快。一个区域的城市化程度可以用城市化水平来度量，城市化水平通常定义为城市人口占一个区域总人口的比重(陈彦光，2012)。根据国家统计局数据，截至 2012 年年末，从城乡结构看，全国共有城镇人口 71182 万人，首次超过了农村人口，占总人口的比例为 52.57%，即城市化率达到 52.57%。图 4-1 给出了我国最近 22 年的城镇和农村人口比例。由图可知，我国的城市化率增长迅速，自 1990 年以来增长了将近 20%。

4.1.2　我国城市外来务工潮及交通安全新问题

伴随着我国的城市化过程，农村人口向城市转移是普遍现象(李怀建，2012)。城乡差距、区域差别是造成农村劳动力在城乡和地区之间流动的重要原因(韩长赋，2006)。据估计，我国外出进城打工的农民工高达 1.2 亿人，这个现象给城市

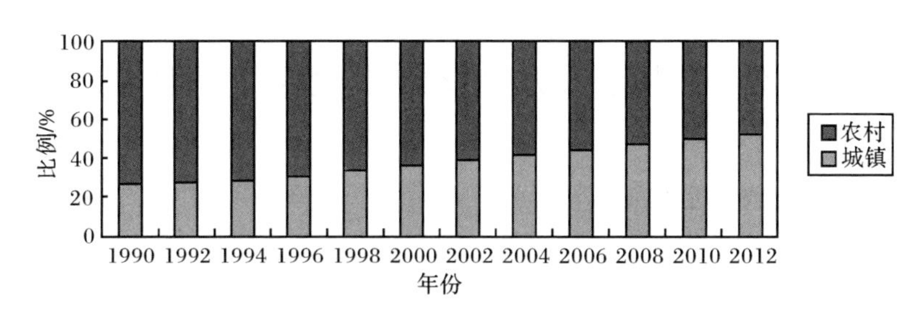

图 4-1　我国历年人口构成变化趋势

的发展带了新的问题，其中的关键问题之一就是如何加强外来务工人员的交通安全管理。表 4-1～表 4-3 分别给出了 2013 年我国道路交通肇事者行业及事故伤亡人员的行业及户口情况。

表 4-1　2013 年我国道路交通事故肇事者行业分布及引起的伤亡和经济损失

肇事者行业	事故起数		死亡人数		受伤人数		直接经济损失	
	数量	比例/%	数量	比例/%	数量	比例/%	数量/元	比例/%
农民	53703	27.07	18316	31.29	57027	26.68	216038446	20.79
外来务工者	12267	6.18	3644	6.22	12637	5.91	44419390	4.28

表 4-2　2013 年我国交通事故中农民和外来务工者的伤亡情况

事故伤亡人员行业	死亡人数		受伤人数	
	数量	比例/%	数量	比例/%
农民	22870	39.07	69633	32.58
外来务工者	3745	5.94	4643	2.71
合计	58539	100	213724	100

表 4-3　2013 年我国道路交通事故伤亡人员户口

事故伤亡人员户口	死亡人数		受伤人数	
	数量	比例/%	数量	比例/%
农业	44646	76.27	172893	80.90
非农业	13893	23.73	40831	19.10
合计	58539	100	213724	100

从表中可以看出，农民及外来务工人员肇事引起的交通事故占全部交通事故的 35%以上，而死伤人数和直接经济损失的比例将近 50%。这表明关注外来务工人员的交通安全问题已经刻不容缓，必须将提升外来务工人员的交通环境适应性纳入现在的研究内容中来，力求在短时间内形成一个可行的对策，从而缓解外来务工人员交通事故频繁的现象，改善城市交通环境，提升交通安全。

4.2 外来务工人员交通安全与管理现状

4.2.1 外来务工人员定义

外来务工人员，是指户籍不在居住地，从事重体力劳动或以重体力劳动为主，收入较低，尚未融入所在地生活的群体。相对于本地居民，外来务工人员在生活的各个方面均表现出对现居住地的不适应。

4.2.2 外来务工人员意识特征

(1) 自我保护意识差，缺乏基本的风险规避知识。

(2) 成群结队行走，目中无车，拦车横路，搭乘无牌车、超载车等。

(3) 交通秩序意识差，交通行为存在较大的随意性。

(4) 务工农民工缺少走人行道意识，成群步行抢占慢车道。

(5) 无右侧通行概念。

(6) 与机动车争道抢行。

(7) 部分骑车者无视法规，急转猛拐，不伸手示意，双手离把、互相追逐、曲线竞骑、扶肩而行、攀扶机动车等；部分行人缺乏安全常识，不按规定行走，在路上扒车、追车等。

(8) 文化水平较低。据调查，在开发区外来务工人员驾驶人中，文化程度在初中以下的比例高达75%。

(9) 法治意识淡薄。一是平时接受的交通安全法律教育和交通安全相关知识较少，对交通法规一知半解；二是大多保留着乡村交通出行随意性大的陋习，在他们看来，有路就能行，无人就可冲；三是由于长期以来，乡村交通标志、标线等交通安全设施的缺失，使得外来务工人员驾驶人在潜意识中没有形成“交通语言”的概念，对于他们而言，城市交通标志、标线成为对人身自由的一种束缚。

(10) 经济收入不高。外来务工人员大多从事工程建筑、货物搬运、餐饮杂工等技术含量低、劳动密集型行业，经济收入普遍较低，属于城市中的弱势群体。另外，一部分外来务工人员潜意识里有自卑感，少部分人甚至对社会有或多或少的抵触情绪。

(11) 人员复杂分散。一是务工人员来自四面八方、五湖四海，行为习惯不尽相同；二是务工人员所在企业、单位分布在城内各个角落、各个领域，务工人员相对分散在各个阶层、各个岗位；三是务工人员进城以挣钱为目的，如果工作不顺心、收入不理想或工程结束，随时可能更换地方。

(12) 出行工具单一。据了解，外来务工人员，特别是城郊进城务工人员，基本上以步行和公交车作为出行工具。

4.3　外来务工人员交通不安全行为的致因分析

4.3.1　有意的不安全行为产生的原因

虽然有意的不安全行为是一种由人的思想占主导地位、明知故犯的行为，但依然存在主观和客观两方面的原因。

(1) 从主观上讲，心理因素起了主要作用。

① 存在侥幸心理或急功近利，急于通过街道而冒险，从而忽略了安全的重要性。而之所以要冒险，是为了实现某种不适当的需要，如图省力、赶时间等，抱着这些心理的人为了获得利益而甘愿冒受到伤害的风险。最终，由于对危险发生的可能性估计不当，心存侥幸，在避免风险和获得利益之间做出了错误的选择。

② 非理性从众心理，明知违法但因为看到其他人违法没有造成事故或没有受罚而放纵自己的行为。

③ 过于自负、逞强，认为自己可以依靠较高的个人能力避免风险。

(2) 在客观上，管理的松懈和规章制度的不易操作性给行人不安全行为的发生创造了条件。

① 管理因素。交通规章制度不健全，安全管理的组织结构不健全，工作监督和安全教育不到位等。

② 环境因素。交通安全防护设施不齐全或防护设施过于复杂，不符合人机工程学的要求，使得行人不愿意按照给定的道路条件行走。

4.3.2　无意的不安全行为产生的原因

外来务工人员的行为是对外界交通环境刺激做出行为反应的过程，行为反应有时是无意识的，但大多数情况下是有意识的。不管是有意识还是无意识的行为反应，都可能造成无意的交通不安全行为。

(1) 从外来务工人员的内部原因上看，主要包括心理、生理、认知水平等几方面。

① 心理原因。思想不集中、个性不良、情绪不稳定等。

② 生理原因。疲劳或体力、视力、运动机能、年龄、性别差异，不适应交通环境的突然变化等。

③ 认知原因。缺乏交通安全知识、路权意识差等。

(2) 从外部原因上看，外部事物和情况的变化是诱发不安全行为的重要因素。

① 管理原因。交通法规不健全、管理措施不到位、信息传递不佳等。

② 教育原因。培训不到位、教育内容缺乏、教育方式不佳等。

③ 环境原因。路面状况、道路设施、气候条件变化等。

④ 社会原因。生活条件、家庭情况、人际关系变化等。

上述因素或单独导致不安全行为，或共同作用导致不安全行为的发生。

4.3.3　外来务工人员交通管理执法难题

(1) 受文化教育、经济水平、思想观念、行为习惯、心理素质等主、客观因素的制约，外来务工人员文明交通的理念意识和行为习惯相对欠缺，给城市道路交通管理带来新的问题。

(2) 交通安全宣传教育任重道远。相当一部分的外来务工人员存在着文化层次低、人员分散、流动性大、年龄参差不齐、行为习惯不一等问题，这使得难以对其集中或持续地开展交通安全宣传教育。另外，有的务工人员时而接受交通安全教育，时而放松或放弃学习。同时，由于众口难调，交通安全学习教育氛围不浓，外来务工人员的交通安全意识得不到应有的提高，交通文明习惯难以养成。因此，针对外来务工人员交通安全宣传教育工作任重道远。

(3) 交通安全隐患突出令人担忧。外来务工人员由于缺乏交通安全法律知识、交通安全常识及交通安全意识，交通违法现象屡见不鲜。一方面，部分外来务工人员认为自己不在本地长期居住，购买新车不合算，往往购买二手车辆甚至无牌无证、报废的摩托车用于代步，而且认为这类车辆不值钱，就是被执法查扣也无所谓，甚至对闯红灯等严重交通违法行为也无所顾忌；另一方面，部分从家乡带来的摩托车，由于嫌麻烦或掉以轻心，不及时参加安全检测，安全技术状况得不到保证，隐患频现；再者，务工人员经常早出晚归、成群结伴，有的因工作需要携带一些梯子、铁锹等劳动工具，难免出现超员、超高、超长等交通违法行为，影响城市道路交通安全秩序。

(4) 影响社会稳定因素时有出现。有的外来务工人员为了生计，明知不可有交通违法行为却不得已而为之。例如，2008 年 7 月中旬，赣县籍王某驾驶无牌三轮摩托车到赣州从事短途货运，在运输途中被交警查扣，当事人在陈述家中困难、多次恳求网开一面无效的情形下，对执勤交警实施暴力行为。而有的实属恶意违法，公然对抗法律，煽风点火，此类行为容易被不明真相的群众误会，甚至被个别不法分子所操控。2008 年 11 月，信丰籍务工人员陈某下班途中发生交通事故，为逃避自身责任，一边大喊冤枉，一边推扯事故处理民警，甚至对民警大打出手，最终演变成治安事件引发群众围观，而不明真相的群众借此责难交警。

(5) 在公安交警执法方面，个别交警对外来务工人员没有如对待市民一样，做到一视同仁，时而表现出有失公正的行为和心理特征，主要包括以下几个方面：

执法心理的选择性。个别公安交警在路面执勤执法时，专盯外地车辆、农民工车辆，“优先”查处甚至随心所欲地查扣外地车辆、农民工车辆，对外地车辆与本地车辆、农民工车辆与市民车辆没有做到一视同仁。这将导致有的外地车辆驾驶人、农民工驾驶人在发生交通违法后出现心理失衡，一方面容易产生抵触情绪出现极端行为，另一方面破坏了交通法规的公正性和严肃性。

执法行为的不规范。第一，部分公安交警在执勤过程中用语不规范，习惯使用方言，有的外来务工人员难以领会，以致出现误解和争执；第二，有些公安交警在执法过程中重实体轻程序，重处罚轻教育，重纠正轻态度，方法简单，耐心不够，粗暴有余，一步到罚，把执法的目的和意义抛之脑后，使得交通违法当事人难以接受。

4.4 交通参与者环境适应性评价体系建立

4.4.1 环境适应性定义

环境适应性是指生物适应其生存环境的能力。交通环境适应性，即交通参与者适应其所处的交通环境的能力。对于交通环境的变化可分为两类，一是交通参与者没有变化，而其所处的地理位置等环境变化，如外来务工人员；二是地理位置没有变，周围的环境却发生了变化，如城乡结合部进行城镇建设而导致的交通环境变化。

4.4.2 评价体系建立

根据调查条件，选取部分指标进行调查，从而建立相对全面的评价体系(图 4-2)，具体如下。

1) 固有基本特征

指性别特征、年龄特征、文化程度等指标。

2) 原居住地交通条件

指在外来务工人员进城务工之前，其原居住地的道路交通环境设施的条件指标。调查其原居住地的道路交通情况，是分析外来务工人员进城务工前、后环境变化的一个重要指标。

3) 现居住地交通条件

指外来务工人员对城市交通环境的感觉指标，只有外来务工人员对现居住地和原住地感觉到有差异，才能对其进行环境适应性分析。

4) 交通法规了解程度

指外来务工人员对交通安全的相关法律法规了解程度的指标，揭示其是否有相关的认识，对法律法规的认识程度的高低。这很大程度上影响了外来务工人员面对城市交通环境采取的行为。

5) 基本适应能力

指务工人员对于环境变化下的基本适应能力的指标。基本适应能力的高低，往往决定了交通环境适应能力的高低。

6) 相关知识程度

指外来务工人员对于交通安全方面主观重视程度的指标，主要是分析其本身对交通安全相关知识的了解程度以及是否有想了解相关知识的意愿。

7) 对交通行为的后果预料

指外来务工人员认识到某种交通行为可能对自身造成伤害的指标。

8) 对交通行为影响预期

指外来务工人员的交通行为对他人的影响，或者他人的交通行为对自身影响情况的指标。

9) 交通行为心理认知

指外来务工人员在进行交通行为时的心理指标。

10) 交通行为安全性认知

指外来务工人员对自身交通行为安全性的认识描述的指标。

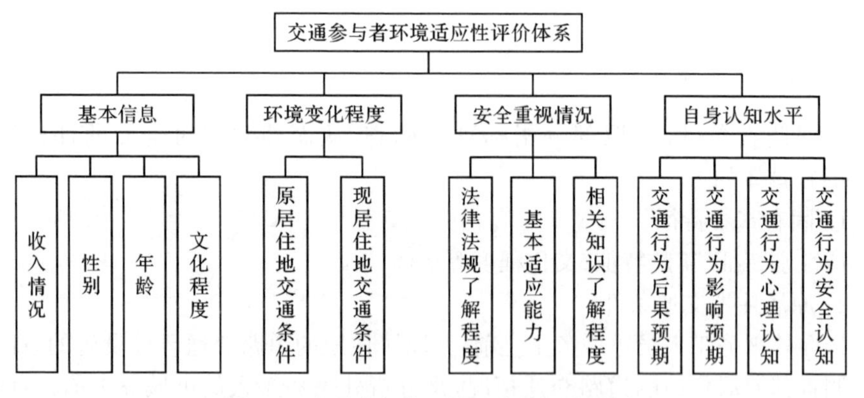

图 4-2　交通参与者环境适应性评价体系

4.4.3　相关指标之间权重的确定

权重是针对某一指标而言的，它是一个相对的概念，某一指标的权重是指该指标在整体评价中的相对重要程度。因此，相对工作所进行的业绩考评必须对不同内容对目标贡献的重要程度作出估计，即权重的确定。确定权重的主要方法有层次分析法、专家调查法、排序法等，本节采用的是变异系数法。

交通参与者的环境适应性是一个多指标的综合评价问题，为了使由多个评价指标构成的综合评价值能准确地反映交通参与者环境适应性的真实情况，保证综合评价的科学性，必须对不同指标赋予不同的权重。为避免权重确定的主观性，本节采用一种较为客观的赋权方法——变异系数法，来确定各指标的权重。最后，本节利用加权所得的评价值对交通参与者的环境适应性进行评价和分析。

在多指标综合评价中，如果在所有被评价对象统计值中，某项指标的变异程度越大，则说明评价对象要达到该指标平均水平的难度越大。因此，该项指标可以明确区分各个评价对象，应对其赋予较大的权重；反之，则应赋予较小的权重。然而，若某项指标的变异程度为 0，则说明对于所有的评价对象，该项指标上的统计值相等，即该项指标没有评价的价值。

在统计学中，通常使用全距数、平均差和标准差等指标来表示变异程度。由于标准差可以消除平均数大小以及量纲变化的影响，本书采用标准差来衡量指标的变异程度，具体公式如下：

$$V_i = S_i / \overline{X}_i$$

式中，S_i 为标准差；$\overline{X}_i$ 为平均值；V_i 为指标的变异程度。

各个指标的权重为：$W_i = V_i \Big/ \sum_{i=1}^{m} V_i$（$m$ 为指标个数）。

对调查数据进行分析统计，可得每个指标的权重见表 4-4。

表 4-4　评价指标权重

<table>
<tr><th>一级评价指标</th><th>权重</th><th>二级评价指标</th><th>权重</th></tr>
<tr><td>基本信息</td><td>0.17</td><td>基本特征</td><td>0.17</td></tr>
<tr><td rowspan="2">环境变化度</td><td rowspan="2">0.33</td><td>原居住地交通条件</td><td>0.68</td></tr>
<tr><td>现居住地交通条件</td><td>0.32</td></tr>
<tr><td rowspan="3">安全重视情况</td><td rowspan="3">0.28</td><td>法律法规了解程度</td><td>0.33</td></tr>
<tr><td>基本适应能力</td><td>0.26</td></tr>
<tr><td>相关知识了解程度</td><td>0.41</td></tr>
<tr><td rowspan="4">自身认知水平</td><td rowspan="4">0.22</td><td>交通行为后果预期</td><td>0.31</td></tr>
<tr><td>交通行为影响预期</td><td>0.24</td></tr>
<tr><td>交通行为心理认知</td><td>0.25</td></tr>
<tr><td>交通行为安全认知</td><td>0.20</td></tr>
</table>

根据上述确定的各评价指标权重值，结合调查问卷的答题得分，就可以对不同交通参与者交通适应性的强弱进行评价。

4.4.4 体系的初步检验

应用表 4-4 建立的评价指标体系，可以得出全部调查对象的环境适应性水平。以外来务工人员进城务工的年限为依据，得到外来务工人员进城年限与环境适应性的关系，如图 4-3 所示。

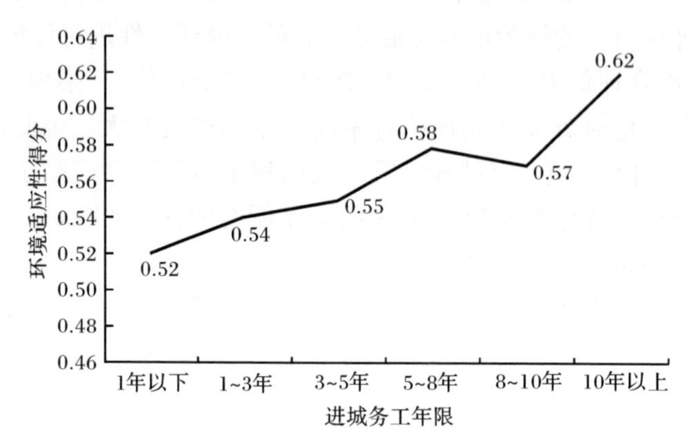

图 4-3 外来务工人员进城年限与环境适应性关系

由图 4-3 可知，依据此评价体系得出的外来务工人员的环境适应性，是随着进城年限的增加而提高的。这表明前面建立的评价体系能够反映出外来务工人员环境适应性的大小，具有操作可行性。

4.5 环境适应性调查问卷设计与基本分析

4.5.1 调查方案及具体内容

1. 调查方案

(1) 调查目的。了解调查对象的个人特征、主观意识等一系列的相关指标问题，完成交通参与者环境适应性研究。

(2) 调查对象。外来务工人员。

(3) 调查单位。外来务工人员的工作单位，初步定为建筑工地、个体商贩、企业和餐饮业。

(4) 调查内容和调查表。外来务工人员的个体特征、安全意识。

(5) 调查方式和方法。初步为派调查员进行一对一的问卷调查。

(6) 质量控制。①预调查。在正式将调查表应用于调查之前，先在成都进行小范围的预调查，征询专家意见后对调查表进行修订。②调查员质控。调查员将大部分采用本校学生，以具有交通工程专业背景的学生为佳。在调查前，组织调查员进行集体培训和模拟调查，以促进调查员相互进步，更顺利地完成调查任务。③现场监督与相互审核。在正式调查时，调查员每调查一位，自查一次调查表，看有无漏项或错填，并交督导审核，以便及时发现问题、填补和回访。④为保证调查质量，针对入户调查和机构调查进行5%的回访，检查问卷填答的一致性。在资料收集完毕后，统一进行编号、建库录入，并采用双人双输查错的方法，保证数据录入质量。

2. 具体内容

调查采用实地调查，在对调查人员进行相关培训之后，让调查员对外来务工人员进行一对一调查。考虑到外来务工人员的学历普遍较低，调查问卷的问题应尽量简单、易懂，不清楚的方面还可以及时向调查员询问。

调查时间为2010年5月，调查共收回问卷365份，其中有效问卷312份，有效回收率为85.5%。在问卷中，共列举了环境适应性的10个二级指标：基本特征、原居住地交通环境、现居住地交通环境、法律法规了解程度、基本适应能力、交通安全重视程度、交通行为后果预期、交通行为对他人影响、交通行为心理认知情况和交通行为认知能力。调查按照李克特量表法制作问卷，通过五级语意区分来测量相关问题的倾向，采用1～5的单极记分法，分值越高说明其相关指标越好、其交通环境适应性越强。最终，通过对每个指标进行归一化处理，得到总体的环境适应性能力，数值处于(0,1)内。

4.5.2　被调查者的基本特征

1. 被调查人员性别比例及年龄分布

通过统计被调查人员的性别和年龄分布情况，验证此次的调查对象是否全面，是否做到每个调查层都有一部分样本，力求调查样本涵盖调查对象的所有类别，做到全面、客观。

表4-5　调查人员性别及年龄分布

类别		年龄					总计
		18岁以下	18～25岁	26～35岁	36～50岁	50岁以上	
性别	男	12	59	51	53	23	198
	女	30	39	24	19	2	114
总计		42	98	75	72	25	312

从表4-5可以看出，调查人员男女比例为1.7∶1，在各个年龄层都有一部分

调查样本，从而保证了调查样本的多样性和全面性。

2. 文化程度相关分析

通过对调查人员的文化程度、职业和收入进行交叉分析，了解外来务工人员的一些基本情况信息，从而大致了解外来务工人员的生存状况，为后续的分析提供一定的基础。

表 4-6～表 4-8 分析了调查人群的文化程度、职业和收入。从表中可以看出，外来务工人员的学历普遍偏低，高中及以下学历的人员几乎占全部调查人群的80%；外来务工人员从事的职业主要为服务业、建筑业、道路等以体力劳动为主的行业；外来务工人员的收入相对较低，收入在 1500～2000 元的人员约占全部调查人群的 30%，而在 2000 元以下的占全部调查人群的 60%，这样的收入在南京是处于较低水平的。

表 4-6 外来务工人员职业分布情况

职业	服务业	建筑业	道路	个体	技工	装修	销售	餐饮	其他	总计
人数	104	43	14	31	8	25	13	26	48	312

表 4-7 外来务工人员受教育程度

文化程度	小学	初中	高中	本科	硕士	博士	总计
人数	57	107	93	55	0	0	312

表 4-8 外来务工人员收入调查

月收入	＜1000 元	1000～1500 元	1500～2000 元	2000～3000 元	＞3000 元	总计
人数	49	66	104	65	28	312

3. 外来务工人员来源地相关分析

通过对外来务工人员的原居住地情况进行分析，了解外来务工人员在进城务工前，其原居住地的道路交通情况，从而大致了解其进城工作前的交通环境，这有助于进一步对比分析原居住地、现工作地两者之间的交通环境变化。

由表 4-9～表 4-12 可以看出，外来务工人员普遍来自相对不发达的农村和乡镇，约占全部调查人群的 79%。总体来说，在外来务工人员的家乡道路中，土路占较大比重，约为 60%，其次为水泥路。结合近年全国开展的村村通道路建设，农村之间一般要求建设水泥路。然而，相比于土路，水泥路仅仅路面情况相对较好，而在道路标志、标线等方面没有太大的改善，交通出行基本依靠出行者的自觉靠右行驶，严重缺乏道路标志、标线。而且，从调查数据上看，约 70%的外来务工人员认为家乡的标志、标线处于一般及以下水平，这说明农村地区虽然实现了以水泥路为主，但缺乏相应的标志、标线作为配套设施。总体而言，外来务工人员家乡的标志、标线相对较少，是造成其对交通标志、标线的认知不全的部分原因。

表 4-9　外来务工人员原居住地道路情况

原居住地道路	土路	水泥路	沥青路	总计
人数	186	93	33	312

表 4-10　外来务工人员原居住地调查

原居住地地区	偏远山区	农村	乡镇	县城	城市	总计
人数	34	131	69	34	44	312

表 4-11　外来务工人员原居住地标志设置情况调查

原居住地交通标志设置情况	非常多	比较多	一般	比较少	基本没有	总计
人数	13	56	92	72	79	312

表 4-12　外来务工人员原居住地标线设置情况调查

原居住地交通标线设置情况	非常多	比较多	一般	比较少	基本没有	总计
人数	22	76	92	52	70	312

4.5.3　被调查者对交通环境适应程度分析

本节将外来务工人员的进城务工年限作为一个主要的度量指标，对进城务工人员的相关意识、态度进行调查分析。通过对外来务工人员按进城务工时间的长短进行分类，分析其对城市交通环境的适应情况是否发生变化，从而判断随着进城务工年限的增加，外来务工人员对城市的交通环境等是否更加适应以及交通意识有无出现城市化倾向。

对调查数据按照进城务工年限进行分类，得到调查对象的总体平均环境适应性见表 4-13。

表 4-13　调查对象平均适应性

进城务工年限	1 年以下	1～3 年	3～5 年	5～8 年	8～10 年	10 年以上
环境适应性均值	0.56	0.54	0.54	0.54	0.55	0.57

由表 4-13，可得图 4-4。

调查结果表明，外来务工人员从进入城市 1 年起，其环境适应能力有缓慢提升的趋势，并在大约 5 年后有一个突变点，这同前面对于每个调查问题的分析相符。因此，外来务工人员在进城务工大约 5 年后，其环境适应性能力有较大的提升，应给予区别对待。

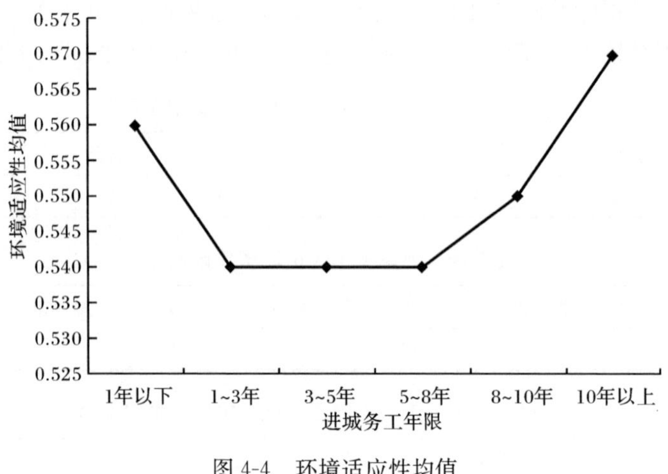

图 4-4 环境适应性均值

4.5.4 被调查者不安全行为分析

本节主要对外来务工人员的不安全交通行为进行对比分析，列举了 13 种常见的不安全交通行为：在交叉口闯红灯（行为 1）、绿灯时间即将结束时跑着过马路（行为 2）、红灯即将结束时提前过交叉口（行为 3）、在交叉口过马路不在人行横道内行走（行为 4）、当穿越马路到一半时，绿灯变红灯，急忙跑过去（行为 5）、横穿马路时没有仔细观察左右是否有车辆（行为 6）、横穿马路时不走人行横道（行为 7）、在不划分机动车道与非机动车道和人行道的路段不靠边行走（行为 8）、追逐公交车或其他车辆（行为 9）、强行拦车（行为 10）、跨越道路隔离设施（行为 11）以及在非机动车道内行走（行为 12）、在行走过程中听手机（行为 13）。通过两种不同的分类方式，发现外来务工人员存在较大差异性的不安全交通行为，以对其进行重点分析，并对其他行为也作简要分析。

1. 按照原居住地对外来务工人员的不安全行为分析

将外来务工人员按照原居住地进行分类，对其交通不安全行为的频数进行差异性分析。针对 13 种主要的不安全交通行为，分析当原居住地不同时，其交通行为的差异性大小，并找出差异性较大的不安全行为，具体见表 4-14。

表 4-14 不同原居住地的外来务工人员进行交通不安全行为差异性分析

行为	原居住地不安全行为指标均值					差异性 p
	偏远山区	农村	乡镇	县城	城市	
1	3.32	3.78	3.84	4.00	3.88	0.006

续表

行为	原居住地不安全行为指标均值					差异性 p
	偏远山区	农村	乡镇	县城	城市	
2	3.32	3.67	3.69	3.87	3.64	0.235
3	3.46	3.74	3.85	4.13	3.82	0.129
4	3.54	3.72	4.04	3.97	4.02	0.071
5	3.18	3.37	3.57	3.64	3.60	0.203
6	3.71	3.20	3.75	3.54	4.00	0.003
7	3.61	3.79	4.18	4.15	4.08	0.034
8	3.61	3.70	3.96	4.31	4.22	0.008
9	3.82	4.07	4.24	4.46	4.28	0.119
10	4.39	4.48	4.71	4.69	4.50	0.291
11	3.82	4.15	4.22	4.31	4.26	0.142
12	3.50	3.87	3.87	4.23	3.96	0.170
13	3.71	3.72	3.84	3.72	3.74	0.830
平均值	3.61	3.79	3.98	4.08	4.00	—

由表4-14可以看出，对于外来务工人员而言，随着原居住地的不同，行为1、行为6、行为8这三种不安全交通行为存在显著差异。而对于不安全行为13，不同地域的外来务工人员之间几乎不存在差异性。由此可知，对于不同原居住地的外来务工人员，要重点加强对行为1、行为6、行为8三种行为的危害性教育，提高其对这三种不安全行为的重视程度，以减少此类行为的发生频率。

从不同原居住地的不安全行为均值上看，它们之间差异性较小。但总体而言，随着从偏远山区向城市转变，不安全行为的指标均值基本呈现逐步增加的趋势。这表明，从偏远山区向城市转变，外来务工人员的交通行为安全性逐步提高。

2. 按照进城务工年限对外来务工人员的不安全行为分析

本节按照外来务工人群进城务工年限的不同，对其各种不安全行为的频率进行对比分析，主要判断当进城务工年限不同时，其对于不同的交通不安全行为，整体上采取的行为频率是否存在一定的区别。

按照外来务工人员的进城务工年限进行分类，对其交通不安全行为的频数进行差异性分析。针对13种主要的不安全交通行为，分析存在较大差异性的不安全行为，具体见表4-15。

表 4-15 不同进城务工年限的外来务工人员进行交通不安全行为差异性分析

行为	进城务工年限						差异性 p
	1 年以下	1～3 年	3～5 年	5～8 年	8～10 年	10 年以上	
1	3.90	3.89	3.77	3.90	3.56	3.42	0.004
2	3.69	3.64	3.79	3.43	3.67	3.66	0.534
3	3.97	3.89	3.59	3.83	3.28	3.79	0.001
4	3.90	3.82	3.89	3.97	3.39	3.92	0.515
5	3.67	3.50	3.18	3.60	3.11	3.50	0.145
6	3.44	3.60	3.52	3.53	3.72	3.50	0.470
7	4.18	3.99	3.84	4.17	3.11	3.79	0.005
8	4.03	3.91	3.82	4.03	3.61	3.84	0.067
9	3.96	4.22	4.27	4.57	3.94	4.05	0.123
10	4.65	4.53	4.61	4.60	4.44	4.34	0.572
11	4.25	4.18	4.25	4.23	4.00	3.92	0.611
12	3.97	3.92	3.96	3.87	3.72	3.71	0.860
13	3.81	3.94	3.52	3.73	3.22	3.74	0.007
平均值	3.96	3.93	3.85	3.96	3.60	3.78	—

由表 4-15 可以看出，对于外来务工人员而言，随着进城务工年限的不同，行为 1、行为 3、行为 7 和行为 13 这四种不安全交通行为之间存在着显著差异。而对于不安全行为 12，不同务工年限的外来务工人员之间几乎不存在差异性。由此可知，对于不同进城务工年限的外来务工人员，要重点加强对行为 1、行为 3、行为 7 和行为 13 这四种行为的危害性教育，提高其对这四种不安全行为的重视程度，减少此类行为的发生频率。

4.5.5 被调查者交通环境适应性与交通行为的关系

1. 交通参与者环境适应性与整体交通行为的关系

通过分析交通参与者交通行为的调查数据，对 13 种普遍的不安全交通行为进行标定，分别对问题选项按照(0.9，0.7，0.5，0.3，0.1)的危险程度进行标定。其中，将刻画危险程度的指标定义为交通行为安全性数值(简称安全值)，其分值越高，表明交通参与者进行不安全行为的可能性越大。然后，取其平均值作为该调查对象的整体交通行为水平，并建立交通参与者环境适应性水平大小与其交通行为安全值关系图，如图 4-5 所示。

由图 4-5 可知，交通参与者环境适应性与其交通行为安全值之间存在一定的

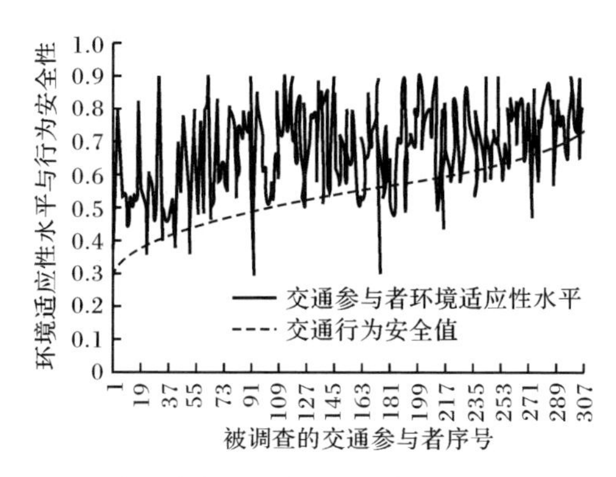

图 4-5　交通参与者环境适应性与交通行为的曲线

线性关系。因此,假定环境适应性水平为 x,交通行为危险程度为 y,对两者进行回归分析,结果见表 4-16 和表 4-17。

表 4-16　环境适应性水平与整体交通行为安全值方差分析

模型	平方和	df	均方	F	sig.
回归	1.124	1	1.124	80.668	0.000
残差	4.318	310	0.014		
总计	5.441	311			

表 4-17　环境适应性水平与整体交通行为安全值回归系数

模型参数	非标准化系数		标准化回归系数	t	sig.
	B	标准误差			
常量	0.667	0.039		17.142	0.000
适应性	−0.636	0.071	−0.454	−8.982	0.000

由表 4-16 可得,方差分析、回归的均方为 1.124、残差的均方为 4.318,F=80.668、显著性 sig.=0.000。因此,可以认为两个变量之间存在线性关系。

由表 4-17 可得,回归分析中的常数项为 0.667、回归系数为−0.636、回归系数的标准差为 0.071、标准化回归系数为−0.454、回归系数 t 检验的 t 值为−8.982,显著性 sig.=0.000(与方差分析一致)。因此,可以认为回归系数具有显著意义,相应的线性回归方程为

$$y=-0.636x+0.667$$

由此可知,随着交通参与者环境适应性水平的提高,其进行不安全交通行为的可能性将会降低。

2. 交通参与者环境适应性与13种不安全行为之间的关系

分别对13种不安全行为与交通参与者的环境适应性进行回归分析。结果表明，前12种行为与交通参与者环境适应性的关系显著性指标均小于0.005，即两者之间均存在线性关系，通过软件得到两者之间的关系式，见表4-18。

表4-18 交通参与者环境适应性与12种不安全行为之间的直线回归方程

不安全行为	简称	函数值	回归方程
在交叉口闯红灯	行为1	y_1	$y_1=0.677x+0.708$
绿灯时间即将结束时跑着过交叉口	行为2	y_2	$y_2=-0.429x+0.600$
红灯即将结束时提前过交叉口	行为3	y_3	$y_3=-0.589x+0.659$
在交叉口过马路不在人行横道内行走	行为4	y_4	$y_4=-0.770x+0.746$
当穿越马路到一半时，绿灯变红灯，急忙跑过去	行为5	y_5	$y_5=-0.554x+0.706$
横穿马路时没有仔细观察左右是否有车辆	行为6	y_6	$y_6=-0.563x+0.697$
横穿马路时不走人行横道	行为7	y_7	$y_7=-0.784x+0.734$
不分机动车道、非机动车道和人行道的路段，不靠边行走	行为8	y_8	$y_8=-1.039x+0.881$
追逐公交车或其他车辆	行为9	y_9	$y_9=-0.667x+0.628$
强行拦车	行为10	y_{10}	$y_{10}=-0.324x+0.365$
跨越道路隔离设施	行为11	y_{11}	$y_{11}=-0.921x+0.764$
在非机动车道内行走	行为12	y_{12}	$y_{12}=-0.905x+0.810$

由表4.18可以看出，交通参与者环境适应性高低与主要的12种不安全行为可能发生的频率之间存在正线性关系，即随着交通参与者环境适应性水平的提高，其进行不安全行为的频率将会降低。

第5章　社会化力量参与交通安全宣教的需求与意愿调查及可行框架研究

交通安全宣教能促进交通参与者提高安全意识，是提升交通行为安全性的重要途径。通过加强交通安全宣传工作，可以增强公民的交通安全意识，实现交通管理的社会化，保障良好的交通秩序，从源头上预防和减少交通事故的发生，有利于建立科学、合理的道路交通安全管理的长效机制(郑红雯，2006)。当前，我国的道路交通安全宣传主要存在以下几个方面的突出问题(汪益纯等，2009；储冰，2008)：社会化程度不高，缺乏长效机制；宣传方法和方式落后，难以适应生活的特点；内容流于形式，针对性不强；资金保障不力，无法深入持久；队伍专业化、职业化程度不高。因此，探索创新的交通安全宣教模式和体系，提高宣教的效率和效果是当前交通安全宣教的主要发展方向。其中，引入社会化力量参与交通安全宣教是提高交通安全宣教能力和效果的重要出路(吕鑫华，2010)。

本章通过对学校、企业、社区和家庭这四类主要社会力量的广泛调查，以交通工程学、交通心理学、社会心理学等作为理论基础，宏观与微观方法相结合，在深入调查学校、社区、企业和家庭对交通安全宣传的目的和需求的基础上，构建参与意愿的统计分析模型，提出社会力量参与的宣教体系和协同运作框架，为后续制定关于提升全民交通行为安全性的宣传教育对策提供理论基础。

5.1　社会力量参与交通安全宣传需求及意愿调查方案

5.1.1　研究方法

从文献上看，当前针对交通安全宣传的研究较少，而且大多侧重于对策层面，缺乏建模分析方面的研究。另外，大多文献都没有以交通安全宣传需求为出发点开展深入研究。因此，本章以交通安全宣传需求调查为基础，通过分析各社会力量交通安全宣传需求(宣传目的、参与方式、保障措施和激励措施)，建立参与交通安全宣传意愿的 logistic 回归模型。

回归模型广泛应用于众多领域，其中，基于因子分析的 logistic 回归模型在经济管理学中应用较多(何晓群，2012)。基于因子分析的 logistic 回归模型是把由因子分析得到的向量 $f=(Z_1,Z_2,Z_3,\cdots)$，作为 logistic 模型的新的解释变量，从而得到新的模型。

本章提出的模型思路如下:假设愿意参与交通安全宣传为1,不愿意参与为0,建立广泛用于道路安全研究的二项 logistic 回归模型,则愿意参与交通安全宣传的概率为

$$Y=\mathrm{Logit}(P)=\ln\left(\frac{P}{1-P}\right)=\beta X, \quad X=\{x_i\}$$

式中,β 为估计参数;X 为独立变量的集合;x_i 代表各独立变量,即宣传目的、参与方式、保障措施和激励措施。通过建模确定 β 值,即各独立变量对于最后概率的影响程度,即上述四个独立变量对参与交通安全宣传的影响程度。决策者则可以在此基础上,提出行之有效的对策。

5.1.2 问卷数据收集

本章选取了江苏、上海等地区的学校、社区、企业作抽样调查。其中,对于家庭交通安全宣传需求调查主要集中在江苏、浙江、广东等地。被调查者主要是从事一线交通安全宣传教育的员工和管理者及其家庭成员。本次调查共发放问卷300份,回收274份,回收率91.33%;其中学校调查问卷41份,社区调查问卷38份,企业调查问卷30份,家庭调查问卷165份。表5-1给出了被调查的学校、社区、企业、家庭基本情况。

表5-1 调查样本的基本情况

基本信息			数量	有效百分比/%	累计百分比/%
学校	学校类型	小学	18	43.90	43.90
		初中	9	21.95	65.85
		高中	7	17.08	82.93
		大学	7	17.07	100.00
	学校周围交通状况	非常恶劣	2	4.88	4.88
		恶劣	8	19.51	24.39
		一般	19	46.34	70.73
		良好	12	29.27	100.00
社区	社区规模	1000户以下	5	13.16	13.16
		1000～1500户	6	15.79	28.95
		1500～2000户	7	18.42	47.37
		2000～2500户	13	34.21	81.58
		2500户以上	7	18.42	100.00

续表

基本信息			数量	有效百分比/%	累计百分比/%
社区	社区居民平均年龄	40～50 岁	4	10.53	10.53
		50～60 岁	24	63.16	73.69
		60 岁以上	10	26.31	100.00
企业	从事行业	房地产	1	3.33	3.33
		计算机	1	3.33	6.66
		汽车/物流	5	16.67	23.33
		电子/电信	5	16.67	40.00
		金融/贸易	4	13.33	53.33
		建筑/工程技术	8	26.67	80.00
		餐饮/娱乐	3	10.00	90.00
		医药/医疗/生物	3	10.00	100.00
	企业人数	少于 100 人	8	26.67	26.67
		100～300 人	8	26.67	53.34
		300～500 人	9	30.00	83.34
		500 人以上	5	16.67	100.00
	企业产品销售区域	华东地区	25	83.33	83.33
		华北地区	2	6.67	90.00
		西部地区	0	0.00	90.00
		南部沿海地区	2	6.67	96.67
		其他	1	3.33	100.00
	企业拥有小汽车人数	少于 50 人	14	46.67	46.67
		50～100 人	11	36.67	83.34
		100～150 人	1	3.33	86.67
		150～200 人	2	6.67	93.34
		200 人以上	2	6.67	100.00
	企业类型	国有企业	4	13.33	13.33
		私营企业	9	30.00	43.33
		有限责任公司	8	26.67	70.00
		股份有限公司	9	30.00	100.00
家庭	家庭成员平均年龄	30～40 岁	46	27.88	27.88
		40～50 岁	101	61.21	89.09
		50～60 岁	18	10.91	100.00

续表

基本信息			数量	有效百分比/%	累计百分比/%
家庭	家庭年收入	3万元以下	71	43.03	43.03
		3万～5万元	35	21.21	64.24
		5万～10万元	34	20.61	84.85
		10万～15万元	17	10.30	95.15
		15万～20万元	4	2.43	97.58
		20万元以上	4	2.42	100.00
	家中是否有小汽车	无	125	75.76	75.76
		1辆	32	19.39	95.15
		2辆以上	8	4.85	100.00
	平时主要出行方式	步行	52	31.52	31.52
		自行车	53	32.12	63.64
		汽车	16	9.70	73.34
		电动车	8	4.85	78.19
		摩托车	4	2.42	80.61
		公交车	32	19.39	100.00

5.2　学校参与交通安全宣传的需求与意愿分析

学校交通安全宣传需求调查问卷的整体(包含51个项目)α系数值为0.971,大于0.7,这表明该问卷项目间的信度在可接受范围之内。

1. 宣传目的因子分析

1) 效度分析

在问卷中,学校交通安全宣传目的项目中共列举了12项,其KMO值为0.794,接近0.8,Barlett球体检验统计量的观测值为320.030,响应的概率p接近0,表明问卷适合进行因子分析。

2) 提取因子

图5-1中横坐标为因子数,纵坐标为特征根。由图可知,第一主因子的特征根值很高,对解释原有变量的贡献最大;而第三及以后的因子特征根值较小,对解释原有变量的贡献较小。因此,分析适合提取两个因子。

由表5-2可以看出,12个变量在第一主因子上的载荷都很高(高于0.6),这意味着它们与第一主因子的相关程度较高,即第一主因子很重要;而第二主因子与

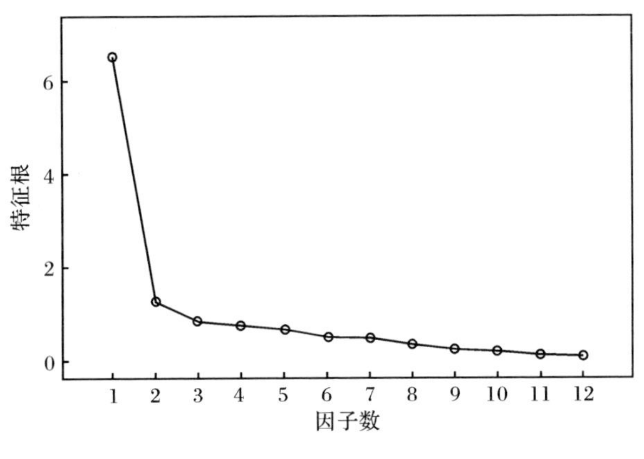

图 5-1　因子的碎石图

原有变量的相关性均很小，它对原有变量的解释作用不显著。同时，这两个因子的实际含义比较模糊。为更好地命名、解释因子，采用方差最大法对因子载荷矩阵进行正交旋转，使得因子具有命名解释性。

表 5-2　因子载荷矩阵

宣传目的因素	FAC1_1	FAC2_1
体现社会责任心	0.866	−0.057
树立学校育人理念	0.831	−0.092
培养学生安全意识	0.792	0.309
尽心尽力做好本职工作	0.767	−0.266
提高学生综合素质	0.760	0.055
寻求学校育人新模式	0.731	−0.218
增强学生安全技能	0.728	0.248
提升学校育人标准，提高学生声望	0.720	−0.429
参与社会公益活动	0.684	−0.421
保障学生生命安全	0.655	0.589
营造交通安全宣传声势	0.643	−0.135
减少交通事故发生率	0.616	0.516

表 5-3　旋转后的因子载荷矩阵

宣传目的因素	FAC1_1	FAC2_1
提升学校育人标准，提高学生声望	0.828	0.124
参与社会公益活动	0.796	0.108
尽心尽力做好本职工作	0.761	0.280

续表

宣传目的因素	FAC1_1	FAC2_1
体现社会责任心	0.706	0.504
寻求学校育人新模式	0.703	0.295
树立学校育人理念	0.701	0.456
营造交通安全宣传声势	0.584	0.303
提高学生综合素质	0.553	0.524
保障学生生命安全	0.133	0.870
减少交通事故发生率	0.150	0.790
培养学生安全意识	0.417	0.741
增强学生安全技能	0.406	0.653

由表5-3可以看出,"提升学校育人标准,提高学生声望"、"参与社会公益活动"、"尽心尽力做好本职工作"、"体现社会责任心"、"寻求学校育人新模式"以及"树立学校育人理念"这6个变量在第一主因子上有较高的载荷(高于0.7),可解释为学校以育人为主要目标开展交通安全宣传活动。而"保障学生生命安全"、"减少交通事故发生率"以及"培养学生安全意识"这3个变量在第二主因子上有较高的载荷(高于0.7),可解释为学校以学生安全为目标开展交通安全宣传活动。

3)计算因子得分

采用回归法估计因子的得分系数,见表5-4。

表5-4　因子得分系数矩阵

宣传目的因素	FAC1_1	FAC2_1
培养学生安全意识	−0.058	0.264
增强学生安全技能	−0.036	0.221
树立学校育人理念	0.144	0.026
参与社会公益活动	0.289	−0.187
寻求学校育人新模式	0.194	−0.060
体现社会责任心	0.131	0.050
营造交通安全宣传声势	0.143	−0.019
提高学生综合素质	0.063	0.107
减少交通事故发生率	−0.182	0.372
保障学生生命安全	−0.213	0.419
提升学校育人标准,提高学生声望	0.297	−0.188
尽心尽力做好本职工作	0.222	−0.086

由表 5-4 可知,在计算两个因子变量的得分值时,对第一主因子载荷较大的 6 个变量和对第二主因子载荷较大的 3 个变量的权重较高。

2. 参与方式因子分析

1) 效度分析

KMO 值为 0.773,接近 0.8,Barlett 球体检验统计量的观测值为 457.461,响应的概率 p 接近于 0,表明问卷适合进行因子分析。

2) 提取因子

图 5-2 中横坐标为因子数,纵坐标为特征根。由图可知,第一主因子的特征根值很高,对解释原有变量的贡献最大;而第四及以后的因子特征根值较小,对解释原有变量的贡献较小。因此,分析适合提取三个因子。

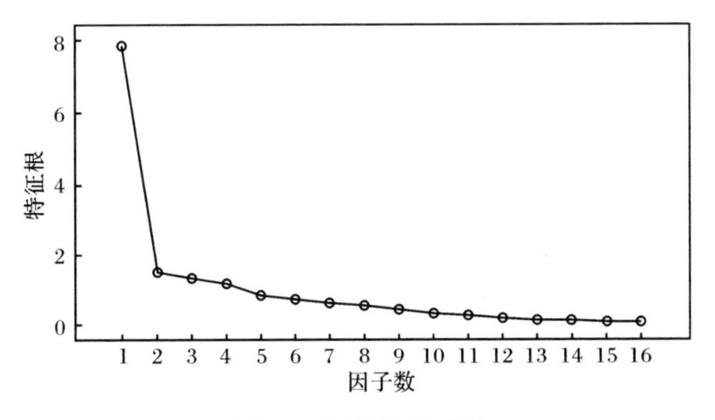

图 5-2　因子的碎石图

由表 5-5 可以看出,有 13 个变量在第一主因子上的载荷都很高(高于 0.6),这意味着它们与第一主因子的相关程度高;而第二主因子、第三主因子与原有变量的相关性均不是很明显,即它们对原有变量的解释作用不显著。同时,这三个因子的实际含义比较模糊。为更好地命名、解释因子,采用方差最大法对因子载荷矩阵进行正交旋转,使得因子具有命名解释性。

表 5-5　因子载荷矩阵

参与方式	FAC1_2	FAC2_2	FAC3_2
召开交通安全宣传家长会,家长与孩子相互督促	0.851	0.180	−0.024
组织政策法规普及讲座	0.824	−0.125	0.129
学校网站宣传交通安全	0.789	−0.127	0.144
通过学校广播台播放交通安全常识录音	0.780	−0.021	−0.359
举办学校交通安全演讲、征文	0.780	−0.069	−0.415

续表

参与方式	FAC1_2	FAC2_2	FAC3_2
征集学校交通安全宣传口号与活动 LOGO	0.746	0.371	−0.245
学校校刊宣传交通安全	0.736	−0.422	−0.197
开展安全技能培训课程	0.733	−0.395	0.057
与交管部门合作,制作、张贴宣传海报	0.661	−0.414	0.244
与交警部门合建交通模拟中心	0.646	0.433	0.489
结合社会热点问题开展宣传(如酒后驾车等)	0.636	−0.087	−0.141
组建交通安全宣传小队	0.617	0.511	0.308
制作、发放宣传材料(宣传单、宣传帽等)	0.611	0.059	0.437
鼓励学生进入企业、社区开展交通安全宣传团(党)日活动	0.580	0.402	−0.340
举办交通安全主题班会	0.567	0.160	−0.217
与传媒部门合作,播放交通安全宣传片	0.545	−0.336	0.303

由表 5-6 中旋转后的因子载荷矩阵可以看出,“结合社会热点问题开展宣传(如酒后驾车等)”和“开展安全技能培训课程”这 2 个变量在第一主因子上有较高的载荷(高于 0.7),可解释为学校希望以主观学习的形式开展交通安全宣传活动;而“鼓励学生进入企业、社区开展交通安全宣传团(党)日活动”这个变量在第二主因子上有较高的载荷(高于 0.7),可解释为学校希望学生通过主观实践参与到交通安全宣传活动;而“与传媒部门合作,播放交通安全宣传片”和“与交管部门合作,制作、张贴宣传海报”这 2 个变量在第三主因子上有较高的载荷(高于 0.7),可解释为学校希望学生通过实践来参与交通安全宣传活动。总体而言,上述 3 个因子均是从“学习与实践”的角度来深入开展交通安全宣传。

表 5-6 旋转后的因子载荷矩阵

参与方式	FAC1_2	FAC2_2	FAC3_2
结合社会热点问题开展宣传(如酒后驾车等)	0.838	0.089	−0.004
开展安全技能培训课程	0.753	0.046	0.445
学校校刊宣传交通安全	0.652	0.325	0.474
组织政策法规普及讲座	0.515	0.266	0.497
鼓励学生进入企业、社区开展交通安全宣传团(党)日活动	−0.011	0.856	0.106
举办交通安全主题班会	0.067	0.663	0.267
举办学校交通安全演讲、征文	0.541	0.658	0.249
通过学校广播台播放交通安全常识录音	0.535	0.621	0.230
征集学校交通安全宣传口号与活动 LOGO	0.427	0.614	−0.011

续表

参与方式	FAC1_2	FAC2_2	FAC3_2
与传媒部门合作，播放交通安全宣传片	0.053	0.180	0.799
与交管部门合作，制作、张贴宣传海报	0.338	0.122	0.744
学校网站宣传交通安全	0.376	0.322	0.571
制作、发放宣传材料(宣传单、宣传帽等)	0.072	0.155	0.558
组建交通安全宣传小队	0.271	0.169	0.020
与交警部门合建交通模拟中心	0.055	0.196	0.312
召开交通安全宣传家长会，家长与孩子相互督促	0.473	0.477	0.263

3) 计算因子得分

采用回归法估计因子的得分系数(表5-7)，由表可知，在计算因子的得分值时，“结合社会热点问题开展宣传(如酒后驾车等)”、“鼓励学生进入企业、社区开展交通安全宣传团(党)日活动”以及“与传媒部门合作，播放交通安全宣传片”占各因子的权重最大。

表5-7　因子得分系数矩阵

参与方式	FAC1_2	FAC2_2	FAC3_2
与交管部门合作，制作、张贴宣传海报	−0.002	−0.103	0.354
与传媒部门合作，播放交通安全宣传片	−0.196	−0.009	0.449
制作、发放宣传材料(宣传单、宣传帽等)	−0.173	−0.075	0.250
组织政策法规普及讲座	0.102	−0.067	0.115
开展安全技能培训课程	0.326	−0.210	0.078
举办学校交通安全演讲、征文	0.130	0.254	−0.052
举办交通安全主题班会	−0.172	0.336	0.055
通过学校广播台播放交通安全常识录音	0.130	0.222	−0.066
学校校刊宣传交通安全	0.227	0.018	0.112
鼓励学生进入企业、社区开展交通安全宣传团(党)日活动	−0.233	0.474	−0.058
学校网站宣传交通安全	−0.004	−0.004	0.191
与交警部门合建交通模拟中心	−0.175	−0.077	0.059
组建交通安全宣传小队	0.027	−0.106	−0.168
征集学校交通安全宣传口号与活动LOGO	0.082	0.207	−0.229
结合社会热点问题开展宣传(如酒后驾车等)	0.457	−0.169	−0.237
召开交通安全宣传家长会，家长与孩子相互督促	0.071	0.076	−0.059

3. 保障措施的因子分析

1) 效度分析

KMO值为0.743,根据KMO度量标准,属于一般;而Barlett球体检验统计量的观测值为326.882,响应的概率p接近于0,表明问卷适合进行因子分析。

2) 提取因子

图5-3中横坐标为因子数,纵坐标为特征根。由图可知,第一主因子的特征根值很高,对解释原有变量的贡献最大;而第三及以后的因子特征根值较小,对解释原有变量的贡献较小。因此,分析适合提取两个因子。

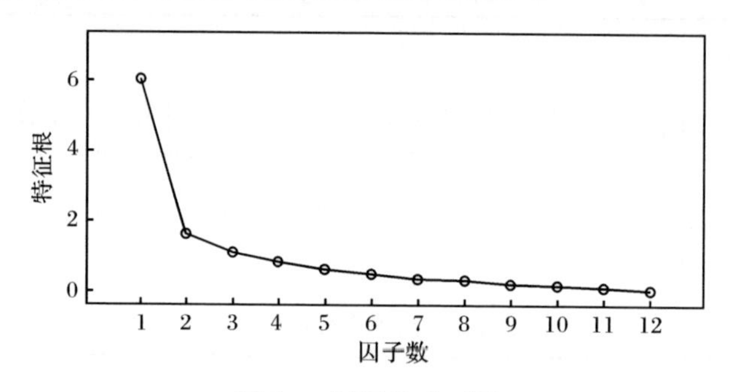

图5-3 因子的碎石图

由表5-8可以看出,有7个变量在第一主因子上的载荷都很高(高于0.7),这意味着它们与第一主因子的相关程度高;而第二主因子与原有变量的相关性均很小,它对原有变量的解释作用不显著。同时,这两个因子的实际含义比较模糊。为更好地命名、解释因子,采用方差最大法对因子载荷矩阵进行正交旋转,使得因子具有命名解释性。

表5-8 因子载荷矩阵

参与方式	FAC1_3	FAC2_3
人员配备保障	0.822	−0.135
活动方式多样化	0.821	−0.361
政策、法规保障	0.784	0.116
活动经费保障	0.767	−0.086
督导体系保障	0.759	0.146
活动宣传有力	0.727	−0.440
其他社会力量与部门配合	0.700	0.361
执行力保障	0.694	−0.272

续表

参与方式	FAC1_3	FAC2_3
激励措施保障	0.686	−0.295
交警部门参与保障	0.505	0.695
政府部门协调工作	0.593	0.667
学校领导积极参与、组织	0.594	−0.027

由表5-9可以看出，“活动宣传有力”、“活动方式多样化”、“激励措施保障”以及“人员配备保障”在第一主因子上有较高的载荷(高于0.7)，可解释为学校希望在人力、物力条件满足的情况下，以丰富多彩的宣传形式，主动开展交通安全宣传活动；“交警部门参与保障”和“政府部门协调工作”在第二主因子上有较高的载荷(高于0.7)，可解释为学校希望开展交通安全宣传活动时得到其他部门(尤其是交警部门)的配合与支持。

表5-9　旋转后的因子载荷矩阵

参与方式	FAC1_3	FAC2_3
活动宣传有力	0.886	0.042
活动方式多样化	0.846	0.114
激励措施保障	0.792	0.153
人员配备保障	0.703	0.293
政策、法规保障	0.615	0.530
活动经费保障	0.545	0.254
交警部门参与保障	0.160	0.921
政府部门协调工作	0.068	0.839
督导体系保障	0.462	0.474
学校领导积极参与、组织	0.146	0.082
其他社会力量与部门配合	0.182	0.556
执行力保障	0.523	0.023

3) 计算因子得分

采用回归法估计因子得分系数(表5-10)，由表可知，在计算因子得分变量的变量值时，“活动宣传有力”和“交警部门参与保障”的权重最高。

表 5-10　因子得分系数矩阵

参与方式	FAC1_3	FAC2_3
交警部门参与保障	−0.022	0.492
政府部门协调工作	−0.158	0.394
活动经费保障	0.067	−0.017
督导体系保障	0.032	0.130
政策、法规保障	0.152	0.179
人员配备保障	0.173	0.010
执行力保障	0.059	−0.157
激励措施保障	0.304	−0.030
活动宣传有力	0.345	−0.110
活动方式多样化	0.270	−0.097
学校领导积极参与、组织	−0.193	−0.127
其他社会力量与部门配合	−0.158	0.173

4. 激励措施的因子分析

1) 效度分析

KMO 值为 0.778，接近 0.8，Barlett 球体检验统计量的观测值为 316.515，响应的概率 p 接近于 0，表明问卷适合作因子分析。

2) 提取因子

图 5-4 中横坐标为因子数，纵坐标为特征根。由图可知，第一主因子的特征根值很高，对解释原有变量的贡献最大；而第三及以后的因子特征根值较小，对解释原有变量的贡献较小。因此，分析适合提取两个因子。

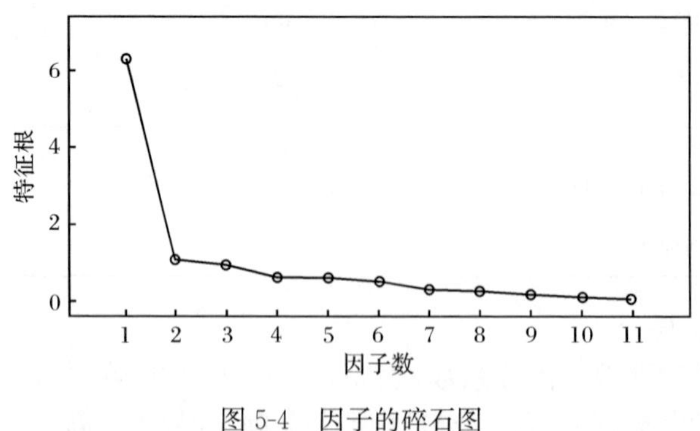

图 5-4　因子的碎石图

由表 5-11 可以看出，有 7 个变量在第一主因子上的载荷都很高(高于 0.7)，这意味着它们与第一主因子的相关程度高；而第二主因子与原有变量的相关性均不是很明显，它对原有变量的解释作用不显著。同时，这两个因子的实际含义比较模糊。为更好地命名、解释因子，采用方差最大法对因子载荷矩阵进行正交旋转，使得因子具有命名解释性。

表 5-11 因子载荷矩阵

激励措施因素	FAC1_4	FAC2_4
纳入学校育人标准，培养全面发展的优秀人才	0.858	−0.011
制定公平、公开的奖惩制度	0.849	−0.244
作为学校的评价与考核依据	0.832	−0.078
政府组织学校人员进行交通安全宣传培训	0.801	−0.242
推广经典交通安全宣传活动和方式	0.793	0.245
学校鼓励交通宣传，与老师和学生考评挂钩	0.761	−0.466
定期组织交管人员对学校交通安全宣传工作考察	0.758	−0.362
鼓励学校跟社区、企业联合宣传，政府提供双赢激励措施	0.688	0.220
给予表彰，创建交通安全宣传优秀校园	0.680	0.298
交警部门与学校建立点对点宣传模式	0.636	0.525
政府提出交通安全宣传考核具体标准，督促学校改善现状	0.614	0.361

由表 5-12 可以看出，“学校鼓励交通宣传，与老师和学生考评挂钩”、“定期组织交管人员对学校交通安全宣传工作考察”、“制定公平、公开的奖惩制度”以及“政府组织学校人员进行交通安全宣传培训”在第一主因子上有较高的载荷（高于 0.7），可解释为学校希望以考评机制规范开展交通安全宣传活动；“交警部门与学校建立点对点宣传模式”和“推广经典交通安全宣传活动和方式”在第二主因子上有较高的载荷（高于 0.7），可解释为学校希望有专业性的指导来开展交通安全宣传活动。

表 5-12 旋转后的因子载荷矩阵

激励措施因素	FAC1_4	FAC2_4
学校鼓励交通宣传，与老师和学生考评挂钩	0.878	0.158
定期组织交管人员对学校交通安全宣传工作考察	0.807	0.233
制定公平、公开的奖惩制度	0.796	0.382
政府组织学校人员进行交通安全宣传培训	0.759	0.352
作为学校的评价与考核依据	0.673	0.495
纳入学校育人标准，培养全面发展的优秀人才	0.648	0.562

续表

激励措施因素	FAC1_4	FAC2_4
交警部门与学校建立点对点宣传模式	0.126	0.815
推广经典交通安全宣传活动和方式	0.429	0.711
政府提出交通安全宣传考核具体标准，督促学校改善现状	0.218	0.678
给予表彰，创建交通安全宣传优秀校园	0.310	0.675
鼓励学校跟社区、企业联合宣传，政府提供双赢激励措施	0.368	0.622

3）计算因子得分

采用回归法估计因子得分系数（表 5-13），由表可知，在计算因子得分变量的变量值时，“学校鼓励交通宣传，与老师和学生考评挂钩”和“交警部门与学校建立点对点宣传模式”的权重最高。

表 5-13　因子得分系数矩阵

激励措施	FAC1_4	FAC2_4
给予表彰，创建交通安全宣传优秀校园	−0.103	0.279
推广经典交通安全宣传活动和方式	0.057	0.254
纳入学校育人标准，培养全面发展的优秀人才	0.109	0.083
作为学校的评价与考核依据	0.147	0.034
制定公平、公开的奖惩制度	0.252	−0.080
学校鼓励交通宣传，与老师和学生考评挂钩	0.378	−0.243
政府组织学校人员进行交通安全宣传培训	0.244	−0.083
定期组织交管人员对学校交通安全宣传工作考察	0.314	−0.171
鼓励学校跟社区、企业联合宣传，政府提供双赢激励措施	−0.054	0.225
交警部门与学校建立点对点宣传模式	−0.249	0.432
政府提出交通安全宣传考核具体标准，督促学校改善现状	−0.150	0.316

5. 参与交通安全宣传的意愿回归模型及解释

1）logistic 回归模型

利用上述得到的因子分析结果，将参与交通安全宣传的意愿（0/1 变量）作为因变量，而交通安全的宣传目的、参与方式、保障措施、激励措施这 4 类因子作为影响变量，进行 logistic 回归建模，结果见表 5-14。

表 5-14　方程系数估计结果变量

因子	B	S. E.	Wald	df	sig.
FAC1_1	−1.775	1.082	2.692	1	0.101
FAC1_2	1.968	1.133	3.017	1	0.082
FAC2_2	2.978	1.115	7.129	1	0.008
FAC3_2	1.163	0.746	2.433	1	0.119
FAC1_3	3.971	1.445	7.555	1	0.006
FAC2_3	−1.628	0.714	5.201	1	0.023
FAC2_4	−1.861	1.011	3.389	1	0.066
常量	2.249	0.932	5.815	1	0.016

模型的拟合优度的检验统计量 Cox & Snell R Square、Nagelkerke R Square 检验分别达到 0.499、0.699，这表明模型的拟合优度还是比较理想的。因此，最终的 logistic 模型为

$$\log\left(\frac{p}{1-p}\right) = -1.775\text{FAC1\_1} + 1.968\text{FAC1\_2} + 2.978\text{FAC2\_2} + 1.163\text{FAC3\_2} + 3.971\text{FAC1\_3} - 1.628\text{FAC2\_3} - 1.861\text{FAC2\_4} + 2.249$$

2) 学校参与交通安全宣传意愿的影响因素分析

由上述结果可知，当前影响学校是否愿意参与交通安全宣传的主要因素具有如下特点：

(1) 宣传目的对于学校参与交通安全宣传的影响。FAC1_1 表示影响交通安全宣传目的的第一主因子，在第一主因子上占有主要权重的变量为“提升学校育人标准，提高学生声望”、“参与社会公益活动”、“尽心尽力做好本职工作”、“体现社会责任心”、“寻求学校育人新模式”以及“树立学校育人理念”。由此可见，育人作为学校的主要功能，而通过交通安全宣传教育，以寻求更高的育人标准是学校开展交通安全宣传的主要目的。

(2) 参与方式对于学校参与交通安全宣传的影响。FAC1_2、FAC2_2、FAC3_2依次表示了影响交通安全宣传参与方式的三个主因子。“结合社会热点问题开展宣传(如酒后驾车等)”、“开展安全技能培训课程”、“鼓励学生进入企业、社区开展交通安全宣传团(党)日活动”、“与传媒部门合作，播放交通安全宣传片”、“与交管部门合作，制作、张贴宣传海报”等分别是对应这三个主因子的主要影响因素。由此可见，学校也正逐步将交通安全宣传从以往的传统宣传方式向实践活动转型，更注重学生通过自主学习和在实践过程中去体验和感悟。

(3) 保障措施对于学校参与交通安全宣传的影响。FAC1_3 和 FAC2_3 表示

影响交通安全宣传保障措施的第一和第二主因子。在第一主因子上,“活动宣传有力”、“活动方式多样化”、“激励措施保障”以及“人员配备保障”等是比较重要的因素;而在第二主因子上,占有主要权重的变量为“交警部门参与保障”和“政府部门协调工作”。由此可见,学校参与交通安全宣传的意愿不仅与交警部门与政府部门的参与和支持相关,还与活动的多样性、公益性和推广力度密切相关。

(4) 激励措施对于学校参与交通安全宣传的影响。FAC2_4 表示影响交通安全宣传激励措施的第二主因子,在这第二主因子上占有主要权重的变量为“交警部门与学校建立点对点宣传模式”和“推广经典交通安全宣传活动和方式”,这表明通过经典活动或专业人员的借鉴与指导下开展交通安全宣传将更有效。

5.3 社区参与交通安全宣传意愿的回归模型

基于上述同样的分析方式,针对社区调查数据进行处理。利用 5.2 节得到的因子分析结果,将参与交通安全宣传的意愿(0/1 变量)作为因变量,而交通安全的宣传目的、参与方式、保障措施、激励措施这 4 类因子作为影响变量,进行 logistic 回归建模。

1) logistic 回归模型

通过 SPSS 软件进行数据处理,模型系数的极大似然估计结果见表 5-15。

表 5-15 建模方程系数估计结果变量

因子	*B*	S. E.	Wald	df	sig.
FAC1_1	−1.325	0.813	2.661	1	0.103
FAC1_2	2.217	1.189	3.476	1	0.062
FAC3_2	−1.586	1.005	2.488	1	0.115
FAC2_3	−2.561	1.143	5.020	1	0.025
FAC1_4	2.121	1.205	3.099	1	0.078
FAC2_4	3.101	1.472	4.440	1	0.035
FAC3_4	3.843	1.846	4.334	1	0.037
常量	1.278	0.598	4.566	1	0.033

因此,最终的 logistic 模型为

$$\begin{aligned}\log_{\text{社区}}\left(\frac{p}{1-p}\right)=&-1.325\text{FAC1\_1}+2.217\text{FAC1\_2}-1.586\text{FAC3\_2}\\&-2.561\text{FAC2\_3}+2.121\text{FAC1\_4}+3.101\text{FAC2\_4}\\&+3.843\text{FAC3\_4}+1.278\end{aligned}$$

2) 社区交通安全宣传需求影响因素分析

由上述结果可知，当前影响社区是否愿意参与交通安全宣传的主要因素具有如下特点：

(1) 宣传目的对于社区参与交通安全宣传的影响。FAC1_1 表示影响交通安全宣传目的的第一主因子，在这第一主因子上占有主要权重的变量为“寻求社区发展新模式”、“把握社区交通安全宣传发展趋势”以及“展现社区文化”。由此可见，社区将交通安全宣传教育融入日常工作中，通过交通安全宣传来更好地为社区人民服务是日后社区工作的发展趋势。

(2) 参与方式对于社区参与交通安全宣传的影响。FAC1_2、FAC3_2 表示影响交通安全宣传参与方式的第一、第三主因子。“利用社区宣传栏，张贴报刊宣传交通安全”、“通过广播宣传交通安全”、“举办社区交通安全宣传专题征文活动”以及“开展安全技能培训讲座”对第一、第三主因子占主导影响。这是由于社区的公共与服务性质，决定了开展交通安全宣传要面向社区内的各类人群，而张贴报刊、征文、讲座等形式更适合社区开展活动。

(3) 保障措施对于社区参与交通安全宣传的影响。FAC2_3 表示影响交通安全宣传保障措施的第二主因子，在第二主因子上占有主要权重的变量为“人员配备的保障”和“政策、法规的保障”。由此可见，社区开展交通安全宣传面临的主要问题还是人手不足、政策不到位。

(4) 激励措施对于社区参与交通安全宣传的影响。FAC1_4、FAC2_4、FAC3_4表示影响交通安全宣传激励措施的第一、第二、第三主因子，在这些主因子上占有主要权重的变量分别为“定期组织交管人员对社区交通安全工作考察”、“鼓励社区走进周围学校、企业联合宣传，政府提供保障”、“政府鼓励社区宣传，营造竞争局面”、“对于积极参与交通安全宣传的社区加大资金上的拨款”、“政府对于社区制定公平、公开的交通宣传奖惩制度”、“给予表彰，创建交通安全宣传优秀社区”以及“推广经典活动”。由此可见，社区在组织开展交通安全宣传时需要一套完整的监督与管理体系，制度建立—定期考评—体系完善的过程应成为规范社区交通安全宣传的工作流程。

5.4 企业参与交通安全宣传意愿的回归建模

基于 5.2 节同样的分析方式，针对企业调查数据进行处理。利用 5.2 节得到的因子分析结果，将参与交通安全宣传的意愿(0/1 变量)作为因变量，而交通安全的宣传目的、参与方式、保障措施、激励措施这 4 类因子作为影响变量，进行 logistic 回归建模。

1）logistic 回归模型

通过 SPSS 软件处理，模型系数的极大似然估计结果见表 5-16。

表 5-16　建模方程系数估计结果变量

因子	*B*	S. E.	Wald	df	sig.
FAC1_1	10.324	5.435	3.608	1	0.057
FAC3_2	−8.830	4.883	3.270	1	0.071
FAC1_3	−4.674	2.670	3.065	1	0.080
FAC2_3	5.095	3.073	2.748	1	0.097
FAC2_4	−6.474	3.774	2.943	1	0.086

最终的 logistic 模型为

$$\log_{企业}\left(\frac{p}{1-p}\right)=10.324\text{FAC1\_1}-8.830\text{FAC3\_2}-4.674\text{FAC1\_3}+5.095\text{FAC2\_3}-6.474\text{FAC2\_4}$$

2）企业参与交通安全宣传意愿的影响因素分析

由上述结果可知，当前影响企业是否愿意参与交通安全宣传的主要因素具有如下特点：

（1）宣传目的对于企业参与交通安全宣传的影响。FAC1_1 表示影响交通安全宣传目的的第一主因子，在第一主因子上所有主要权重的变量为“提升运输效益”、“寻求企业发展新模式”、“营造交通安全宣传声势”以及“寻求潜在利益”。由此可见，效益是企业的第一生命，在交通安全宣传中也有许多潜在的商机，企业可从中探索新的发展契机。

（2）参与方式对于企业参与交通安全宣传的影响。FAC3_2 表示影响交通安全宣传参与方式的第二主因子。“结合社会热点问题开展宣传”对第二主因子占主导影响。抓住社会热点问题，把握社会动态，企业希望以这样的方式探索交通安全宣传发展的模式。

（3）保障措施对于企业参与交通安全宣传的影响。FAC1_3、FAC2_3 表示影响交通安全宣传保障措施的第一、第二主因子，在这两个主因子上所有主要权重的变量为“企业领导积极参与”、“政策法规保障”、“督导体系保障”、“人员配备保障”，“交警部门参与保障”以及“政府部门协调工作”。由此可见，企业开展交通安全宣传面临的主要问题还是企业领导不够重视、政策不到位和缺乏社会其他部门帮助。

（4）激励措施对于企业参与交通安全宣传的影响。FAC2_4 表示影响交通安全宣传激励措施的第二主因子，在第二主因子上占有主要权重的变量分别为“推广优秀活动”、“给予表彰，创建交通安全宣传优秀企业”以及“政府对于积极宣传企业给予税收等方面的优惠”。由此可见，企业在组织开展交通安全宣传时，一定的利益诱惑和一些示范活动的参考，能更好地提高企业加入交通安全宣传的积极性。

3) 不同类型企业交通安全宣传需求分析

企业，作为一类特殊的社会力量群体，其类型的不同决定了企业对于交通安全宣传的重视程度和参与热情。因此，有必要对于不同类型企业作进一步的分析。从交通安全宣传目的着手，基于因子分析方法，对调查企业进行分类，即对各主成分进行归类并解释说明。随后，在此分类的基础上，运用聚类分析，对调查样本进行聚类。最后，针对每一类型的企业进行深入的需求分析，即各类型企业对于交通安全宣传的有效激励措施，这对于交通安全宣传对策的提出具有极其重要的意义。

由表5-17可以看出，第一类为机械修理企业；第二类为一般企业，所从事的行业较为分散；第三类为出租车、物流企业，所从事的行业主要以物流、运输为主。表5-18给出了不同企业参与交通安全宣传的不同激励措施需求。

表5-17　不同类型的企业交通安全宣传需求

企业类型	参与方式	说明
第一类企业 (企业文化型)	1. 企业报刊宣传交通安全 2. 结合社会热点开展宣传	此类企业注重企业文化，将交通安全宣传融入企业的管理与文化中
第二类企业 (经济效益型)	1. 利用车辆进行交通安全宣传信息传播 2. 结合社会热点开展宣传	此类企业注重宣传方式的效果，力求使用最经济的方式达到最大的效果
第三类企业 (安全保障型)	1. 制作、发放宣传材料 2. 结合社会热点开展宣传	此类企业相对宣传方式较为传统，方式也比较单一。重在普及宣传

企业类型	保障措施	说明
第一类企业 (企业文化型)	1. 交通部门参与保障 2. 政府部门协调 3. 活动经费保障	对于前两类企业，对于政策与交警部门保障需求较高，这是由当前的交通安全宣传现状所导致的结果
第二类企业 (经济效益型)	1. 交警部门参与保障 2. 政策法规保障 3. 其他社会力量与社会部门积极配合	
第三类企业 (安全保障型)	1. 执行力的保障 2. 激励措施的保障 3. 活动宣传有力	对于第三类企业，则更注重企业的执行力，对于活动的激励保障与方式也有更高的要求

表 5-18　不同类型的企业激励措施需求

企业类型	激励措施	说明
第一类企业（企业文化型）	1. 政府鼓励企业宣传，营造竞争局面 2. 企业加强交通安全宣传，与员工考评挂钩 3. 定期组织交警人员对企业交通安全宣传工作考察 4. 交警部门与企业建立点对点宣传模式	此类企业对于交通安全宣传需求主要注重政府与交通管理部门的协助配合与支持
第二类企业（经济效益型）	1. 给予表彰 2. 推广优秀活动 3. 政府对于积极宣传企业给予税收等方面的优惠 4. 政府鼓励企业宣传营造竞争局面	此类企业数量较多，对于交通安全宣传需求更关注于如何宣传以及宣传对于企业的益处
第三类企业（安全保障型）	1. 制定公平、公开的奖惩制度 2. 政府提出交通安全宣传考核具体标准，督促企业改善现状	此类企业交通安全直接影响到企业效益，对于交通安全宣传、考核、保障等方面更注重以政策文件的形式公布

5.5　社会力量参与交通安全宣传的可行框架构建

5.5.1　宣传体系

通过上述 4 类模式，经概括总结，研究在寻求各社会力量相互结合下开展的交通安全宣传体系，如图 5-5 所示。

(1) 政府部门领导(管理安全的副市长)与交警管理部门领导，协调相关部门制定交通安全宣传计划，积极组织各相关部门定期召开工作小结会议，着手解决宣传过程中遇到的问题，保障宣传活动的顺利开展。

(2) 学校、社区和企业管理部门积极响应政府部门的号召，全力配合宣传活动按照计划有条不紊地完成。社区部门是具体实施活动的主要部门，应发动社区工作人员的力量，结合本社区的特点，积极思考活动具体方案。同时，应主动与交警部门保持密切联系，共同商议与执行活动方案，同政府部门做到及时反馈，把握好宣传活动的进程。交警部门作为交通安全宣传的主要部门，配合社区部门开展交通安全宣传，可以解决以往工作开展中的问题：一是解决了其他大量日常工作带来的交通安全宣传人手不足的问题，从而将交通安全宣传的具体实施者从交管部门转移到社区部门；二是创造了寻求各种社会力量之间相互合作的交通安全宣传模式的途径。两部门在具体开展工作时，采取专人负责制度，责任明确到个人。

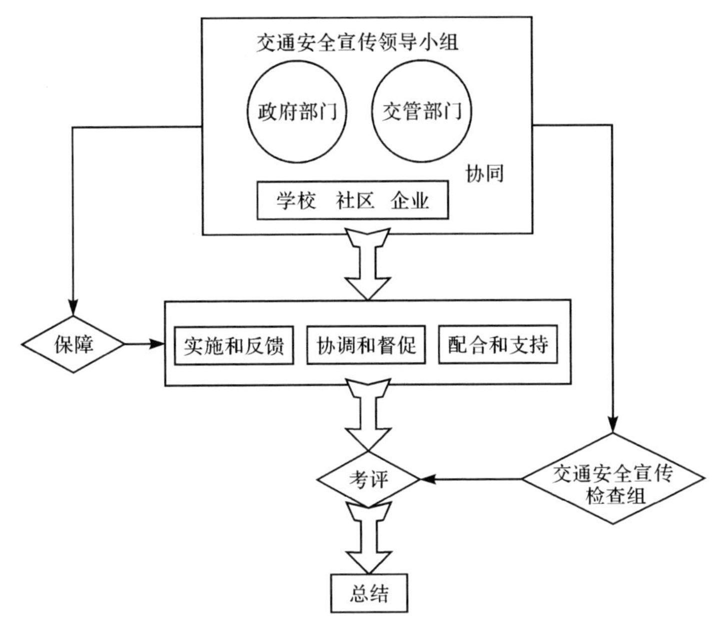

图5-5 交通安全宣传体系

(3) 此外，政府部门和交警部门组建交通安全宣传检查组，其他部门参与配合。检查组在活动进行中对各社区进行走访，实地调查交通安全宣传活动质量，并提出宝贵意见，最后评选出在宣传活动中表现优秀的社区团队和个人。

5.5.2 协同体系

上述是交通安全领导小组具体各职位的职能分工。然而，在活动中各部门的协同配合与活动保障是活动能否按计划进行的关键因素，图5-6给出了基于社会力量参与的交通安全宣传协同体系。

(1) 在协同体系中，主要针对政府部门、公安机关交警部门、学校、社区和企业之间的协同配合进行分析。政府部门、交警部门是协同体系的主要发起者，也是整个体系得以建立的基础。从之前的调查分析与模式推广中不难发现，我国交通安全宣传的顺利开展，离不开政府与交警部门的大力帮助和支持。

(2) 政府部门、交警部门在协同体系中起到领导作用，对于交通安全宣传活动作出总体的计划与目标制定工作，并在法律法规基础上，配套以相关活动制度，做好保障工作，并起到协调作用。对于交通安全宣传的参与者，如学校、社区、企业，应通过激励措施积极吸引参与者加入交通安全宣传中，并定期开展交通安全宣传工作。

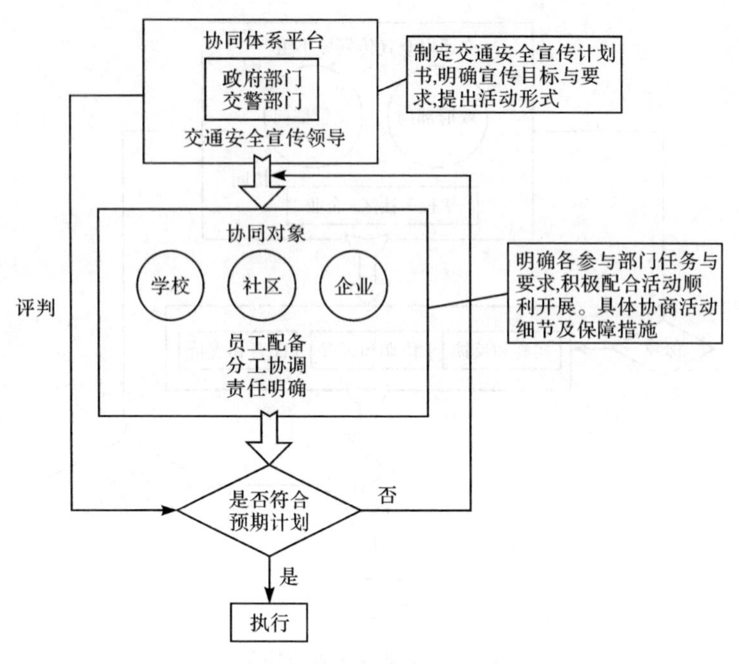

图 5-6　交通安全宣传系统体系

第6章 基于生态系统健康理论的全民交通行为安全性提升路径研究

第2章从宏观角度分析研究了我国道路交通安全总体形势和提升全民交通行为安全性的内外环境,而第3～5章分别针对目前面临的几个热点问题展开了深入调查与研究。以上研究结论为本章及后续章节提供了详尽的数据支持及对策实施依据。本章将引入生态健康理论,着眼于处理好个体交通参与者、交通参与者种群、交通参与者群落及交通环境之间的相互作用关系,从系统的视角构建全民交通行为安全性提升路径,从而对人、车、路和环境进行多方面的管理,建立以人为本的交通安全生态系统。

6.1 生态系统及生态健康理论概述

6.1.1 生态系统

生态系统是由人与地二元要素所组成的,其中人是指具有自主意识的社会群体,地则是指一定社会群体聚集的物质环境空间。人地关系系统可理解为由人类社会及其活动的组成要素与自然环境的组成要素相互作用和影响而形成的统一整体,也可称为人类与自然环境相互作用系统(杨青山等,2001),如图6-1所示。

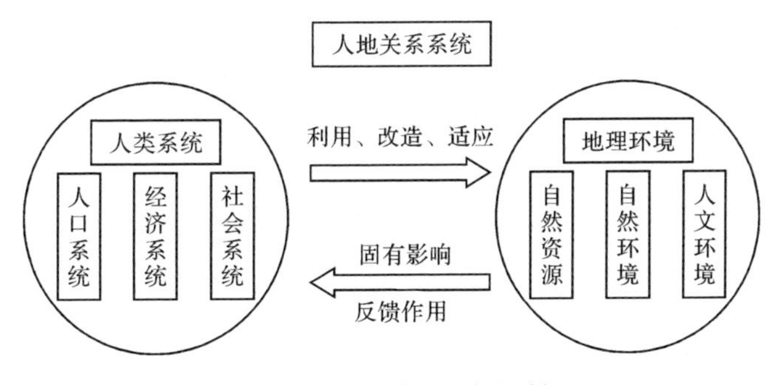

图6-1 人地关系运行机制

此外,根据生态学理论,可以划分为个体、种群、群落三个基本层面进行研究(林文雄,2007),如图6-2所示。

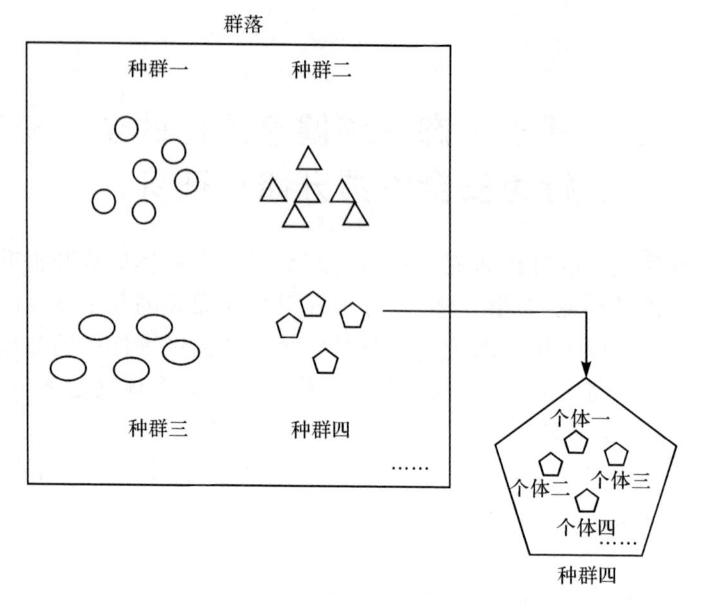

图 6-2　个体、种群、群落之间的关系

6.1.2　生态系统健康内涵及评价指标

1979 年 Rapport 等提出了生态系统医学，并在 1989 年发表的“生态系统健康由哪些部分构成”一文中首次论述了生态系统健康的内涵，它指的是一个生态系统所具有的稳定性和可持续性。Costanza(1992)认为一个健康生态系统的特性是稳定的、可持续的、远离灾害症状的，在一定时间尺度内具有自主性，并对压力具有弹性，能够维持它的组织结构，也能够维持对破坏的恢复能力。总体而言，生态系统的健康指的是动态平衡、没有疾病和多样性。生态系统健康的基本原理有动态性原理、层次性原理、创造性原理、相关性原理和脆弱积累性原理等五个原理(Norton，1991)。

随着生态系统健康内涵的不断完善和发展，学者从不同角度提出了评价生态系统健康性的指标和方法。Rapport(1985)提出以“生态系统危险症状”作为评价指标，具体包括系统营养库、初级生产力、生物体形分布和物种多样性等方面；Karr 应用生物完整性指数来评价水体生态系统的健康状况；Jorgensen 的评价方法中包括了体现生物系统整体性能的活化能、结构活化能和生态缓冲量等几个主要方面。Costanza(1992)认为生态系统健康的评价是一个综合性指标，其包括结构(组织)、有功能(活力)和有适应力(弹性)三个维度，并最终体现为可持续性。肖风劲等(2002)认为生态系统健康的评价指标包括活力、恢复力、组织结构、维持生态系统服务、管理的选择、减少投入、对相邻系统的危害和对人类健康的影响等

8 个方面。

6.2　交通安全生态健康系统理论体系

6.2.1　交通安全生态系统

依据生态系统理论,本章将从生态系统的角度来阐述交通安全问题的系统性、整体性和结构特征,以期为交通安全管理带来新的认识。

1. 基于人地关系的交通安全生态系统

本章将交通安全生态系统定义为人(交通参与者)与客观环境二元构成要素组成的复杂系统(图 6-3)。

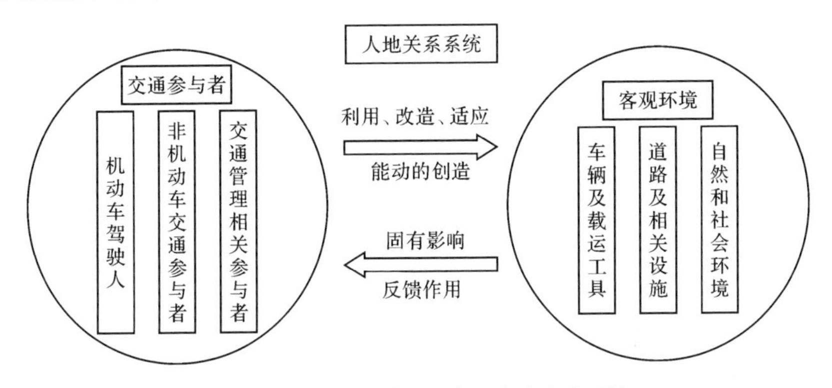

图 6-3　基于人地关系的交通安全生态系统

(1) 交通参与者。具有意识能动性的交通直接参与者、间接参与者和交通管理者所共同组成的交通主体,在与物质条件因素的交互影响与作用中构成矛盾的主要方面,是交通安全的主导因素。

(2) 客观环境。包含了车、路、环境交通要素,是交通安全的基础和物质条件因素。

(3) 交通安全问题的产生。一是客观环境的反射作用不能得到交通能动者的及时反馈;二是交通能动者的某种素质缺陷,或其他原因,如反应迟钝、判断失误、协调中断、失衡不当等,从而使人、车、路、环境系统的整体协同效应间断,失去动态平衡。

因此,建立交通安全生态健康系统包括交通参与者生态健康系统和交通环境生态健康系统两个方面。即应在正常的交通运行中,物质条件因素随时反映、传递不断变化的信息给交通主体,交通主体迅速作出反馈,采取综合协调措施或制动手段，使人、车、路、环境系统产生整体协同效应。这些协调主要包括以下几个方面。

1）车辆与参与者交通行为的安全协同

汽车是道路交通系统的重要组成要素，与驾驶人交通行为安全性有着密切的联系。车辆性能的提高无疑将提高交通系统的安全性，故发展智能化的车辆是未来发展方向之一。同时，车辆主动安全性能的改善或提高主要是降低车辆的故障率，特别是要及时发现和排除故障隐患，尽量避免突发性故障。这就需要在平时做好车辆的检测和审查工作，也应在公路沿线尽可能多地设置提供维修工具的停车场，以便司机随时检修车辆。

而在另一方面，过度“机动化”的电动自行车是安全骑行的隐患，限速要求在车辆设计中至关重要。因此，可以在电动自行车安装超速提示装置，例如，在16km/h速度挡位给电动自行车骑行人以视觉或感觉上的提示；在20km/h速度挡位安装信号灯，以起到警示作用。

2）道路与参与者交通行为的安全协同

道路作为交通行为发生的主要场所，为交通安全提供了最基本的物质条件和保障。因此，道路应该作为提升交通安全性最主要的改善方向之一，它包括对道路自身安全性能的改善和安全服务能力的改善两个方面。

由于人的主观性，并不能做到所有车辆均按照道路的设计要求去行驶，但道路设施应该促使大多数人倾向于按照设计的要求去行驶，这样的道路才能被认为是自身安全性能高的道路。道路的安全服务能力，一方面体现在道路安全设施为出现失误的人员和出现故障的车辆提供防护能力；另一方面体现在道路设施为驾驶人提供的舒适的行车环境和给车辆提供的连续、稳定、充分的车路交互界面，如路面摩擦系数、路面平整度等。

在城市道路上，交通流的组成越复杂，交通的运行就越不稳定，越容易产生冲突。因此在有条件的地方，应设置合理的自行车道，尽量实现非机动车和机动车的分离；合理设置路边停车带，减少对非机动车骑行的影响；有条件的地方应将人行道和自行车道分离，减少非机动车对行人带来的安全隐患。

此外，道路交通安全设施和交通标志、标线可以影响交通参与者的心理，进而影响其交通行为，是规范交通参与者交通行为的重要手段。道路交通标志、标线的设计应与人们的视觉感知特性相协同，并充分考虑到交通参与者的心理影响因素，其设计原则涉及颜色、宽度、虚线间隔长度、导向箭头形式等多个方面。

3）自然和社会环境与参与者交通行为的安全协同

自然和社会环境本身都是难以实现迅速改变的。对于自然环境，交通系统应提高应对重大自然灾害的能力，从而能够在出现重大自然灾害的情况下，快速地作出适当的反应，以尽可能地避免诱发事故造成损失。对于社会环境，应营造安全交通行为氛围、规章和约束，降低和避免不安全交通行为的发生频率。

4) 交通参与者与客观环境的综合协同

交通安全是由人、车、路、环境、管理等因素组成的复杂大系统，必须要对其进行深入的调查研究，将人、车、路、环境等因素有机地协调起来。这一方面要通过建立良好的交通安全教育、合理的道路交通安全设计、科学的车辆管理等现代化交通管理体系；另一方面要提升交通参与者的安全意识和安全交通行为的能力，通过综合措施来营造安全、畅通的交通环境。

2. 基于个体—群体—种群—群落的交通安全生态系统

本节将由交通参与者和外部交通环境构成的复杂生态系统定义为交通安全生态系统。类似于生态学的基本划分，这里将交通参与者系统划分为个体、群体、种群、群落四种基本的组织状态：

(1) 个体指单个的交通参与者。

(2) 群体指多个个体的集合，在特定的状态中，群体将作为研究对象。按照不同的属性，群体有不同的划分方式，如外来务工人员群体、中小学生群体等。

(3) 种群指具有相近交通行为特征和属性的一类交通参与者。例如，可以将交通参与者分为机动车驾驶人、电动车驾驶人、自行车驾驶人、行人、管理者等种群类型。

(4) 群落指按照一定的组织方式，众多的不同种群的交通参与者的集合，它是具有一定的空间分布范畴(如企业、社区等)的个体的集合，但与群体和种群之间没有明确的从属关系。

6.2.2　交通安全生态健康系统与自然生态系统的相似性分析

1. 系统相似性

交通安全生态健康系统与自然生态系统具有一定的生态相似性，它既继承了生态系统的一部分属性，又有自身的特点。交通安全生态健康系统是由交通参与者、车辆、道路、环境以及管理等形成的复杂系统，其结构是高度动态的、开放的，同时它也是一个分层次的、以交通参与者群体为主体的、按照一定结构组成的系统。交通安全生态健康系统在组成要素、结构和功能等方面与自然生态系统具有很高的相似性。总体而言，在一定环境、一定时间和相对稳定的条件下，自然生态系统和交通安全生态健康系统的结构与功能都处于协调的动态发展之中。表 6-1 给出了两者的相似性比较。

表 6-1 自然生态系统与交通安全生态健康系统的系统相似性

相似性		自然生态系统	交通安全生态健康系统
组成要素		以生物为主体生物多样性	以交通参与者为主体交通群体多样性
结构	要素之间的关系	两个以上的要素各成分与环境相结合,各成分之间相互作用	大量交通参与者个体与个体、交通群体与群体之间相互作用、相互影响
	整体性	各个组成部分相互影响,构成一个整体	交通参与者群体、车辆、道路、环境、管理等构成一个整体
	反馈特性	正反馈和负反馈	正反馈和负反馈
	空间特征	一定地理范围空间尺度是影响生态系统研究的重要因素	地域空间和路网空间划分的不同,研究意义将有很大区别
	营养结构/价值结构	食物链	交通流/交通需求
功能		能量流动、物质循环、信息传递、价值流通、生物生产、资源分解	交通流动、物质转移、信息传播

2. 特征相似性

基于组成要素、结构和功能的相似性,可以总结出交通安全生态健康系统与自然生态系统的特征相似性,见表 6-2。

表 6-2 自然生态系统与交通安全生态健康系统的特征相似性

相似性	自然生态系统	交通安全生态健康系统
类型多样性	自然界存在着无数的生态系统,如大到山地、沼泽、社会系统;小到群落、某一区域系统	交通领域存在着无数的生态系统,如智能交通系统、高速公路系统、城市交通系统、区域交通系统等都是功能完整的系统
整体性特征	以生物为主体,具有整体性特征	以交通参与者群体为主体,具有整体性特征
复杂有序的层级系统	生态系统、群落、种群、个体	交通生态系统、交通群体、交通参与者个体
具有明确功能	维护人类生存	保障交通参与者安全
环境影响	自然选择、适应性、优胜劣汰	适应性
自适应	一定的自适应能力	一定的自适应能力
动态特征	发生、形成、发展、进化	诞生、形成、发展、演化
竞争性	同物种内竞争、物种间竞争	某些时空环境下,交通群体之间、内部竞争
可管理性	人类的重要性,各种生活活动影响的程度	交通管理部门的重要性;交通参与者自我管理也很重要

6.2.3　交通安全生态系统健康评价指标体系构建

根据交通安全生态系统与自然生态系统的可比性，一个健康的交通安全生态系统也应具有健康生态系统的特征，即它在整个时间上，能自主地维持交通安全生态系统的结构，具有自我调节的能力，且不被外界力量所控制；它在面对外部干扰时具有恢复力和良性运营的活力，并能够保持相对稳定。根据6.1.2节所述，应重点从活力、组织结构和恢复力三个方面来评价交通安全生态系统的健康程度。表6-3和表6-4给出了评价交通安全生态系统的一、二级指标。

(1) 交通安全生态系统活力。指交通安全生态系统具有的总体上能保持安全运行绩效的能力，以及具有的良好创新能力。

(2) 交通安全生态系统组织结构。指交通参与者内部及与客观环境各要素之间的组织性、有序性和协同性。

(3) 交通安全生态系统恢复力。指交通安全生态系统抵抗外部干扰，维持系统正常绩效的能力。

表6-3　从生态系统安全的评价指标到交通安全生态系统健康的评价指标

健康评价的四个方面	生态系统健康的评价指标(肖风劲等，2002)	交通安全生态系统健康的评价指标
活力	初级生产力 初级净生产力 新陈代谢 生产量	交通安全管理的创新能力 交通安全改善内在驱动力 交通安全运行绩效
组织结构	生物多样性指数 (种的丰富度、均匀度) 平均共有信息 平均交互信息可预测性	交通安全管理组织化水平 交通参与者种群内部的协同水平 交通安全系统整体协同
恢复力	生长范围 种群恢复时间 化解干扰的能力	交通安全系统抗干扰能力 交通事故应急能力 交通管理水平
综合(联合)	优势度(上升性) 生物完整性指标	交通事故危害 交通参与者交通行为安全性水平

结合交通安全生态系统健康评价理论，从活力、组织结构和恢复力三个维度可以构建起交通安全生态系统健康评价的三个平面，如图6-4所示。

表 6-4 交通安全生态系统健康评价一级指标及对应的二级指标

维度	一级指标	二级指标
活力	交通安全管理的创新能力	交通安全组织创新、交通安全技术创新、交通安全管理创新
	交通安全改善内在驱动力	出行安全的需求、交通安全关注程度
	交通安全相关投入	交通安全设施建设投入、交通安全管理投入
组织结构	交通安全管理组织化水平	交通安全管理组织覆盖率、交通安全组织的合理性
	交通参与者种群内部的协同水平	交通参与者交通安全行为的示范、交通参与者种群协同参与水平
	交通安全系统整体协同	交通安全系统的协调水平、交通安全系统的同步性
恢复力	交通安全系统抗干扰能力	交通安全系统的可靠性、交通安全系统的柔性
	交通事故应急能力	应急反应时间、事故处理时间、所处理事故的伤亡率
	交通管理水平	管理人员技能水平、管理专业化和信息化水平
综合	交通事故危害	伤亡人数、财产损失
	交通参与者交通行为安全性水平	万车事故数、万人交通违法数、交通事故死亡率

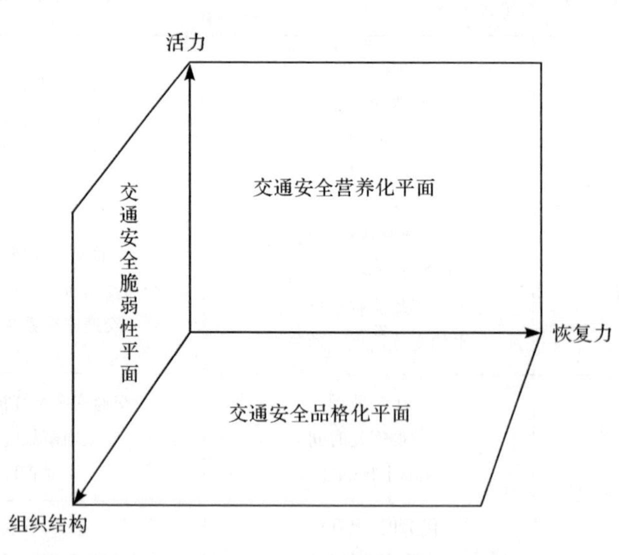

图 6-4 交通安全生态系统健康评价三维平面

(1) 交通安全品格化平面。该平面主要由恢复力和组织结构构成，但缺乏活力。这表明交通安全生态系统缺乏创新、持续改进的内在驱动力，如交通安全政策措施的失效、交通安全管理投入不足等。

(2) 交通安全脆弱性平面。该平面主要由活力和组织结构组成,但缺乏恢复力。这表明交通安全生态系统缺乏抵抗外部干扰的能力,如较低的交通安全应急反应能力、较低的交通安全管理信息化水平等。

(3) 交通安全营养化平面。该平面主要由活力和恢复力构成,但缺乏组织结构。这表明交通安全生态系统缺乏有效组织,系统间的协调性不足,如交通安全宣传的交管部门的"单打独斗"、交通安全设施与交通行为特征的不配套等。

总体上,以上三类平面均不是交通安全生态系统的健康状态。真正健康的交通安全生态系统,应同时具备较强的活力、组织结构和恢复力,从而能够维持系统的动态平衡,实现良好的交通安全绩效水平。

6.3　基于生态健康的全民交通行为安全性提升路径

6.3.1　提升路径解析

本节基于生态系统健康及其评价理论,在交通参与者行为安全性提升对策体系的基础上,对交通安全生态系统内各要素的健康性进行评价分析,以期构建由"交通参与者-外部交通环境"构成的交通安全生态健康系统。

同时,本节基于生态学理论提出的交通参与者生态系统具有个体、群体、种群三种基本组织状态。个体是指单个的交通参与者,是具有自主意识的社会个体;群体为多个个体的集合,在特定的状态中,群体作为研究对象,有不同的划分方式,其中重点研究群体包括:低驾龄机动车驾驶人、多次违法的机动车驾驶人、学习期准驾驶人、营运车辆驾驶人、中小学生群体、学龄前儿童、老年人群体、外来务工群体以及农村居民群体;种群即为机动车驾驶人、电动车驾驶人、自行车驾驶人和行人四种类型。

不同组织状态之间具有强烈的联系,个体关系由其自主意识和其他个体的相互影响所决定;群体关系是由具有各种功能的个体组成的自主意识所决定,它包括与个体的关系、与其他群体的关系等;种群关系是由个体与群体共同组成的自主意识所决定,它包括与个体的关系、与群体的关系、与其他种群的关系等;群落关系亦由个体所决定,主要体现为某区域内个体间的相互作用、群落之间的相互影响。

从交通行为的角度来看,个体行为之间存在着遗传和学习的关系;群体或群落行为则由较为强势与具有煽动力的个体行为和其他从众行为所构成,因此具有一定的一致性,且群体或群落之间具有模仿与扩散特性;种群行为则由无数的个体及群体组成,宏观上符合一定的概率特性,微观上却具有混沌的自组织特性,且种群之间存在着竞争与共存的关系。本节所提出的交通参与者生态对策体系的最终目的就是要协调好个体—群体—种群—群落的关系,以实现交通参与者生态系统共同安全利益的最大化。

总体而言,本节从一个全新的角度,以交通参与者-外界环境(车辆、道路、环境、管理)二元构成复杂的交通安全生态系统,并以个体—群体—种群—群落四个层次,对交通参与者内部进行架构,构建交通安全生态健康系统。图 6-5 给出了基于生态健康的交通行为安全性提升对策路径。

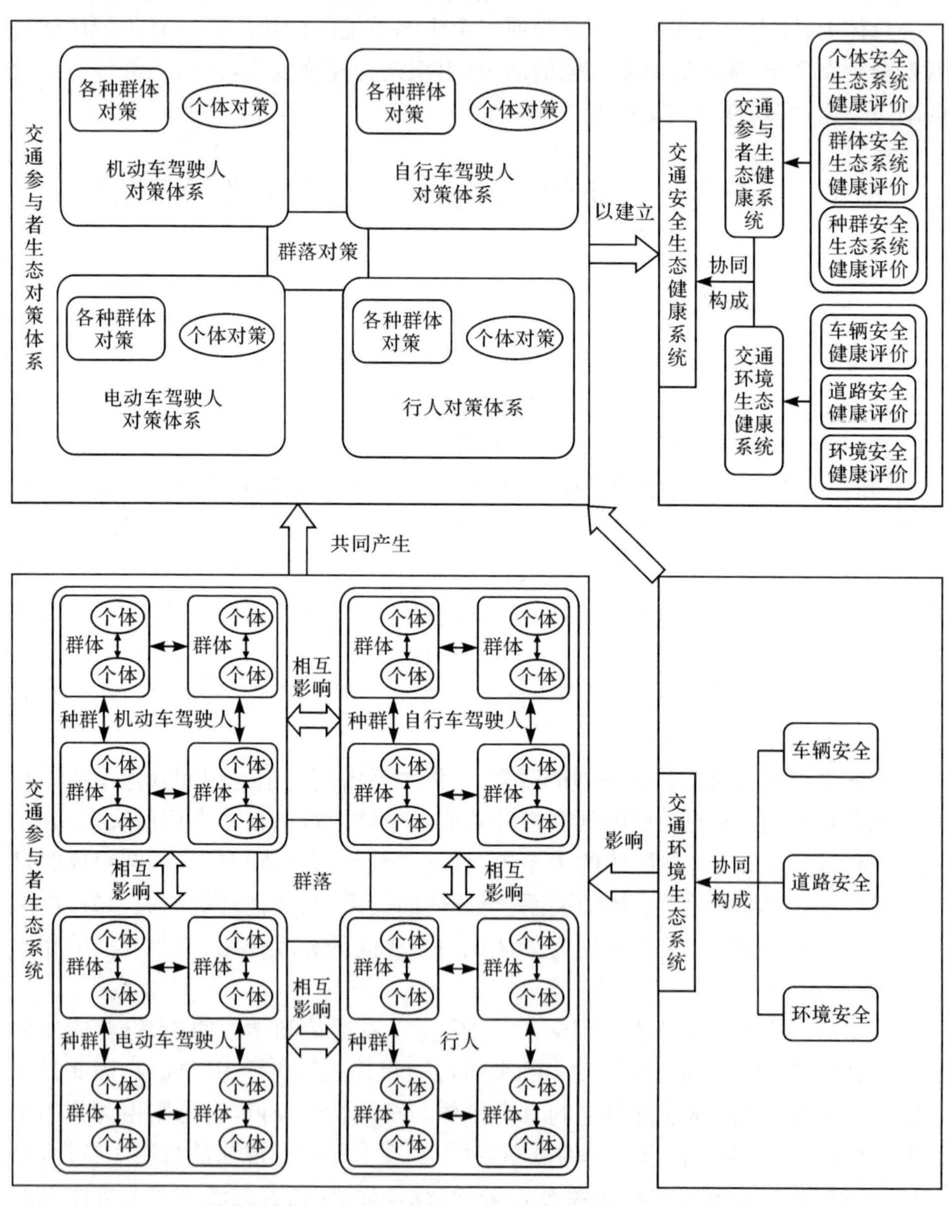

图 6-5　基于生态健康的交通行为安全性提升对策路径

6.3.2 对策制定考虑

从本章建立的交通安全生态系统特征和健康评价指标上看，制定全民交通行为安全性的提升对策需要着重考虑以下几个方面：

(1) 对策的系统性。在制定全民交通行为安全性提升对策时，要从交通安全生态系统整体健康的角度出发，考虑交通参与者和客观环境之间的相互作用，充分从系统的活力、恢复力和组织结构等方面进行综合考虑。

(2) 对策的层次性。考虑到影响交通安全生态系统健康的能力和作用力不同，全民交通行为安全性的提升对策要关注交通参与者的重点群体或种群，抓住与交通参与者安全性提升相关的主要因素，从而有针对性和重点地解决。

(3) 对策的动态性。交通安全生态系统的各个组成部分或子系统都处于不断的变化过程，这就要求全民交通行为安全性提升对策不仅要具有有效性，还要具有动态性，应由随时调整、改变对策的要素组成。

(4) 对策的关联性。要站在交通安全生态系统的角度考虑和分析影响交通参与者交通行为安全性的相关因素，分析因素间的相互关系，充分考虑提升对策之间的协同作用。

(5) 对策的差异性。考虑到交通安全生态系统在时空分布上的差异，制定全民交通行为安全性提升对策时需要考虑群落的差异、种群的差异以及群体的差异。同时，要充分考虑到不同交通参与者的个性特征与客观环境反馈作用的差异。

第7章 基于交通参与者交通行为干预的安全性提升路径研究

第6章主要基于生态健康系统理论，从个体、群落到整体的视角提出如何提升交通行为安全性的对策思路。本章将从个体行为的角度来探讨提升全民交通行为安全性提升对策的理论基础。

根据作者对交通参与者交通不安全行为产生机理的研究，可以认为人的因素对道路交通行为的安全性起着决定作用。因此，解决道路交通安全问题，必须要解决对人的不安全行为的有效干预问题，这也是预防交通事故和从源头上治理交通安全问题的一项根本措施。本章将从行为干预的视角，提出全民交通行为安全性提升对策的发展思路。首先，简要地概括了行为干预的四种基本理论视角；然后，结合交通行为安全性提升对策思路，提出交通参与者交通行为安全性提升的干预措施及有效性评价过程；最后，基于对重点群体的不安全行为特性和成因的分析，提出合理的干预措施体系，解决对策应该从哪里入手的问题，从而为后续提高交通参与者交通行为安全性对策框架的制定奠定理论基础。

7.1 交通参与者交通行为干预的理论基础

基于行为干预的交通行为安全性提升路径是以人的交通行为理论为核心，集技术、教育、管理等多种手段于一体，使交通参与者减免交通伤害的社会性综合体系。在政府调控、城市规划、安全法规、安全教育等外界环境的约束下，对交通参与者的交通行为安全性进行干预，从而最大限度地提升交通参与者交通行为安全性。

7.1.1 计划行为理论视角

计划行为理论（theory of planned behavior，TPB）是Fishbein和Ajzen于1988年在合理行为理论（theory of reasoned action）的基础上提出的，并在1991年加以改进，提出了一个研究态度和行为关系的理论框架（段文婷等，2008）。目前，TPB在行为研究领域得到了广泛应用。在交通安全领域中，Blazej等（2012）利用拓展的TPB模型预测了驾驶人闯黄灯的意愿和影响因素；Carol等（2007）构建了风险状态下行人性别、年龄和驾驶人状态对其横穿道路意愿的影响模型；Tunnicliff等利用TPB研究了摩托车骑行者采取安全和不安全行为的产生机理；

Rozario 等(2010)应用 TPB 模型分析了驾驶人驾驶期间使用手机意愿的影响因素。

TPB 的基本假设是:个体应是相当理性的,能够系统地运用可用的信息,并根据自己的暗示决定是否采取某种行为。TPB 可以用一个模型来表示,如图 7-1 所示(段文婷等,2008):

(1) 行为信念指会影响指向行为的态度。人们形成关于态度对象的信念是通过将其与特定属性、其他对象、特征或事件相联系而得到的。

(2) 规范信念指重要的相关人物(如配偶、家庭、朋友、教师、医生、管理者等)或群体赞成或反对实施某一行为的可能性。

(3) 控制信念指对促进或阻碍行为表现的因素是否存在的知觉。控制信念部分与个体过去的行为经验有关,同时也受到一些间接信息的影响,如来自朋友或熟人的经验、其他知觉到增加或减少实施行为困难性的信息等。

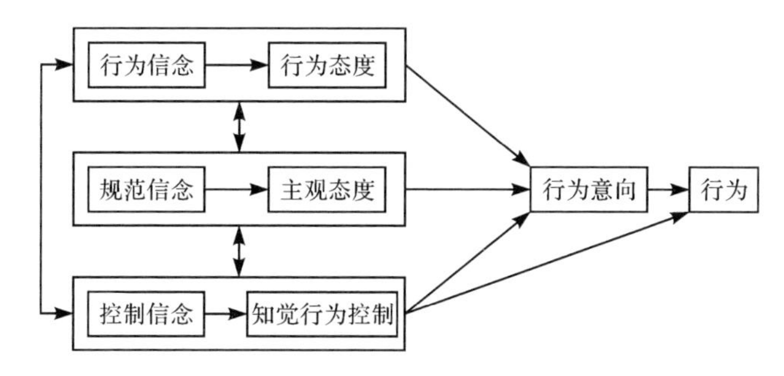

图 7-1　计划行为理论模型

基于上述理论,本节从交通参与者的不安全行为、不安全行为的意向、对不安全行为的态度、主观规范以及知觉行为可控性等变量着手,分析影响交通参与者交通行为的因素。行为态度分为正面态度和反面态度;主观规范分为家人类、朋友同事类、交警专业人士类;知觉行为控制分为环境类和人为控制类;而行为意向和实际行为分别包含一个行为指标和意向指标。相应的模型结构如图 7-2 所示。

7.1.2　行为控制理论视角

行为控制理论是为解决各领域的行为控制问题而产生的,它从行为本身入手,从行为发生条件的角度提出了新的行为控制思路,进一步拓宽了行为控制机制的研究领域(刘继云等,2006)。围绕着要完成某一行为,针对行为主体所必需的项目、资源以及行为的必然回报进行分析,寻找对行为主体进行控制的切入点(孙绍荣,1999),其具体解释如下:

(1) 项目是指被管理者可以将自己的资源投入的事项,是一种可能完成的操作内容,它也是行为主体开展活动的基本条件之一。每个项目都有明确的目标,

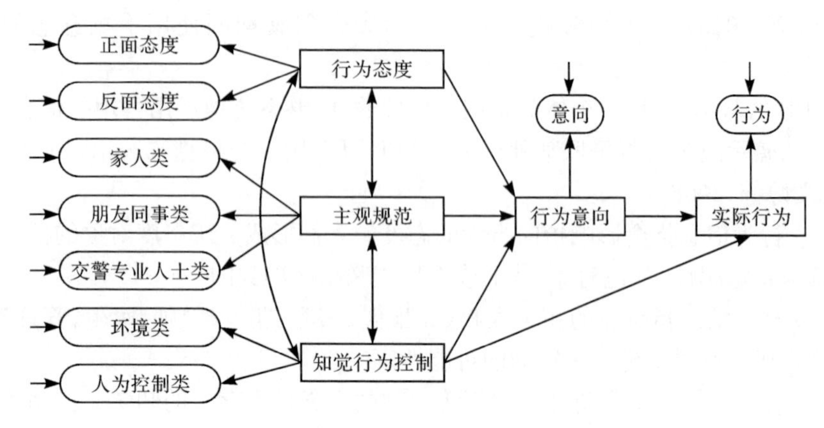

图 7-2　交通参与者计划行为理论模型

只有达到了目标，项目才算完成。

(2) 资源是指被管理者拥有的、可以用来影响客观世界的“原料”，这种“原料”既包括“实”的方面，也包括“虚”的方面，如智力、体力、财力和物力等。行为主体的资源既包括自身所拥有的(如学识、品质等)，也包括所处组织赋予的(如权力、物资等)。它是行为主体开展活动的基本条件之一，行为主体必须具备一定的资源，才可以从事某一项目，产生相应的行为。没有这些资源，行为者将无法实现行为的目标。

(3) 回报是被管理者通过一定的行为，得到的与自己需求相关的结果。它包括物质利益、精神上所追求的东西，如荣誉、社会肯定等，是行为主体活动的根本动力。

(4) 管理者只能运用可控的项目、资源和回报对被管理者进行行为控制，从而达到管理目的。

行为控制理论的成功应用(陈一鸣等，2004；田芯等，2004)表明可以采用其作为提升全民交通行为安全性的理论基础。从理论上说，解决道路交通违法问题就是要控制道路交通违法行为。而全面行为控制理论正是行为控制的一般性理论成果，它的行为控制思想和方法论同样也适用于道路交通违法行为。只要将全面行为控制理论的原理与道路交通违法行为的客观实际相结合，是可以找到解决道路交通违法问题的有效途径的。

在获取不安全行为特性及其产生机理的基础上，不管是导致道路交通违法问题的客观因素还是主观因素，都可以被看成是道路交通违法行为的产生条件或诱导因素。从影响个人行为的人的需要、动机和回报这三种要素出发，只要能针对这些因素提出有效的控制手段，并重点借助行为控制理论中的全面行为控制理论的行为控制思想和方法论，就可以从行为控制的角度改善交通参与者交通行为安全性。这一方面应针对交通参与者的可变因素进行控制,另一方面应通过改善与控制外部因素,对交通参与者的交通行为安全性进行干预。国内外公认的预防和减少交通事故与伤害的干预措施为“四 E”干预,即教育干预(education)、技术干预(engineering)、强制干预(enforcement)和经济干预(economic intervention)。

7.1.3　群体动力学视角

第 6 章已经提出了个体—群体—种群—群落的概念,但如何干预群体的交通行为、提高群体的交通行为安全性水平是非常值得关注的内容。交通参与者交通行为安全性的提升,不仅需要依赖于外部环境的力量,也与交通参与者之间的相互作用有关,它是一个系统工程。

群体动力学由心理学家勒温在 1936 年首次提出的,他认为(刘宏宇,1998):个人是一个非常复杂的能量系统,在群体内人与人之间存在着相互影响、相互渗透的交互作用;“群体动力”是指来自集体内部的一种“能源”,它指的是群体为满足共同的需要,在寻求与确定各种准社会的目标过程中,出现的各种能量汇聚、冲突、平衡、失衡以及群体行为的趋向、拒斥等现象,其行为公式是

$$B=f(P,E)$$

式中,B 表示行为;f 表示函数关系;P 表示个人或群体成员;E 表示环境。该理论认为,群体活动的效率受到诸如群体规范、群体压力、群体内聚力等因素的影响,群体成员之间关系处于不断变化与协调的过程,从而产生群体动力。

全民交通行为安全性的提升不仅需要营造一个大的交通安全社会环境,也需要对有针对性的群体开展系统和深入的行为干预,理解和掌握群体成员之间的相互作用机理,并以此提升交通干预效果。为此,群体动力学提供了基于群体交通行为安全性干预的理论新视角。

7.1.4　博弈论视角

博弈论是研究决策主体之间发生冲突时的决策和均衡问题,或者说是研究理性的决策者之间冲突及合作的理论。博弈论中的个人决策是在给定约束的条件下,追求效用或收益最大化。这表明个人效用不仅依赖于自己的选择,而且依赖于他人的选择,个人的最优选择是其他人选择的函数。因此,表述一个完整的博弈问题至少需要包含三个基本要素,即局中人、策略集合和支付函数。

因而,针对交通安全问题的管理对策也可以从博弈论的角度来阐释。每种交通方式的使用者就是各个系统中的决策主体,每种管理或干预对策的产生就是在不同时期、背景下,各个决策主体博弈的结果。从博弈论的角度来说,制定对策就是整个交通系统中的所有交通参与者进行博弈的结果。针对提升全民交通行为安全性的需求,管理者需要处理好干预措施的制定、实施与评价过程,这牵涉到管

理者内部体制的构建、机制的运转、技术的支持和政策的保障等方面。只有这样，才能对交通参与者的不安全行为进行有效的干预，以实现提升交通参与者安全意识、规范交通参与者安全行为的目的，最终提升全民交通行为安全性。

7.2 基于行为干预的交通行为安全性提升对策思路

总体而言，本章将从行为干预的角度，按照不安全行为产生机理—交通行为安全性干预措施—交通行为安全性提升对策的思路，以计划行为理论、行为控制理论和博弈论作为理论基础，从管理者的角度对交通参与者行为进行干预，构建交通行为安全性提升对策的理论体系(图 7-3)。

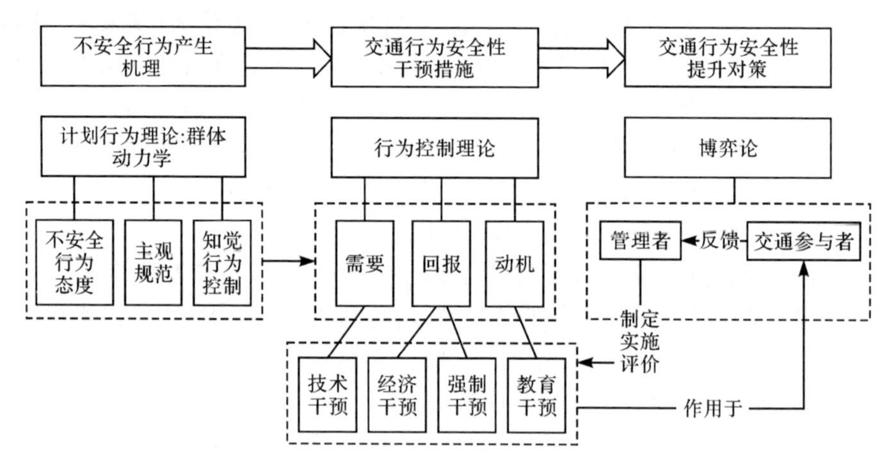

图 7-3 基于行为干预的交通行为安全性提升对策理论体系

7.3 交通行为安全性提升干预措施

管理者对交通参与者的干预措施主要由强制干预、教育干预和工程干预等方式构成。它又可以分为直接干预措施和间接干预措施。其中，直接干预措施直接作用于交通参与者，它主要涉及与交通参与者行为相关的因素，如性格、学历、安全意识等，主要包括教育手段或强制手段。间接干预措施作用于影响交通参与者行为的外界因素，它主要涉及与交通参与者行为相关的车、路、环境因素，并以诱导的手段干预其交通行为(图 7-4)。

7.3.1 强制干预

强制干预措施指利用制度对人的约束作用，进而达到对人的行为实施控制的

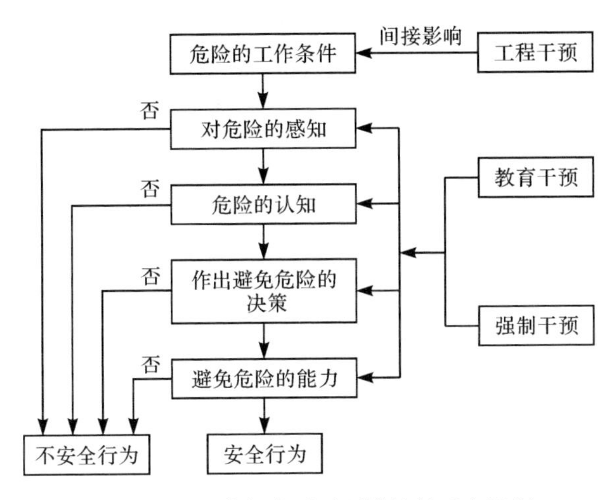

图 7-4　交通参与者对干预措施的反应机制

目的。从某种意义上说，强制干预措施是对人的行为进行的一种硬性约束，即通过制度的规定，从人的外部对其行为进行控制。

对道路交通参与个体来说，强制干预措施主要是依靠国家颁布实施的各种道路交通法律法规，由道路交通执法部门进行监督实施。它要求所有的道路交通参与个体，遵守道路交通法律法规，维护道路交通安全秩序，从而提高自身交通行为安全性。其中，强制干预措施的最基本途径就是完善道路交通安全立法，这是道路交通安全制度的最基本依据，它对于所有的道路交通参与者都具有法律上的约束力。

要实现有效的强制干预，一方面要求制度的制定者设计和建立起完善的制度，另一方面要求制度的执行者提高制度的执行水平，即在制度前提下的监督管理水平。从某种意义上说，制度的执行力就是制度的生命力，在对道路交通违法问题进行强制干预的过程中，关键的一环就是把制定出来的道路交通安全制度执行到底，执行到位。

7.3.2　教育干预

道路交通安全教育干预措施是通过提高交通参与者的安全意识与法治意识，进而达到自觉维护行车秩序、增强自我保护意识的目的，最终提升全民交通行为安全性的治本措施。

对社会各个层面的交通安全教育，要针对不同对象采取不同的方式，并结合家庭、社区、企业、单位等不同的教育通道，有的放矢地进行。交通安全宣传教育可以通过新闻、出版、广播、电视网络等各类媒体，利用地铁、公交车、长途客车的电视，道路电子显示屏，社区宣传栏等宣传文明交通常识和基本要求，营造良好的交通安全宣传氛围，增强市民的交通安全意识。

交通安全应从幼儿开始就进行系统的教育，在高中以前的各个教育阶段都列为必修课，使学生从接受教育开始就不断地树立交通法制的观念、交通安全的观念、交通道德的观念，并培养安全参与交通的实际能力。

7.3.3 工程干预

道路的线形、安全设施、交通标志标线等设施能够影响交通参与者不安全行为的发生，合理的规划、设计和建设交通设施能对交通参与者的不安全行为形成强制性效果。因此，改善道路交通设施的安全性对提高交通参与者的交通行为安全性有着重要意义。

1. 道路交通安全设施

1）分隔措施

设置中央分隔带，分为上行、下行、快车、慢车、车辆、行人等车道。分隔带可做成一定宽度的带状构造物，若道路宽度不足时宜用栅栏分隔。

2）城市过街安全设施

在车流与人流较多的路口，为确保交通安全，需要从空间上将两者予以分开，这就必须设置人行横道或设置过街天桥、地道等。

3）路口渠化设施

根据交叉口交通流量调查数据与需求分析，适当地设置交通岛、导流岛、安全岛，做好渠化工作，以达到控制车辆行驶、防止冲撞、保护行人的目的。

4）安全防护设施

为了防止驾驶人过失、路面滑溜而造成翻车、碰撞车辆滑落等事故，应在适当的路段设置各种柔性或刚性护栏或安全带，以缓冲和保护车辆、乘客。

5）施工道路交通组织与安全设施

完善各类安全标志、标牌的设置，服从交警和路政部门的管理，保障自身安全和道路畅通；当豁口现场有安全人员管理时，不用立即封闭；严格按照高速公路的规定，上路的施工人员必须身着反光背心或反光服。

2. 交通管理与监控设施安全性改善

1）交通引导设施

科学地设置道路标志、标线，保持其功能适时有效，为道路交通使用者提供清晰、明确、有效的道路交通信息；对于危险地点，如隧道、长下坡、连续弯路、小半径平曲线等，均应设置警告标志。

2）违法监控设施

运用电子雷达、违法视频抓拍等现代监控设施，监控和处罚有关违法行为，从而有效地减少平面交叉口的交通事故。

3）速度控制设施

在道路上设置完善的限速标志；通过设置减速带控制车辆速度，在下坡路段、单位和小路出入口、小半径平曲线路段等均应施划路面减速带；进行车辆超速检测，在一些转弯半径较小、合流汇流点应设置车速实时反馈设备，人性化地提醒驾驶人减速慢行。

4）交通诱导设施

合理设置诱导性标志或各种视线诱导物，保证道路去向明显，以便驾驶人能预知前方路况，从而采取正确适当的应对措施。

7.4　交通行为安全性提升干预措施有效性评价体系

7.4.1　评价目的

对实施后的交通干预措施进行有效性评价，有助于交通管理部门进行合理决策。从系统控制的角度上看，通过交通干预措施有效性评价，可以在交通管理部门、交通参与者行为安全性之间形成闭环。由此，交通管理部门能够了解施加交通干预措施所产生的实际效果，分析控制过程中存在的问题，判断控制目的是否达到，从而进一步修改或校正控制作用，以改善控制过程的品质，提高控制效果，以更快、更有效地达到预期控制目标，从而更好地管理交通参与者的交通行为，提高交通参与者的行为安全性。

7.4.2　评价原则

1）科学性

评价方法与指标必须科学、合理、客观地反映交通参与者行为安全性干预措施的效用。

2）可比性

评价必须在平等、可比的价值体系下才能进行，否则就无法判断不同干预措施的相对优劣。同时，可比性就必然要求指标具有可测性，指标缺乏可测性是难于进行比较的。因此，评价指标要尽量建立在定量分析的基础之上。

3）综合性

交通参与者行为安全性干预措施评价方法与指标应全面、客观、综合地反映干预措施的效果。

4) 可行性

评价方法和指标必须定义确切、意义明晰，并且力求简明实用。

7.4.3 评价意义

措施的有效性评价可以对干预措施的效用进行较全面、客观的检测和衡量，通过反馈信息及时纠正管理决策中存在的问题，提高未来交通安全管理决策的科学化水平；可以分析措施实施的实际效果和前期工作的预期效果产生偏差的原因，提高预测的准确性和科学性；可以对交通参与者行为安全性的管理措施进行诊断，提高干预措施的经济效益和社会效益。

7.4.4 评价方法

措施有效性评价的两个基本任务：①调查或统计没有实施干预措施的交通参与者交通行为或交通设施、环境安全性；②调查或预测实施干预措施以后的交通参与者交通行为或交通设施、环境安全性。

交通安全研究主要采用观察性研究。前-后分析法是评价措施有效性的主要方法，它是通过比较在措施实施前后交通参与者的行为安全性、交通设施的事故发生率(或其他安全表征量)，从而达到评价的目的。在前-后分析法中，是假定某个交通设施的很多性质仍是保持不变的，而干预措施的实施是引起交通安全指标变化的。

前-后分析法的难点在于交通事故数(或其他安全表征量)具有随机性，与此同时，一些影响交通设施安全的参数，如交通量、天气条件等也是随机的。因此，需要采用某种特定技术来考虑这些变化对交通安全带来的影响，从而准确地评价安全措施的有效性。

7.4.5 评价类型

交通参与者行为安全性干预措施评价是为了解某种(类)干预措施的改善效果。按照不同的分类标准，干预措施可分为多种类型。

(1) 按效果持续影响的时间分：①短期改善效果评价；②长期改善效果评价。

(2) 按评价数据来源渠道分：①模拟数据的评价；②实地调查数据的评价，主要是措施实施前、后的数据评价；③模拟数据与实地调查数据混合的评价；④控制地点(类比的对象)的数据评价，该类型数据不受干预措施的影响，有时当做干预措施实施前的数据，有时作为排除环境影响的分析；⑤交通参与者或交通专家的主观数据评价；⑥理论分析数据的评价，⑦模型或经验预测数据的评价。

(3) 按评价数据的作用分：①直接反映交通参与者交通行为安全性；②与交通行为安全性状况密切相关的代理数据评价，如速度离散性、冲突数(率)。

7.4.6 评价机制

要充分发挥交通参与者行为安全性干预措施有效性评价的作用,不仅需要完善的评价方法体系,还需要建立科学、高效的评价运行机制。

1. 评价机构

交通参与者行为安全性的干预措施有效性评价的本质是为提高全民交通行为的安全性,其目的在于提高交通安全决策与管理的科学化水平,分析干预措施的效果,为交通安全管理提出相应的建议。

交通参与者行为安全性的干预措施有效性评价的主体应为公安部、住建部、国家安全生产监督管理局和教育部等。应建立干预措施有效性评价专家组,专家组成员由主管部门聘任,评价人员包括主管部门领导、来自科研部门及相关高校的具有丰富经验的交通安全专家学者。为体现公正性原则,应尽可能地避免某一地区对自己的交通安全干预措施有效性进行评价。

2. 评价程序

交通参与者行为安全性干预措施有效性评价一般包括三个基本步骤,即准备、评价和结论,如图7-5所示。在准备阶段,需要确定研究的问题和使用的评价方法;在评价阶段,主要是开展调查、认真研究、收集资料并进行处理;在结论阶段,主要是提出调查的结论和实施建议。

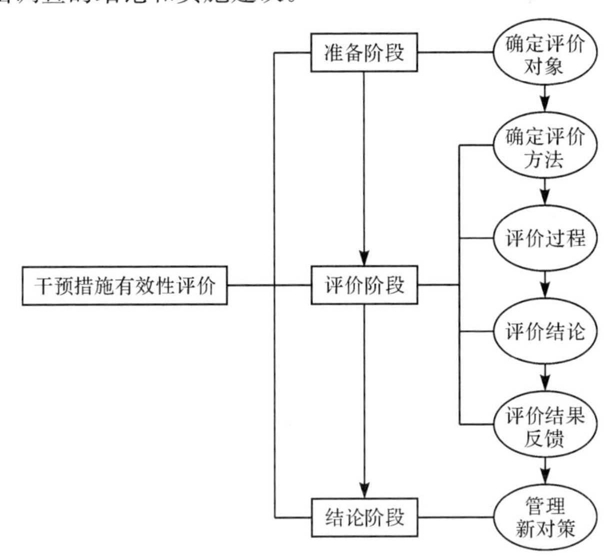

图7-5 干预措施有效性评价程序

3. 评价反馈

反馈是信息由受传者向传者回流的过程，又称为回馈、信息反馈。它源于控制论，是指系统的输出重新进入系统，而影响系统再输出的过程和方法。它实施控制的基本原则是：施控系统将输入信息转换成控制信息，并作用于施控系统后，将产生的结果反馈回原输入端，从而起到控制作用。交通参与者行为安全性干预措施有效性评价成果的反馈是评价机制中的一个决定性环节，是干预措施有效性评价能否达到最终目的的关键。

在干预措施的有效性评价中，评价反馈机制是一个表达和扩散评价成果信息的动态循环过程。同时，该机制还应保证这些成果在即将采取的干预措施或已实施的措施中以及其他的开发活动中得到采纳和应用。

1）评价反馈机制

干预措施有效性评价成果的反馈机制应主要与四个方面建立紧密的联系，即与措施制定的联系、与计划管理的联系、与投资执行过程的联系以及与人员培训系统的联系。它应确保反馈机制能够在待实施、正在实施和已实施的措施项目中充分发挥作用，从而形成“需求驱动型”的反馈机制，如图 7-6 所示。

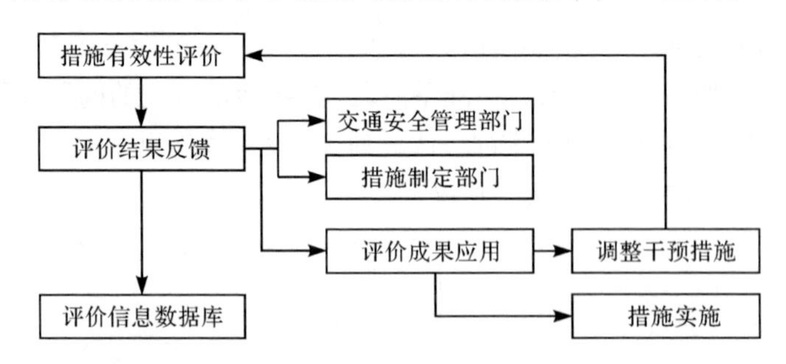

图 7-6　评价成果的反馈机制

2）反馈形式和途径

措施效果的前期评估旨在为管理部门提供决策依据，而措施有效性评价的主要目的在于为有关部门反馈信息，从而为今后的措施制定、安全管理决策积累经验。针对全民交通行为安全性的提升需要，为了强化反馈和扩散机能，应采取多种形式和途径将干预措施有效性评价的信息（问题、结论、建议和经验教训等）尽可能及时、广泛地扩散，并直接为不同部门和利益方服务。

7.5　重点干预群体

根据浙江湖州，广东江门、肇庆、中山共四市针对交通警察问卷调查的研究结论，得到表 7-1 中的交通安全行为干预重点群体。调查结论显示，按照年龄划分，13～25 岁人群为重点干预人群；按照居住地划分，城市外来务工人员和常住农村人口需要进行重点干预；按照交通方式划分，非机动车、出租车以及公交车驾驶人需要进行重点干预。

表 7-1　交通行为安全性提升拟重点干预群体

划分方式	群体划分	调查者同意比例/%
年龄	7～12 岁	48
	13～18 岁	52
	19～25 岁	52
居住地	城市外来务工人员(小于三年)	85
	常住农村人口	65
交通方式	非机动车驾驶人	69
	出租车驾驶人	62
	公交车辆驾驶人	56
	个体货运车辆驾驶人	52
	三轮农用车辆驾驶人	40
	企事业单位小车与货运车辆驾驶人	32

7.6　各交通方式典型交通行为安全性提升有效干预措施

根据不同交通参与者的典型不安全行为，表 7-2 列出一些常见的有效干预措施。

表 7-2　各交通方式典型不安全行为有效干预措施

<table>
<tr><th>交通参与者</th><th>不安全行为</th><th>干预方式</th><th>具体措施</th></tr>
<tr><td rowspan="9">机动车驾驶人</td><td rowspan="6">超速行驶</td><td>教育干预</td><td></td></tr>
<tr><td rowspan="3">工程干预</td><td>设置限速标志，提供听觉和振动的警告</td></tr>
<tr><td>设置减速丘</td></tr>
<tr><td>主要路段设置监控装备</td></tr>
<tr><td rowspan="2">强制干预</td><td>扣留驾驶人执照</td></tr>
<tr><td>罚款</td></tr>
<tr><td rowspan="3">夜间超速行驶</td><td rowspan="3">工程干预</td><td>封闭部分车道</td></tr>
<tr><td>在可能发生冲突的位置提示驾驶人减速避让</td></tr>
<tr><td>增加仅夜间发光的限速标志</td></tr>
</table>

续表

交通参与者	不安全行为	干预方式	具体措施
机动车驾驶人	酒后驾驶	教育干预	
		强制干预	扣留车辆和驾驶人执照
			情节严重者拘留驾驶人
			罚款
		工程干预	科技手段查认酒驾行为
	违反交通信号	教育干预	
		强制干预	罚款
		工程干预	设置微型环岛
			设置闯红灯监控设备
	客车超员	教育干预	
		强制干预	扣留车辆和驾驶人执照
			罚款
		工程干预	安装车载违法监控
	货车超载	教育干预	
		强制干预	扣留车辆和驾驶人执照
			罚款
		工程干预	道路上设置违法监控设备
			高速公路收费站安装测重仪器
	疲劳驾驶	教育干预	
		强制干预	进行路面巡查和处理，强制驾驶人休息
		工程干预	合理道路线形与景观变化
非机动车驾驶人	逆行	工程干预	优化重点违法路段开口设置
	违反交通信号	强制干预	派设协警，现场制止
		工程干预	设置非机动车专用相位
			前移非机动车停车线
			修建非机动车地下通道
	违法占道行驶	教育干预	
		强制干预	派设协警，现场制止
		工程干预	设置非机动车护栏、隔离带
			抬高非机动车道
			后移非机动车停车线
	电动自行车超速	工程干预	非机动车道设置减速带
			设置电动自行车专用车道
			电动自行车车辆限速档设置

续表

交通参与者	不安全行为	干预方式	具体措施
行人	交叉口 违法穿越	教育干预	
		强制干预	派设协警,现场制止
		工程干预	增加行人相位,合理设置相位
			行人护栏或其他突起的隔离设施与中央分隔带护栏同时使用
			设置天桥或地下通道等专用过街设施
			缩短过街距离,保障行人垂直于交通流以最短距离安全通过
			设置安全岛

第8章 全民交通行为安全性提升综合对策框架

本章将重点构建提升全民交通行为安全性的综合对策框架。从第6、7章提出的全民交通行为安全性提升路径着眼，立足全民，依托重点群体，依据目前全民交通行为安全性干预措施制定、实施与评价环节中的相关问题，构建针对不同群体的宣教对策和行为规范对策、完善的法律法规体系、有效的高科技化的管理手段和保障措施。本章将从总体上制定综合性、系统性的全民交通行为安全性提升对策框架，以遏制交通不安全行为上升的势头、减少交通事故隐患。

8.1 设计原则

1) 系统性原则

对于以交通参与者行为安全性为核心的系统而言，任何一方面的改善，其实质都是系统整体在这方面的进一步优化。因此，对于任何方面的安全改善，都应该同时考虑其他与之相关联的方面，形成突出重点、多管齐下的局面。

2) 综合性原则

以提升交通参与者行为安全性为重点的对策制定，应从对交通参与者行为影响因素出发，对多个影响因素进行控制，实现协同作用，使单一的对策得到合理的组合，以达到事半功倍的效果。

3) 普遍性原则

全民交通行为安全性提升对策的制定应满足普遍性原则，研究应涉及所有的交通参与者，使其能对全民范围的交通行为安全性提升产生积极影响。同时，它应该覆盖各群体，并基于各群体的特性提出对策，以期从不同角度提升交通参与者行为安全性。

4) 人本性原则

应承认人的失误是交通安全问题的主要致因，但也应强调对车、路、环境因素在人的失误产生过程中发挥的作用进行深入剖析。道路设施与当地环境条件的配合、道路设施与车辆规格、技术性能的匹配、车辆技术性能对环境及其变化的适应，都要以人为核心，从而尽量避免人的失误和导致人失误的直接原因(疲劳、注意力不集中、疏忽大意等)的发生。

5) 实用性原则

围绕提高全民交通行为安全性，同国家或地区各交通参与者群体的交通安全意识水平、道路交通安全与管理设施实际情况、交通发展水平相结合，加强对交通违法行为产生机理与干预有效性的分析，制定切实可行的系统对策。

6）阶段性原则

由于存在交通安全的发展不平衡，制定交通参与者交通行为安全性提升对策时，要密切结合当前各交通参与者群体的实际状况，依据交通安全发展阶段性理论，提出相应的对策方案，并对交通参与者的交通行为给予持续的关注，与时俱进地改进交通行为安全性提升对策。

7）重点突出的原则

全民交通行为安全性的提升对策不仅要满足普遍性原则，同时也要满足重点突出的原则。对于事故多发群体、违法行为多发群体、交通弱势群体以及事故多发的地点，应给予重点研究，从而生成针对性较强的安全性提升对策。

8.2 构建目标

全民交通行为安全性提升对策体系的构建拟针对所有交通参与者，以不同交通参与者交通行为安全性提升的干预研究为基础，结合我国交通安全现状，构建全民交通行为安全性提升的综合框架，制定综合性、系统性的手段、途径和方案，并针对不同交通参与者群体提出基本对策，以遏制交通不安全行为上升的势头，减少交通事故隐患，最大限度地维护国家和人民的财产和生命安全，为经济和社会发展创造和谐的道路交通环境。

具体来说，全民交通行为安全性提升对策体系应从交通参与者安全意识提升模块、交通安全行为健康群落培育模块、交通安全管理制度建设模块、交通行为安全性提升技术支撑模块及交通行为安全性提升设施模块五个方面展开。

（1）交通参与者安全意识提升模块旨在通过对交通参与者宣教体系的构建以及驾驶人培训中的意识教育，提高交通参与者的安全意识与法治意识，从根本上提升全民交通行为安全性。

（2）交通安全行为健康群落培育模块旨在通过示范群落的构建及对驾驶人驾驶技能与习惯的培训和考核，匡正交通参与者的行为习惯，发展健康群落，从而促进交通行为安全性的提升。

（3）交通安全管理制度建设模块旨在通过构建合理的交通安全管理制度，使道路交通安全管理体系能够保持正常运转，各相关机构能够各司其职，执法人员能做到有法可依，高效、规范地进行交通安全管理。

（4）交通行为安全性提升技术支撑模块旨在通过构建以信号控制、电视监控、电子警察、交通诱导、卡口监测、GPS卫星定位、无线集群以及计算机网络等设备有机结合的交通管理高科技支持系统，以增强对交通参与者交通行为的监督和交通事故的处理能力。

(5) 交通行为安全性提升设施模块旨在通过完善道路交通设施体系，优化交通安全设施设计和施工技术，加快推进安全设施的标准化进程，为交通参与者提供道路交通信息，规范、组织、警示、指导交通的运行，并为交通运行排除干扰、提供视线诱导、增强道路景观、预防和减轻事故发生的严重程度，从而提升全民交通安全行为水平。

8.3 对策框架

全民交通行为安全性提升综合对策框架按照“体系—模块—工程—专栏”的总体思路，依据“由内而外”和“自上而下”两条主线，设计 5 个模块、15 个工程和 9 个专栏，对与交通参与者行为安全相关的种种问题进行阐述，构建起全面、系统的对策框架。

8.3.1 总体框架

全民交通行为安全性提升对策体系由若干对策模块组成，而工程则是对策的基本要素。同时，在建立综合性对策体系基础上，结合我国全民交通行为安全性提升中的一些热点和重点问题开展具体的专栏研究，使得对策更具可操作性(图 8-1)。

8.3.2 构建主线

1. 行为干预——由内而外

从第 7 章基于行为干预的交通行为安全性提升对策理论体系可以看出，交通参与者的交通行为由其自身的安全意识与习惯所决定，并受其家庭、朋友及管理者所影响，且是在安全法规、安全设施等外界环境的约束下产生的。因此，对于交通参与者个体而言，交通行为安全性提升对策的最内层应从根本上改变其自身的安全意识与习惯，次内层应从行为管理与执法力度角度对行为进行控制，最外层则从设施的合理设计出发，以诱导交通参与者安全行为(图 8-2)。

2. 交通安全生态健康系统——自下而上

从第 6 章基于生态健康的交通行为安全性提升对策理论体系可以看出，个体、群体、群落之间有着不同的行为特性。针对个体的提升对策是体系的基础，群落是个体的集合。因此，针对群落的提升对策应建立在个体对策的基础之上，但并非是简单的个体之间的叠加。具体地说，当群落被设置为一个社区、一个企业、一个学校或一个行业群体等特定的交通参与者人群，其交通行为安全性提升对策

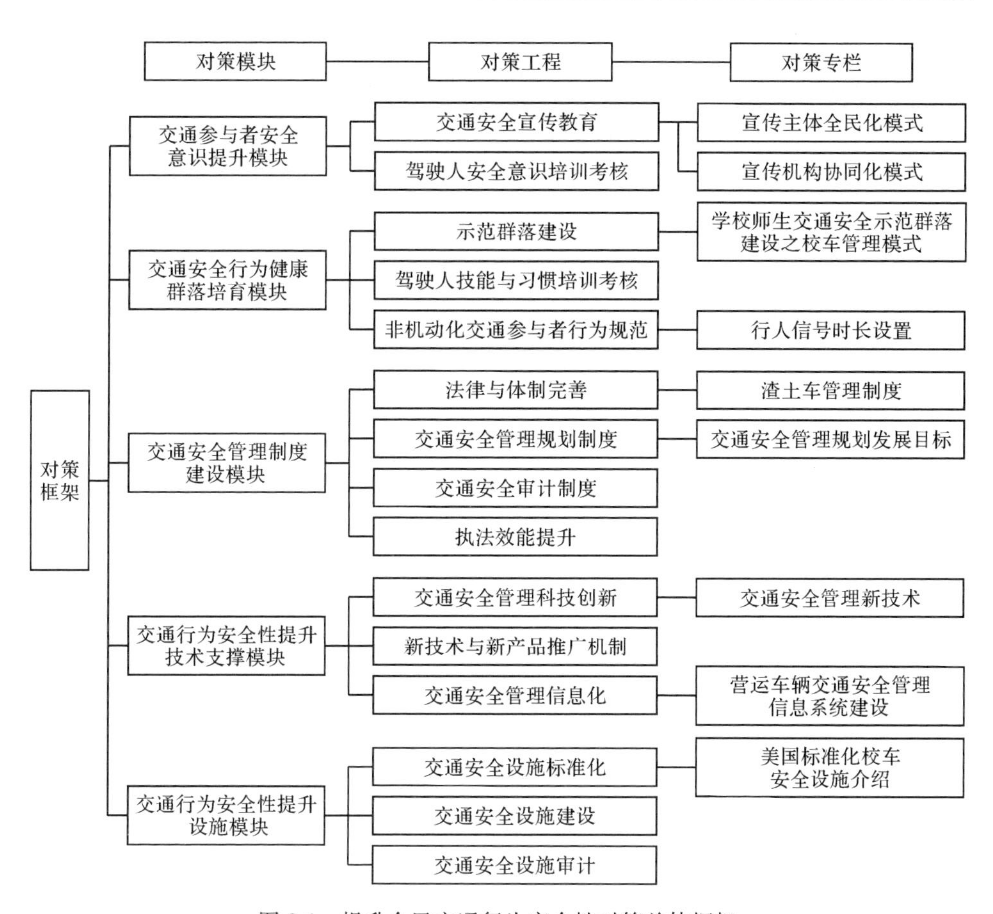

图 8-1　提升全民交通行为安全性对策总体框架

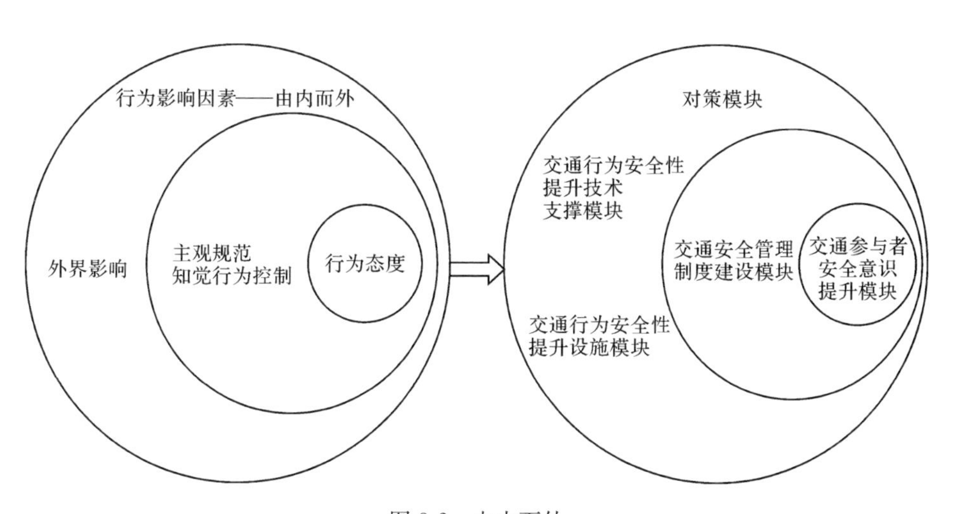

图 8-2　由内而外

应针对该群落的交通行为特征提出。特别地，当群落被设置为全民，个体的聚类特性愈加复杂，提升对策则更应高屋建瓴，从机制和制度上进行建设(图 8-3)。

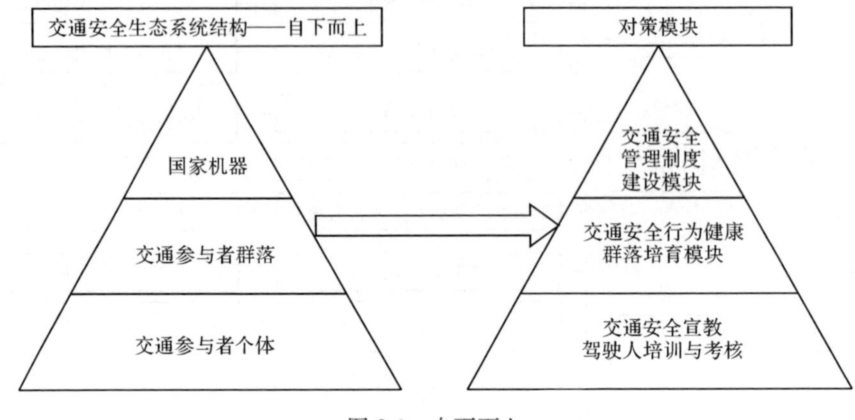

图 8-3　自下而上

8.3.3　对策模块

交通行为安全性提升对策模块由交通参与者安全意识提升模块、交通安全行为健康群落培育模块、交通安全管理制度建设模块、交通行为安全性提升技术支撑模块及交通行为安全性提升设施模块五个方面构成，并从主观与客观两方面影响交通参与者的交通行为，对交通参与者的交通行为安全性进行控制。

1. 交通参与者安全意识提升模块

交通参与者的交通安全意识水平、交通安全知识水平、交通安全习惯与交通参与者的知识结构、知识水平之间并没有直接的联系，而是与交通参与者接受交通安全教育的情况、周围人群的交通安全意识等因素有关(图 8-4)。

1) 目标

建立与完善我国道路交通安全宣传教育体系，提高交通参与者的安全意识与法治意识，充实交通参与者的安全认识，提高交通安全意识，实现交通参与者自觉维护行车秩序，从而从根本上提升全民交通行为安全性。

2) 任务

(1) 建设社会力量参与下的交通安全宣教体系。

(2) 制定针对不同主体、不同对象的交通安全宣传对策、落实体制、参与方式、保障措施及激励措施，使其更具针对性、有效性。

(3) 重视机动车驾驶人安全意识的培养与考核，完善重点管理对象的机动车驾驶人的安全意识培训与考核系统。

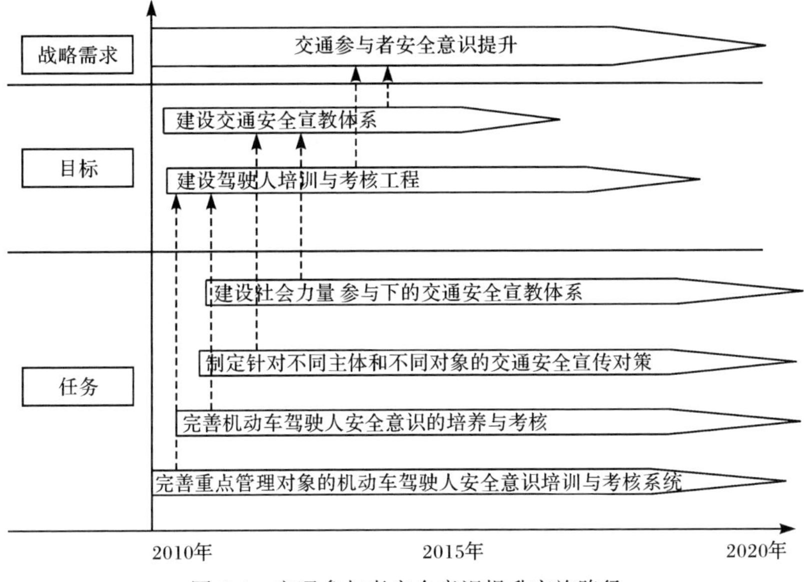

图 8-4　交通参与者安全意识提升实施路径

2. 交通安全行为健康群落培育模块

从生态健康学的角度，结合第 7 章交通安全生态健康系统理论，基于交通参与者中群落的定义及其对其他群落的影响与扩散特性，将健康群落的培育作为交通行为安全性提升的重要方式(图 8-5)。

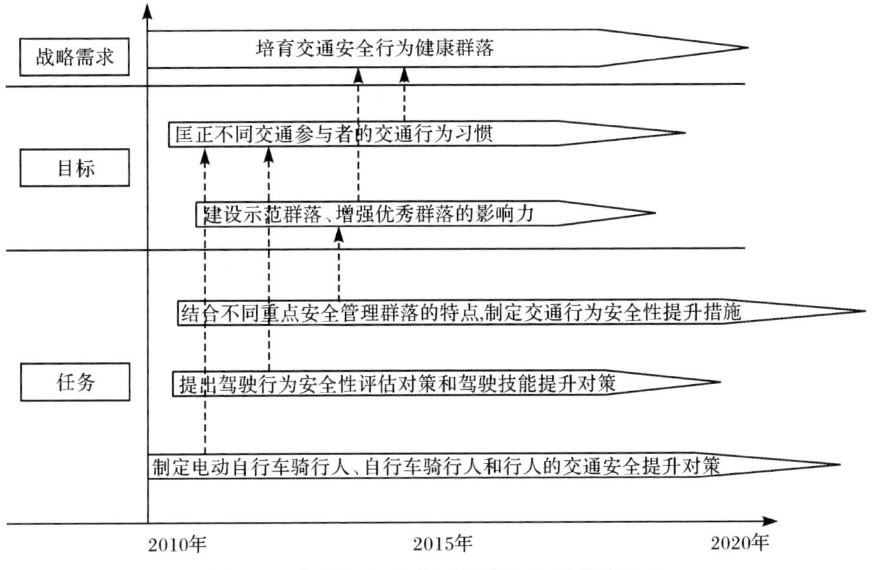

图 8-5　交通安全行为健康群落培育实施路径

1）目标

建设示范群落，增强优秀群落的影响力，使其他群落更为重视和逐步改善个体成员的交通行为安全性，以更好地促进全民交通行为安全性的提升；匡正不同交通参与者的交通行为习惯，实现全民交通行为安全性的全面提升。

2）任务

(1) 针对外来务工人员、城乡结合部、农村地区等交通安全管理的重点，结合其各自特性，制定交通行为安全性提升措施，并从综合角度对群落进行评价以挑选优秀群落进行示范工作。

(2) 针对不同交通参与者的驾驶行为特征，提出驾驶行为安全性评估对策和提高驾驶人综合驾驶技能的提升对策。

(3) 制定电动自行车骑行人、自行车骑行人和行人群体的交通安全提升对策。

3. 交通安全管理制度建设模块

从系统论的观点来看，制度是由若干相互联系的、具体的要素构成的一个自我维系、动态演化的系统，它具有特定的结构和功能。交通行为安全性提升的制度控制是对交通参与者行为进行的一种硬性约束，即通过制度的规定，从外部对其行为进行控制(图 8-6)。

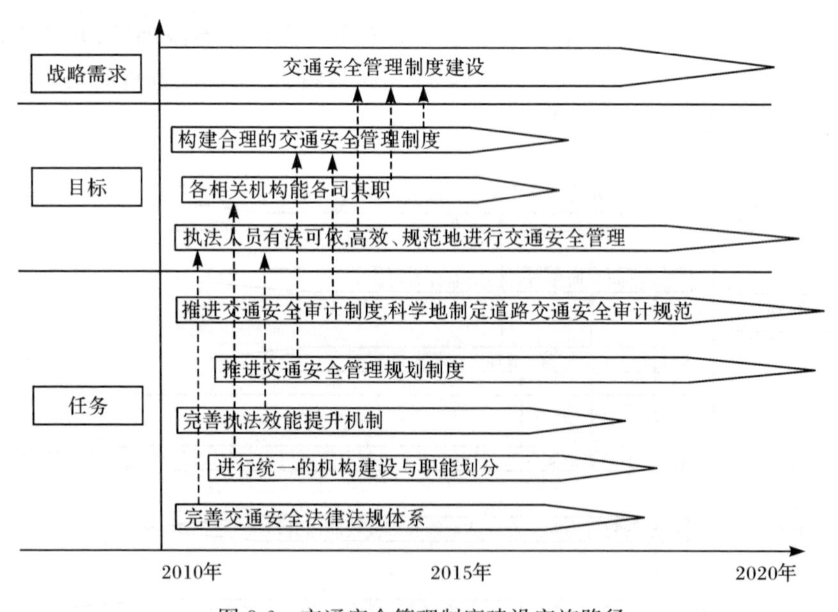

图 8-6　交通安全管理制度建设实施路径

1）目标

从宏观层面上，构建起合理的交通安全管理制度，使道路交通安全管理体系能够保持正常运转，各相关机构能够各司其职，执法人员能做到有法可依、高效、规范地进行交通安全管理，规范全民交通行为，从而提高其安全性水平。

2）任务

(1) 完善交通安全法律法规体系，推进技术标准制修订和宣贯实施，针对交通安全的热点问题制定管理制度。

(2) 进行统一的机构建设与职能划分，促进各部门协同管理体系的构建。

(3) 推进交通安全管理规划制度，科学地指导交通安全工作。

(4) 推进交通安全审计制度，科学地制定道路交通安全审计规范。

(5) 完善执法效能提升机制，提高管理效率，规范执法者的执法行为。

4. 交通行为安全性提升技术支撑模块

面对日益严峻的道路交通安全形势，需要通过科技手段提升交通安全管理和控制水平。交管部门的建设应通过增加科技投入、配置科技装备，来提高交通管理的科技含量，以使交通安全管理更为科学、高效，实现从技术支撑层面促进全民交通行为安全性的提升(图 8-7)。

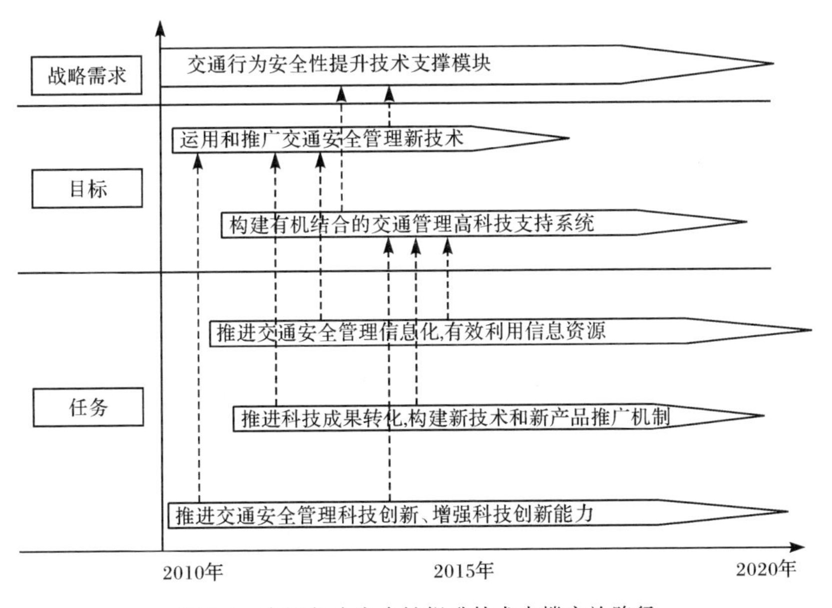

图 8-7　交通行为安全性提升技术支撑实施路径

1）目标

增强科技创新能力，促进交通安全管理科学化、规范化和有效化发展，促使交通安全管理新技术得以更大范围的运用和推广；构建有机结合的交通管理高科技支持系统，以增强对交通参与者交通行为的监督与交通事故的处理能力。

2）任务

（1）推进交通安全管理科技创新，增强科技创新能力。

（2）推进科技成果转化，构建新技术和新产品推广机制。

（3）推进交通安全管理信息化，充分有效地开发和利用各种交通信息资源。

5. 交通行为安全性提升设施模块

道路交通环境条件是否与人、车保持协调，对交通参与者交通行为安全性也很重要。道路几何参数、路面条件、道路安全设施等方面的问题将导致道路交通存在安全隐患，甚至会成为道路交通事故的直接原因。该模块主要从设施层面提升全民交通行为安全性(图 8-8)。

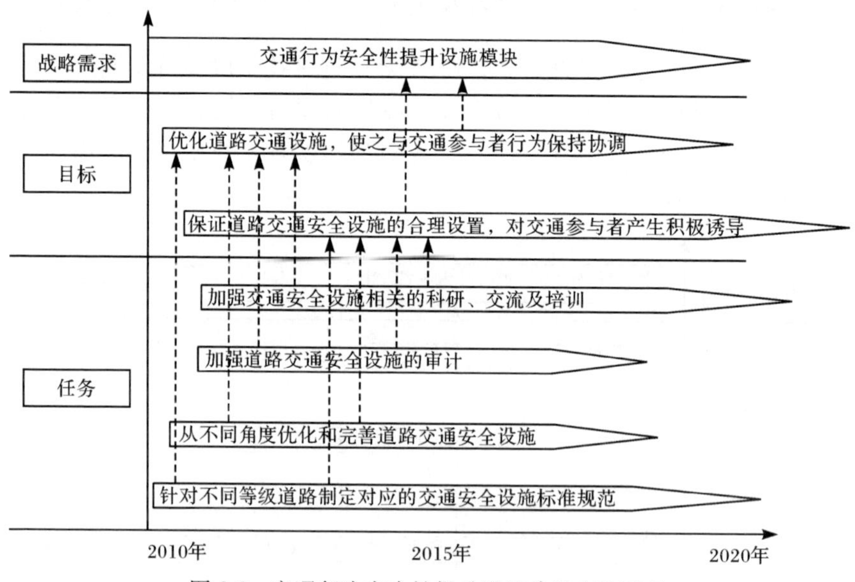

图 8-8　交通行为安全性提升设施建设实施路径

1）目标

基于针对不同交通设施情况下的交通行为研究，优化道路交通设施，使之与交通参与者行为保持协调；保证道路交通安全设施的合理设置，对交通参与者产生积极诱导，减少不安全行为的发生。

2）任务

（1）针对城市道路、高速公路、农村等各类、各等级道路制定相应的道路交通安全设施标准规范。

（2）从规划、设计、施工到养护管理的角度，优化和完善道路交通安全设施。

（3）加强道路交通安全设施的审计，重视与交通安全设施相关的科学研究、国际交流及人员培训。

第9章　交通参与者安全意识提升对策模块研究

第8章提出了提升全民交通行为安全性的总体对策框架体系。从本章开始将对提出的5大模块进行详细阐述,并提出针对性的具体对策。

交通安全宣传教育对提升交通参与者交通安全意识起着关键的作用。结合第5章对社会力量参与交通安全宣传需求和意愿的调查研究,本章将从提升交通参与者安全意识的角度出发,重点提出社会力量参与下的交通安全宣传创新对策。

9.1　交通参与者安全意识提升总体对策

交通参与者安全意识提升思路是"以人为本,构建社会化的交通安全宣传教育体系"。这就要求建立与完善我国道路交通安全宣传教育体系,进一步明确各部门的职责,推进道路交通安全宣传教育的社会化、长期化、制度化与高效化;丰富宣教模式,使得道路交通安全宣传教育更具针对性、有效性。要实现以上目标,需要重点做好以下3方面的工作:

(1) 建设社会化的交通安全宣传体系。

(2) 构建参与道路交通宣传教育的组织体系和宣传通道。

(3) 构建道路交通安全宣传教育的保障体系。

9.2　建设社会化的交通安全宣传体系

面对我国道路交通安全宣传教育的困境,建立由政府部门牵头,公安交管部门与社会力量通力合作的交通安全宣传体系势在必行。图9-1给出了社会力量参与下的道路交通安全宣传教育体系,该体系以政府部门和公安交管部门为主导,学校、社区、企业、家庭等社会力量协同参与。

政府部门、公安交管部门在协同体系中起着领导作用,主要负责制定交通安全宣传活动的总体计划与目标,并在法律法规的基础上,明确相关活动规则,做好保障和协调工作;而对于参与交通安全宣传的社会化力量,如学校、社区、企业等,需要通过激励措施来积极吸引其加入交通安全宣传中,促使其定期开展交通安全宣传工作。该体系要实现预期效果,在协调过程中,主要注重以下几方面的协调:

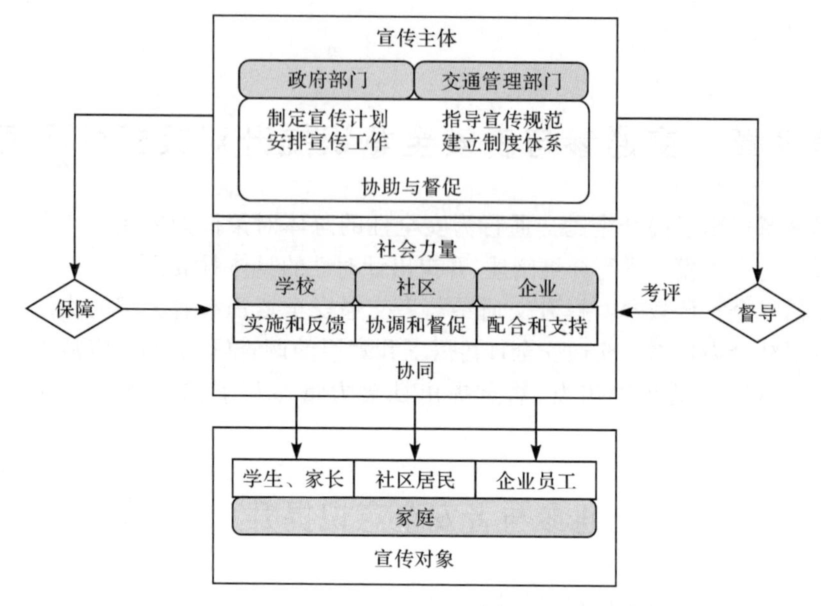

图 9-1　社会力量参与下的交通安全宣传体系

(1) 人员配备的协调。各部门或单位在日常工作的压力下，长期对交通安全宣传工作的重视程度不够，在人员配备上经常出现严重不足的情况。同时，人员不充足带来的又一个问题就是无法建立专业的交通安全宣传队伍。这些对于交通安全宣传的长期有效开展是极为不利的。

(2) 各参与部门或单位的分工协调。交通安全宣传活动的特点在于宣传范围广、宣传对象层次多样等，而以往的宣传方式未能结合各人群的自身特点，效果往往不尽如人意。因此，分工协调就应根据各部门或单位的自身特点，对各类人群进行有针对性的交通安全宣传。

(3) 责任明确。根据各部门或单位的分工，明确各自责任。为了更好地开展交通安全宣传，对于各部门或单位的考核与评价也是交通安全宣传的发展趋势。考评的依据之一就是责任，考评的最终目的是为了更好地推进交通安全宣传。

专栏 1　宣传主体全民化模式

1. 模式宣传优势

(1) 规范交通安全宣传，从活动组织—监督—保障，逐步形成一套完整的宣传模式体系，对开展社区交通安全宣传活动起到典范的作用。

(2) 各部门分工明确，协同保障有力。

(3) 组织社区居民每半年开展一次交通安全宣传教育，使交通安全宣传走进家庭，扩大宣传范围。

（4）宣传方式多样。例如，社区文艺晚会易于被接受，宣传效果较好；学校活动或主题班会活动，让学生在实践中学习和收获，印象更为深刻；农村发放宣传材料，宣传面较广，可时刻提醒村民注意出行安全等。

（5）对于积极参与交通安全宣传的学校给予表彰，营造竞争氛围，鼓励大家积极参与交通安全宣传。

（6）交通安全宣传通过学校学生、社区居民、企业员工等向家庭宣传教育延伸，形成宣传效应，带动家庭参与交通安全宣传。

（7）易于开展具有针对性的交通安全宣传活动。在学校，开展主题教育活动、家长会、知识竞赛、上街宣传等丰富的活动，鼓励学生积极地参与生动有益的宣传活动。此外，通过家长会、亲子教育等形式，可带动家庭参与交通安全宣传；在社区，针对外来务工人员、老年人进行专门的交通安全宣传教育，举办“文明交通安全宣传文艺演出进社区”活动，通过节目表演的新颖形式，让居民在生活娱乐中得到学习与进步；在农村，对于交通安全知识与技能教育较为薄弱的地区，通过发放宣传材料，提醒村民时刻牢记交通安全的重要性。

2. 工作开展难点及对策

（1）调动各个部门的积极性，建立针对各社会力量的激励和保障措施。

（2）需要建立有效的规章制度，否则交通安全宣传的长期深入比较困难。

（3）对于交通安全宣传的效果评价、奖惩体系需要进行专门研究和制定。

3. 模式宣传适用范围

这类宣传模式的宣传对象主体是家庭，因此该模式可应用的范围较广，也是交通安全的基础宣传模式。另外，对于交通安全宣传工作相对不足或不够重视的地区，适合采用此模式进行宣传。此模式有利于营造社会交通安全宣传氛围，属于交通安全宣传的基础工作，将为后期形成交通安全宣传长效机制奠定基础。

9.3　不同社会化力量参与交通安全宣传对策

从学校、社区、企业这三类社会群体出发，积极落实体制、参与方式、保障措施及激励措施的制定，提出交通安全宣传对策以提升交通安全意识；建立与完善我国道路交通安全宣传教育体系，从中明确各部门的职责，以推进道路交通安全宣传教育的制度化与高效化；根据不同对象的特性制定宣教模式，使得道路交通安全宣传教育更具针对性、有效性。

9.3.1　制定针对学校的交通安全宣传对策

目前,学校对交通安全教育重视程度还不够,教师没有对学生进行系统的交通安全教育,造成学生的交通安全知识不全面、交通安全意识不强等现象。图 9-2 给出了学校参与交通安全宣传的职责和内容。

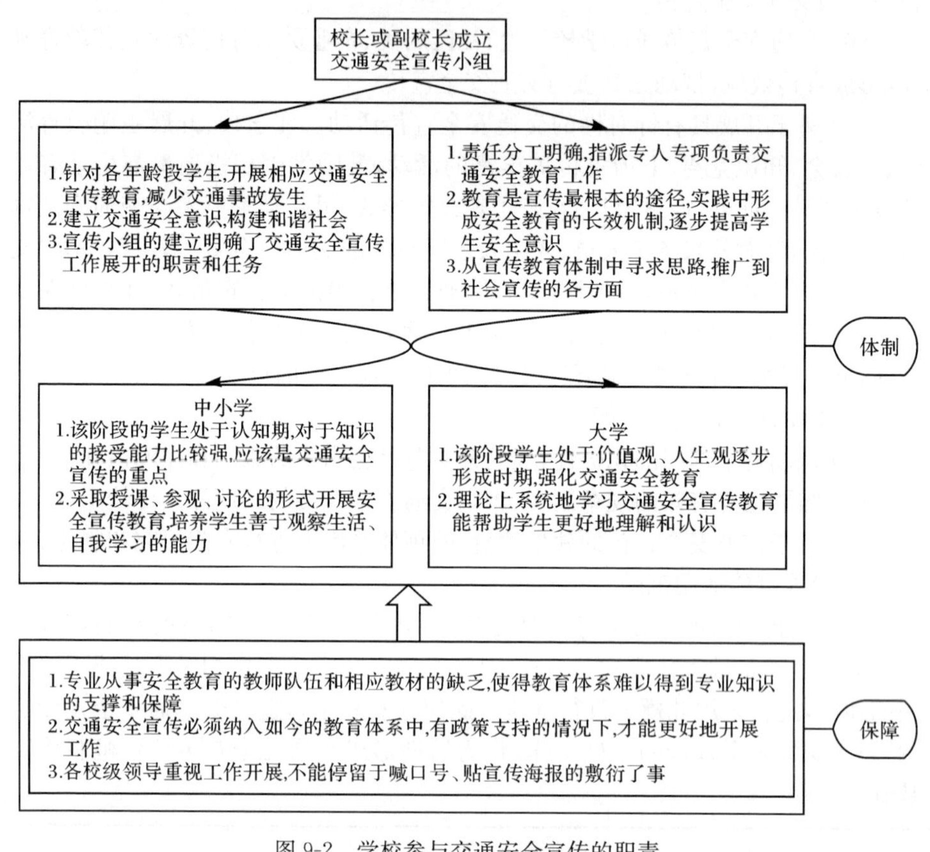

图 9-2　学校参与交通安全宣传的职责

9.3.2　制定针对社区的交通安全宣传对策

为了把交通安全宣传走进社区工作落到实处,应成立以社区居委会主任为组长,居委会干部为成员的交通安全工作领导小组,使社区创建工作做到有方案、有计划、有标准、有检查,促使传统管理向规范化、制度化、专业化管理转变。为确保各项工作落实到位,社区也要将责任和义务进行细化,并将交通安全工作作为社区整体工作的一项重要内容来抓,增强每个部门、每个具体负责人做好交通安全工作的责任意识。图 9-3 给出了社区参与交通安全宣传的职责和内容。

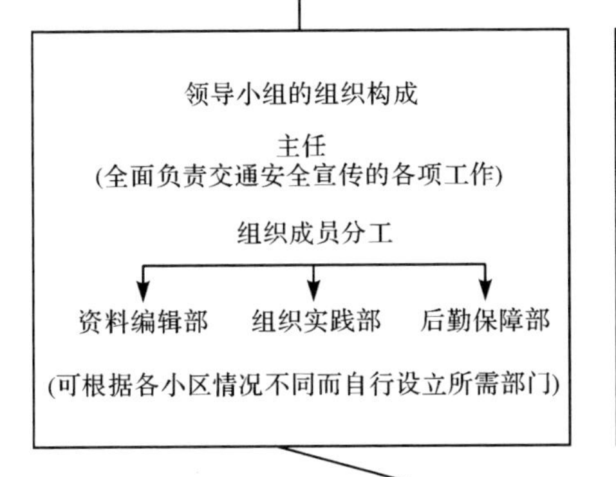

图 9-3　社区参与交通安全宣传的职责内容

9.3.3　不同对象交通安全宣传对策

1. 针对重要群体的交通安全宣传模式

根据宣传对象有针对性地采用交通安全宣传模式,有利于宣传内容被快速地吸收与消化。当遇到重要群体对象时,交通安全宣传模式框架如图 9-4 所示。

1) 模式宣传优势

(1) 针对容易发生交通事故的人群,着重开展交通安全宣传教育。对于外埠

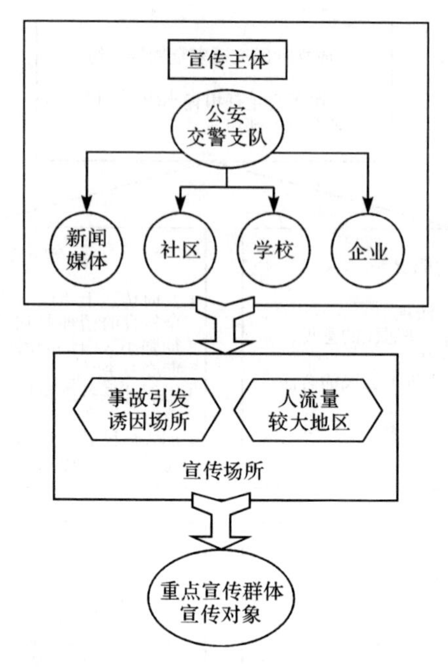

图 9-4　针对重要群体的宣传模式

人员，尤其是来自农村的外来务工人员，结合他们文化水平相对较低、接受交通安全宣传教育较少的特点，通过开展交通安全宣讲、摆放展板、悬挂横幅、循环播放事故光盘等形式进行宣传。

(2) 围绕事故易发地点的周围进行交通安全宣传。针对某些特大事故，对经常行驶于这类道路上的司机强化宣传教育。

2) 工作开展难点及对策

(1) 该模式针对性较强，但宣传手法较为单一，因此可以寻求更丰富、更有效的宣传方式。例如，深入其他外埠人员的集中场所，扩大宣传；在外埠人员相对集中居住的社区、外埠人员子女的学校等，通过对外埠人员或其子女的教育，深入交通安全宣传；亦可以结合其他社会力量参与宣传，如上述的学校、社区、新闻媒体等，通过宣传效应营造良好的交通安全宣传氛围。

(2) 对于重要群体而言，其分布较为分散，常用的集中宣传方式效果不明显。为此，可通过改进宣传方式，对于重要群体所在企业、在驾驶人定期身体检查时进行必要的交通安全宣传，提醒驾驶人时刻重视安全出行；又如对外埠人员的交通安全宣传，可以围绕外埠人员所在企业、社区等开展。

2. 针对特殊群体的交通安全宣传模式

当今社会信息化程度大幅度提高，人们获取信息的途径更为便捷。对于日益增长的网民,交通安全宣传应采用与时俱进的、多样化的信息途径,如广播、电视、报刊、网络媒体等途径,亦可联合新闻传媒部门,播报交通安全宣传信息。

同样地,社会上还存在着许多其他特殊的弱势群体,如聋哑人、残疾人等。因此,在交通安全宣传日益全民化的同时,不能忽略对这类特殊群体的宣传。

1) 模式宣传优势

(1) 宣传方式覆盖面广,群众足不出户就可以在家中接受交通安全宣传教育。

(2) 伴随着网络多媒体技术的日益进步,交通安全宣传方式也得到了更好的发展,如交通安全宣传 FLASH、网络安全宣传知识竞赛、交通安全技能模拟等。

(3) 对于容易被忽视的社会弱势群体,可加强交通安全宣传,体现以人为本的宣传理念。

2) 工作开展难点及对策

(1) 丰富的信息尽管有着众多的优势,但也带来了信息量过大而导致的信息疲劳,从而降低接受与学习信息的积极性。因此,在网络交通安全宣传方式上应采用丰富、有趣的方式,如 FLASH、小游戏等,以寓教于乐的方式进行交通安全宣传。

(2) 对于特殊的弱势群体,开展交通安全宣传工作的方式截然不同。例如,对于聋哑儿童,就必须通过手语或者演示来帮助他们理解交通安全的重要性以及学习交通安全技能。

9.4 保障体系

9.4.1 政策保障

(1) 根据相应的法律法规,制定活动的相关规章制度,促使活动程序规范化。在充分了解我国交通安全宣传面临的严峻形势的基础上,认识到目前存在的问题,并借鉴发达国家交通安全宣传的经验和教训,遵循科学的态度,提出交通安全宣传的政策框架。

(2) 建立统一的交通安全宣传体制。统一制定交通安全政策和法规体系,保证国家道路交通安全宣传的系统性和完备性。

(3) 建立全民交通安全教育体系,分层次、分阶段地对所有的道路使用者进行科学、合理的教育与培训。对涉及安全关键岗位的从业人员和管理人员,要求具有一定文化程度和专业知识,并进一步提高交通安全宣传行业从业人员和管理人员的素质。此外,充分调动有关研究机构的积极性,大力支持开展交通安全理论研究。

9.4.2　资金保障

交通安全宣传除了需要政策上的保障之外，资金的保障也是交通安全宣传事业发展的基石。

(1) 设立交通安全宣传专用基金。为交通安全宣传设立专项基金，在国家每年的预算中单独列支，使得我国交通安全宣传有一个比较稳定、充足的资金来源。

(2) 大力发展民间融资，推行交通安全宣传市场化。通过将交通安全宣传市场化，积极吸引企业进行交通安全宣传方面的投资。

9.4.3　激励保障

(1) 建立合理的、可持续发展的交通安全宣传制度。制度是在人际交往中形成或被制定出来的行为准则、工作程序和有关社会伦理道德的规范，以确定和约束个人或集团的行为。建立任何一种制度的根本目的，都是为了对社会集团和个人行为提供有效的激励与约束机制。现代制度经济学认为，制度具有激励功能，而约束可以理解为反激励，并由此鼓励创新、勤奋、诚信、责任与合作等。通过有效的激励，每个人积极的、正当的行为都会受到鼓舞和强化，促使其从事有意义的活动，这包括经济活动和其他社会性活动。由此可见，对于高效率、长期的交通安全宣传机制，一个合理的制度在其中起着举足轻重的作用。

(2) 正确对待交通安全宣传者与宣传对象的需要。在激励理论模式下，个体的需要、动机和行为之间存在着内在联系和规律。具体而言，宣传者与参与者在客观事物的激励下，需要可以转化为动机，动机进而产生行为，行为最终指向目标。当目标达到，原来的需要得以实现，又将产生新的需求，而新的需求又会引发新的动机。通过这样的循环往复过程，将促使交通安全宣传行为不断增长，创新能力不断提高，从而长期维持宣传积极性。因此，切实了解交通安全宣传者与宣传对象的实际需求，既能解决交通安全宣传难以有效开展的困境，又能提高参与者与组织者的积极性。

第 10 章　交通安全行为健康群落培育对策模块研究

第 9 章主要提出了面向交通参与者安全意识提升的社会化交通安全宣传体系，以期从安全意识层面促进交通行为安全性的提升。根据第 6 章提出的基于生态健康理论的交通行为安全性提升对策思路，要构建健康的交通安全生态系统，需要处理好个体、群体、种群和群落之间的协调关系，其中健康的群落建设将是交通安全生态系统建设的重点内容之一。

本章基于第 3 章的调查和研究成果，结合交通安全生态健康系统理论，基于交通参与者中群落的定义及其对其他群落的影响与扩散特性，将健康群落的培育作为交通行为安全性提升的重要方式，并提出交通安全重点群落的培育对策。

10.1　加强示范群落建设

优先对示范群落进行交通安全意识提升的培育，从而带动其他群落共同致力于交通安全的意识提升工作。在示范群落的建设工程中，务必从综合角度对群落进行评价，以挑选优秀群落进行示范，同时要保证优秀示范群落的全民参与积极性。

10.1.1　总体对策思路

以交通参与者构成的群落为单位，根据健康群落的定位，通过建设示范群落，增强优秀群落的影响力，使其他群落更加重视和逐步改善个体成员交通行为安全性，以更好地促进全民交通行为安全性的提升。总体对策思路如下：

(1) 根据学校群体出行表现出的交通安全意识薄弱、出行时间固定、接运交通方式单一等特点，应采取以教育为主、辅以有针对性的安全法律政策对其进行保护，以提高学校群体交通安全出行水平，并建设代表性的群落作为示范。

(2) 外来务工人员群体数量较多，出行的安全责任意识很低，不易受到社会法制的制约。由此，应采取以交通安全隔离设施等强制性手段为主的安全对策，以改善该群体的安全出行习惯，并积极建设示范群落。

(3) 尽管农村车流量较小，但车行速度较快，加之缺乏交通安全设施，极易酿成交通事故。由此，不仅需要出台农村道路建设规范，合理设计农村道路行车环境，以降低车辆驾驶速度，保障当地行人的出行安全，而且需要制定综合对策以共同提升农村交通安全意识，并积极建设示范群落。

(4) 城乡结合部的道路是市政管理的难点和薄弱点，这些道路往往交通安全设施短缺，是潜在交通事故的多发处。由此，要求规范配套安全设施设置标准，保证交通工程安全设施覆盖齐全，并积极建设示范群落。

10.1.2 加强与推进学校健康群落建设

学校群体是一个广受关注的群体，学生是未来社会的主体，培养学生的交通安全意识将对未来社会的交通安全作出极为重要的贡献。因此，应采取以教育为主、法律及社会多部门协助为辅的手段，切实加强与推进学校健康群落建设。

1) 针对低年龄阶段的学生采取不同的宣传教育手段

在幼儿园的交通安全教育中，家长应起主导作用，并配合学校课程，同儿童一起学习交通规则，让儿童从小关心与交通安全有关的各种事务，养成注意交通安全的习惯。幼儿园的教师应根据幼儿的不同发育阶段，有步骤地进行交通安全教育，重点对幼儿进行遵守交通规则教育和乘车安全教育。

在小学生的交通安全教育中，老师应起主导作用，积极引导学生参与相应的交通安全宣传教育活动。通过配备和展示必要的教学挂图和信号装置、道路标志等模型，普及学生的交通安全常识，即为保障交通安全所必须掌握的最基本、最普通的交通安全知识。

在中学生的交通安全教育中，应加强其对交通法规的学习，积极培养学生的交通自律意识，重点强化法律法规普及，最终培养起学生自觉自愿地严格遵守交通安全法律法规的社会意识和行为规范。

2) 提高教师自身的交通安全素养

一方面，要明确学校和老师在学生交通安全教育、管理中的责任主体地位，把对学生的交通安全教育纳入教育管理和教学评估的范畴；另一方面，要对老师进行强制性的交通安全知识集中培训和训练，提高教师的交通行为素养和交通安全行为能力。

3) 制定与完善中小学交通安全教育制度

教育部门要把交通安全教育纳入教学计划，将交通安全教育的内容渗透到有关课程。同时，应积极与公安交警部门协作开展交通安全宣传活动，通过多部门合作，积极制定行之有效的中小学交通安全教育制度，建立社会化的学校交通安全宣传教育体系。

10.1.3 加强与推进外来务工人员健康群落建设

1) 改善道路交通环境，提升相关交通设备的安全性和相关道路设施的人性化

一方面，要求车辆管理部门加强对机动车辆的监察力度，加大打击黑车、报废车辆超年限运营等违法现象的力度，从而减少外来务工人员使用不安全交通设备

的频率。

另一方面，城市道路交通设施建设，应充分考虑到社会弱势群体。外来务工人员的交通安全意识较差，对交通标志、标线的理解能力可能相对较弱。因此，要求道路建设部门在进行城市道路建设时，在尽可能考虑外来务工人员需求的前提下设置交通标志、标线，尽可能地做到少而精，以减少交通参与者在进行交通活动时所需要进行的交通信息分析量，营造更加和谐的交通环境。

2) 综合规范外来务工人员交通安全管理

要针对外来务工人员情况复杂、流动性大等特点，明确和落实各级政府、各部门、各单位的交通安全工作职责，加强日常考核与监督，切实做到各司其职、各负其责、齐抓共管，迅速形成交通安全综合治理长效机制。这一方面，需要各级政府将外来务工人员的交通安全宣传教育纳入宣传部门、新闻媒体、劳动部门、用工单位等相关单位和部门的安全生产工作、精神文明建设重要内容，并进行考核，积极引导用工单位把交通安全工作作为单位“安全文化”建设的重要内容，认真履行交通安全义务，落实交通安全管理措施；另一方面，需要督促用工单位认真履行交通安全义务，强化员工交通安全宣传教育，加强员工交通安全管理考核，实行交通安全学习、交通违法情况、交通事故情况等与员工绩效、员工诚信等个人利益挂钩。

3) 改变公安交管部门的执法方式，提升执法素质，教管并举

公安交管部门在执法过程中要以人为本，设身处地为背井离乡或家境困难的务工人员着想，抛弃地域偏见和身份偏见，融洽警民关系，做到对外来人员和本地市民同样对待。公安交管部门要针对外来务工人员的特点和需要，按照便利高效的原则，认真研究和推行与时俱进、合乎法规、便利群众的新举措，真正地体现和谐执法，让外来务工人员体会到公安交警可亲可信，自觉支持配合执法工作，从而达到良性互动的效果。

首先，对涉及外来务工人员交通管理或外来务工人员交通流量较大路段，公安交管部门要主动走进工地、厂房、企业等用工单位进行宣传，同时借助和督促用工单位开展宣传工作，确保宣传到个人。其次，公安交管部门要加强与劳动部门、用工单位的沟通协调，建立交通安全信息互通共享机制，强化用工单位和员工交通安全的自我教育管理。最后，要针对外来务工人员的实际情况和出行特点加强交通安全管理，对于其轻微、初发的交通违法行为，主要采取教育、提醒、警告等人性化方式，而对于严重、累发交通违法行为的，要依法进行处理。

4) 重视加强外来务工人员的交通安全教育

作者调查发现，大部分雇佣外来务工人员的企事业单位，并没有对外来务工人员进行基本的交通安全方面的相关培训和讲座。对于外来务工人员而言，大部分人来自于偏远山区或农村，这导致其自身的交通习惯较差，他们缺乏遵守交通规则的意识，往往会无意识地违反交通规则，如在交叉口闯红灯、随意横穿马路

等。这就要求企事业单位在招收农民工时，首先要对其进行相应的交通安全教育。

一方面，用工单位应对周边的交通环境进行相应的介绍，包括周围的生活设施、交通情况等，并请相关的交通安全宣传人员进行交通安全方面的讲座，对相关的交通法律、法规、交通标志、标线知识进行普及，同时应定期请专门人员进行加强教育。另一方面，用工单位或其所属的小区应建设关于交通安全方面书籍的阅览室，使外来务工人员在工作之余可以提高自身的交通安全素养。

10.1.4　促进农村地区健康群落建设

1）提高农村偏远地区经济水平，增加交通安全管理的投入

山区道路路况复杂、警力少，道路交通安全管理的现代化水平相对较低。因此，增加对道路交通安全管理的投入是做好农村道路交通安全管理工作的重要内容之一。一方面，要加大资金投入，科学地做好道路和规划安全设施设计，完善交通标志、标线，改善交通通行条件；另一方面，要增强交通安全管理的科技水平，提高对交通安全事故的应急响应能力，提升执法效能。

2）结合农村交通参与者群体特征，加大宣传，提高安全意识

总体上，农村人口文化层次较低，交通环境比较单一，环境适应性相对较弱，构建社会化的农村交通安全宣传体系势在必行，其中提高交通参与者的法制观念和安全意识是重点。一方面，应结合农村交通参与者的特点，以宣传贯彻《道路交通安全法》为主要内容，按照公安部的“五进”要求，大力开展宣传教育活动；另一方面，要使交通安全法律、法规进村入户，提升农村交通参与者的交通安全意识，以改善交通安全的整体氛围和环境。

3）建立和完善农村交通安全管理体系，预防为主

道路交通安全管理是多部门互相配合的一项系统工程。在农村地区，需要建立“公安交管部门、学校、基层单位及村”协同运作的交通安全管理体系，形成各级部门及广大群众共同参与的交通安全综合管理体制，构建行政责任、部门联动、群防群管的三大体系。此外，要减少交通事故的发生，预防是关键，应重点做好：农村山区部分道路夜间严禁通行；加强运营车辆的管理；建立农村地区针对拖拉机、摩托车、电动自行车等的安全管理机制。

10.1.5　促进城乡结合部地区健康群落建设

1）加强改善道路通行条件，优化道路沿线交通安全环境

政府部门要从全局出发，对交通压力较大的城乡结合部，加大经费投入、科技投入和对公路的养护力度，逐步建立健全交通安全设施，以确保公路状况良好、标识明显、安全畅通。在城乡结合部事故多发点段应架设警示标志，如“事故多发地

段"、"事故易发点"、"注意行人"等，以及时提醒交通参与者注意、警觉，从而采取相应措施避免事故的发生。此外，政府应在人力、物力、财力各个方面提供保障，以确保城乡结合部的道路交通安全管理水平。

2）增强居民的交通安全意识，提升交通行为安全性水平

城乡结合部的交通安全环境比较复杂，其中交通参与者的交通行为起着决定性作用。如果交通参与者有较强的交通安全意识，自觉遵守《道路交通安全法》，许多交通事故是完全可以避免的。要避免和减少道路交通事故的发生，必须大力普及交通安全法律法规，切实增强居民的安全意识、遵纪守法意识和自我保护意识，有效地提高交通参与者交通行为安全性水平。

3）加大道路交通安全监管力度，严格查处道路交通违法行为

加强城乡结合部等薄弱部位的道路秩序管理是预防早期安全隐患的有力保障，是避免和减少道路交通安全事故最直接有效的根本工作。一方面，政府及其相关职能部门要高度重视城乡结合部的交通安全管理工作，各司其职，确保道路安全、有序、畅通；另一方面，要适时调整交通安全管理模式，将警力和工作重点向城乡结合部延伸，依法严格查处和纠正道路上的各类交通违法行为。

10.2　非机动化交通参与群体行为规范

在机动车和非机动车冲突的交通事故中，双方驾驶人的不安全行为意识都是事故致因。而且，非机动化交通参与群体是在交通冲突中易受到伤害的一方。因此，为了规范弱势群体的交通安全行为，也为了改善弱势群体的交通安全水平，应制定电动自行车骑行人、自行车骑行人和行人群体的交通安全提升对策，以更好地促进全民交通行为安全性的提升。

10.2.1　电动自行车骑行人群体安全性提升对策

电动自行车交通安全提升对策的总体框架如图 10-1 所示。

1. 对电动自行车个体不安全行为的预防与控制对策

1）宣教对策

对电动自行车骑行人的个体交通行为控制主要是自我控制，其反映在交通行为的可塑性上，是可以通过秩序管理和宣传管理，依靠法律约束和各种教育，达到规范行为、保证安全、自我控制的目的。

因此，应定期地组织车主进行交通法规的学习和考试，规范其驾驶行为，让电动自行车车主明确自己的责任和安全行车注意事项，以减少交通违法事件。

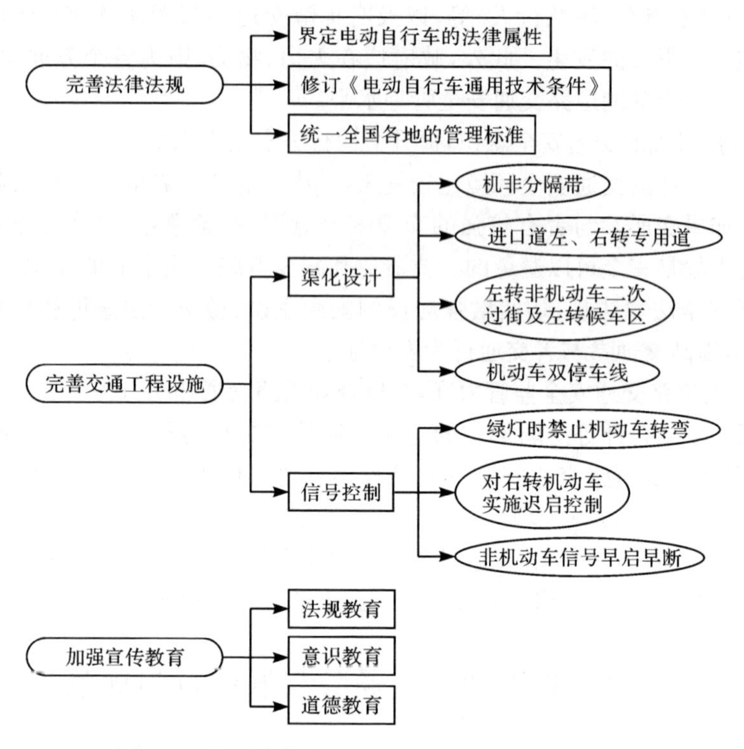

图 10-1　电动自行车交通安全提升对策的总体框架

2) 完善电动自行车管理制度

(1) 牌照管理制度。通过立法对电动自行车实行牌照管理,并定期进行年审,对不合格的车辆采用淘汰制度。这样不仅可以防止超标车辆上路,还可以减少由于使用一段时间后而产生不安全因素的车辆、擅自改装的车辆等的非法上路。

(2) 严格违法处罚。加大对非机动车辆违法行为的处罚力度,特别要严厉打击非法改装电动自行车的行为。

(3) 连带责任制度。采用机动车的事故处理办法,让电动自行车的车主负连带事故责任,以增强其对交通安全的重视程度。

(4) 引入非机动车保险制度,完善交通事故赔偿保障体系。针对电动自行车、电动摩托车骑行人的合法年龄、是否佩戴安全头盔、应遵守的交通法规等方面进行分类要求和管理。

3) 严格电动车准入

(1) 改进生产标准。电动自行车的定义标准要从电机输出功率着手。当前,有关对电动自行车区分划类的标准有 1999 年出台的《电动自行车通用技术条件》和 2008 年国家认证委的 8 号公报《关于修订机动车辆(摩托车产品)强制性认证实施细则》。这两份重要文件从最高设计时速上对电动自行车和电动摩托车进行了区分,且在实际的使用中电动自行车在出厂时最高设计时速也都是20km/h,符合《电动自行车通用技术条件》的要求。但是在车辆被购买后,限速线就被商家或顾客去除掉,使得电动自行车的行驶速度往往高于20km/h,有的甚至达到了50km/h。因此,应在电动自行车的设计和生产环节,就调整好电机输出功率,使车辆的速度和功率保持一致,实现从限速器限速向功率限速的转变。只有这样,才能从物理上降低电动自行车超速行驶的可能,以达到安全预防的效果。

(2) 按照标准严格控制车辆准入。严格按照国家颁布的电动自行车生产标准和生产许可证制度,控制、管理好上牌的《产品目录》,重点控制好电动自行车的大小、重量和速度。此外,应对现有的《产品目录》会同质检部门进行严格梳理,一经查出超标的,坚决从《产品目录》中剔除。

2. 对电动自行车群体交通行为的安全预防及控制

目前,我国绝大多数的非机动车驾驶人属于素质有待提高的群体。这种群体的特点是群体违法倾向性强,群体行为的稳定性差,一个人带头违法,将造成整个群体跟着违法。因此,加强群体内的交通安全观念,并对其交通行为进行合理的干预和控制是非常重要的。

对交通群体行为的控制主要是对交通主体人的相互控制以及对他人的控制。相互控制反映在群体内部的社会压力上,有什么样的群体心理,就会导致什么样的群体行为。因此,应充分利用群体心理规律来创造有利于安全管理的小环境。他人控制反映在从众行为的转化上,只要执法严明、方法得当,从众行为是可以向守法行为转化的。因此,可据此创造出以较小的管理投入,得到较大的效益,从而形成交通管理的新局面。

1) 加强交通法规知识的普及

促使非机动车群体的行动导向从以违法为主流向以守法为主流转化,并以此来控制从众交通违法行为的发生。此外,通过对群体社会责任感的宣传,提高整个社会遵守交通法律法规的意识,改善电动自行车安全使用的社会环境。

2) 提高交通执法水平

利用先进的科技手段监测电动自行车驾驶人的交通行为,从心理上提高驾驶人感知危险的水平,使电动车驾驶人在违法驾驶前有一定的心理顾虑。对于监测到的违法行为,要根据相关的法律法规给予相应的事后处罚,从而遏制交通违法的从众行为,降低群体不安全交通行为的发生概率。

3. 基于道路交通环境管理的安全性提升措施

(1) 电动自行车行驶道路的管理主要包括非机动车道的规划、设计、改造、设施的建设、信号、标志、标线等的管理。

(2) 电动自行车的平均速度和加速度均高于自行车。因此，在计算绿灯间隔时间时，应当对非机动车速进行修正。

(3) 对非机动车道较宽路段，可以划出电动自行车道，使电动自行车在非机动车道左侧行驶，避免与普通自行车的混行。

(4) 电动自行车行驶过程速度较快且噪声较小，但在超车过程中容易产生交通冲突。在交通工程方面，可以利用人的视觉错觉，在非机动车路面上设置标线，如图 10-2 所示，使骑行人能够注意到自己的车速过快，从而采取减速行驶。

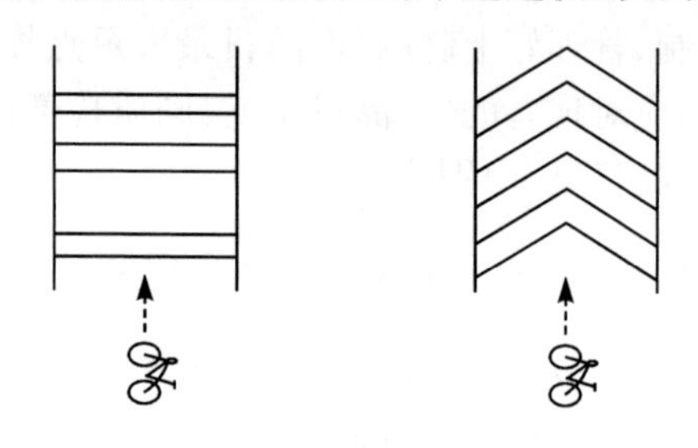

图 10-2　视觉错觉标线

10.2.2　自行车骑行人群体安全性提升对策

自行车交通安全提升对策的总体框架如图 10-3 所示。

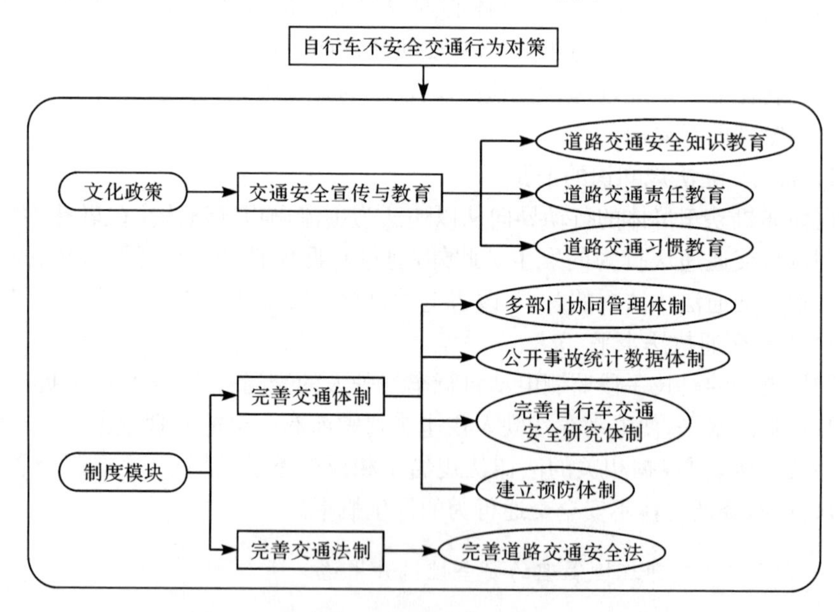

图 10-3　自行车交通安全提升对策的总体框架

1. 基于法制管控的安全性提升对策

1) 加强法律约束与安全教育

通过安全教育和安全法规制度,来规范自行车驾驶人的行为,使得交叉口处各行进方向的参与者能够自觉遵守交通规则,保证各行进的交通车流能有规律、有序地通过交叉口。

2) 现场执法

在非机动车和行人流量较大的交叉口,应派设交通协管员。这项措施在北京已经得到了广泛应用,并取得了比较好的效果。

2. 基于非机动车的交通组织与设施的安全性提升对策

1) 优化交通组织

(1) 机非分离。修建三幅路、立交桥、下穿隧道等设施,开辟非机动车专用道,实现机非分离。

(2) 设置非机动车专用相位。在交通量较大且对机动车流干扰较大的地方,应考虑设置非机动车专用相位。非机动车相位的时间确定,应在确保路口通行能力及机动车延误时间变化不大的情况下,根据各自的流量进行确定。这种方法适合于非机动车流量较大的情况,旨在从时间上分离非机动车流和机动车流,降低非机动车与机动车冲突,以减少事故的发生。

(3) 左转非机动车二次过街。在设有左转专用相位的信号灯控制交叉口,应在信号交叉口内,沿直行机动车行驶的轨迹外缘划出非机动车的禁驶区。此时,左转的非机动车在绿灯周期内应先直行到交叉口内的等待区域,再在垂直方向的绿灯周期内通过路口。此外,还可以将非机动车左转从传统的一次过街改为两次直行过街,从而减少许多的机动车与非机动车的冲突类型。

(4) 绿灯时禁止机动车右转弯。对于早高峰和晚高峰时段,在机动车和非机动车流量都很大的路口,机动车的右转车流量较大,使得直行和左转的非机动车被阻,容易造成拥挤堵塞。此时,可采用在绿灯时禁止机动车右转弯,以消除高峰时间机动车对非机动车的干扰,提高交叉口通行能力。但需要注意的是,该措施将对邻向行人产生冲突点。因此,该措施的实施需要综合考虑非机动车流、行人和右转车流的流量。

(5) 对右转弯机动车实行迟启控制。在非机动车通行的绿灯时间内,完全禁止右转机动车的通行必然会引发右转车辆的延误大量增加。特别是,在右转车流量较大的交叉口,容易引起新的交通拥挤。根据非机动车在绿灯初、中、末期的运行特征,直行和左转的非机动车在绿灯中后期的密度明显比初期低。此时,可以让右转机动车与残余的非机动车自组织穿插通行,即右转机动车相对于冲突流向的非机动车迟启。

(6) 非机动车信号早启早断。在交叉口进口道处，机动车与非机动车的停车线处在同一位置上。但考虑到非机动车启动快以及成群地通过路口的特点，应专门设置非机动车专用信号，使非机动车交通信号的绿灯先亮，让非机动车群先进入交叉路口，然后再亮机动车交通信号的绿灯，让机动车在非机动车后进入路口。前后两次绿灯时间一般可相差5～15s，具体的间隔可根据交叉口的交通量大小与交叉口的几何尺寸而定。也就是说，设计专门的信号，令机动车迟启或非机动车早启。在绿灯尾期，为避免与上一相位的非机动车未驶出路口，而导致下一相位机动车的推迟启动，应对非机动车信号相对于同向的机动车信号早断。两次绿灯法的优点是缓和交叉路口内交通拥挤，而缺点是延长了交通信号周期时间。

2) 完善交通设施

(1) 完善非机动车道路段、交叉口信号、标志、标线。应着重针对非机动车道的交叉口信号、标志、标线等内容进行完善，特别是针对农村等交通基础设施较为落后的地区，以保证非机动车的安全、文明行驶。

(2) 拓宽交叉口。对于非机动车和机动车相互干扰比较严重的小型路口，如有条件可适当地拓宽交叉口，设置左转机动车流导向区，并充分利用非机动车转弯灵活的特点，变左转非机动车流为直行非机动车流，从而根除左转非机动车与直行机动车的冲突。

(3) 改变停车线的位置。针对非机动车启动快、灵活的特点，应将非机动车停车线位置提前于机动车停车线3～5m。当绿灯放行时，在机动车启动之前，使得大部分非机动车先行通过，这样可以减少机动车与非机动车的部分冲突，提高交叉口内机动车和非机动车行驶的安全性。该方法的优点是仅需较少的费用，就可以减少部分机动车的延误，增大通行能力。但是，该方法只适用于非机动车流量不大的情况，当非机动车流量较大时，在该相位内持续饱和，则会严重影响机动车的通行。因此在实施该措施时，应先试验其效果，再决定是否采用。

(4)修建非机动车地下通道。在城市中心商业区，一般机动车、非机动车、行人较多，且交叉口往往较窄。对于这类交叉口，可修建非机动车地下通道，实行机动车、非机动车的完全空间分离。例如，对于左转非机动车，可通过地下通道后，再进行街坊绕行，最终转入所要到达的街口。

10.2.3　行人群体安全性提升对策

行人交通安全提升对策的总体框架如图10-4所示。

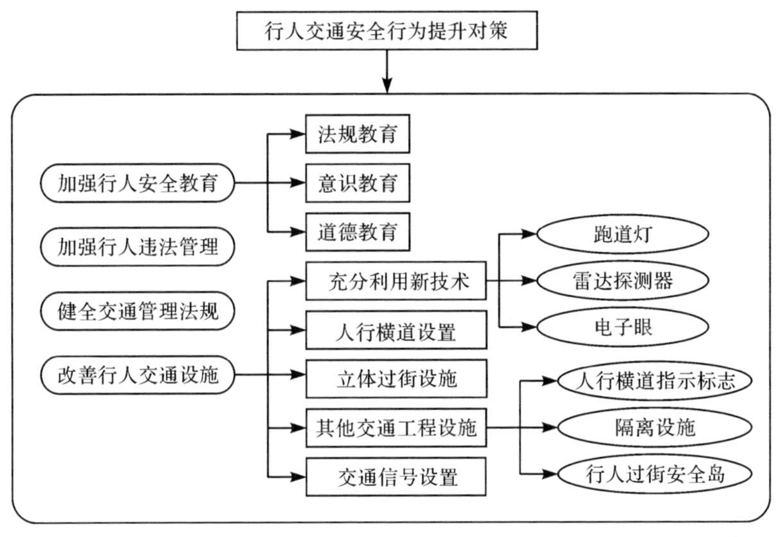

图 10-4　行人交通安全提升对策的总体框架

1. 基于安全文化教育的安全性提升对策

1）加强行人交通安全教育

教育市民养成自觉遵守交通规则的日常行为规范，促使人们的交通安全认识和安全意识不断提高，通过媒体用积极向上的、正确的安全知识和信息引导人们的观念，从而进一步提高公众的交通安全意识。同时，应加大执法力度，让人们充分认识到违法和事故所带来的危害，使人们在交通活动中正确地把握自身行为。

2）营造交通安全文化氛围

行人的交通违法只是一种现象，在其背后还隐藏着一种文化冲突，即人与车的对立。由于城市空间的狭窄，汽车作为一种人格化的工业产品，不断地占用有限的社会资源，人车争路就是这种矛盾的反映。但是，要想规范行人的交通行为，不能只从简单的处罚着手，而要大力营造一种人车和谐共存的现代交通安全文化氛围。在很大程度上，人们的文明行为要靠良好的文化来影响，同样，规范的交通行为也要靠交通安全文化来养成。

3）重视道德成本在行人交通行为选择中的作用

要克服行人交通行为中的诸多不道德行为，仅仅依靠行人的善良意志，期盼人们的行为自觉符合道路交通道德要求，是不切实际的。因此，应立足现实，使道路交通道德规范符合行人的实际利益需要，拟定出与现实紧密结合、具有可操纵性、能对行人的行为起规范作用的具体道德规范。应强化道路交通法律法规对道路交通道德的保障作用，通过制度保证不道德行为的付出成本大于收益的代价，只有建立利益机制，重视道德成本在道路交通行为选择中的作用，运用法律手段建立一套奖惩措施，才能切实保证道路交通道德要求的实现。

2. 基于法制环境的安全性提升对策

健全的法律与执法体系是行人安全出行的可靠保障，也是降低行人违法率与事故率的重要保障。一部《道路交通安全法》不能解决行人违法与道路交通事故的全部问题。在现实生活中，需要各级政府出台相应的配套法规、办法，来规范行人出行的行为准则，确保行人交通设施设置的科学性与合理性，规范执法体系以震慑行人不能轻易违法，保障车辆与行人在“通行权”上的相对合理与公平，从而达到降低行人违法率和事故率的目的。此外，应加强对行人交通安全的管理。长期以来，交通管理部门对行人交通违法的查纠和处罚都失之过宽，这在某种程度上放纵了行人的交通违法行为。

3. 基于行人交通组织与设施的安全性提升对策

1）优化交通组织

（1）合理设置行人绿灯信号时间。行人信号灯的设置，应确保绿灯信号时间满足行人穿越车行道所需时间，即满足行人过街的最小绿灯时间，从而保证行人安全。针对南方与北方不同城市的气候特点、人的生活习惯等因素的不同，应研究信号交叉、无信号交叉、环形交叉、路段人行横道和自由过街等不同过街条件下的行人过街速度，制定适宜的行人过街信号时长。

专栏 2　行人守法率与信号时长的相关性

为了解行人过街的守法情况，于 2010 年 4 月至 7 月对南京、武汉、石嘴山三座城市的 26 个信号控制交叉口的行人过街交通行为进行了视频调查，共获取了 6628 个行人数据。调查地点的绿灯时间、红灯时间较为集中，主要是在 20～30s，且相同的数字较多。因此，在统计时将绿灯、红灯时间分区间进行统计。按照各时间出现的频率，将时间区间划分为 10～19s、20～24s、25～29s、30～39s、40～59s、60～79s、80s 以上共七类。对绿灯时间、红灯时间区间对应的守法率取平均值，作出守法率与绿灯、红灯时间的相关图如图 10-5 所示。

守法率随着绿灯时间和红灯时间的变化趋势是完全相反的。随着绿灯时间的增加，守法率的大致走向是上升的，而随着红灯时间的增加，行人守法率基本呈现降低的趋势。这是因为，较长的绿灯时间可以保证行人在绿灯时间内过街，而不会发生在过街后半段时间内，被迫在红灯区间行走的情况。而随着红灯时间的增长，在前期到达的行人会出现不耐烦的情绪，自然会选择安全间隙通过。因此，根据交叉口的具体流量情况，设置合理的过街时间能在一定程度上提高行人的遵章率。

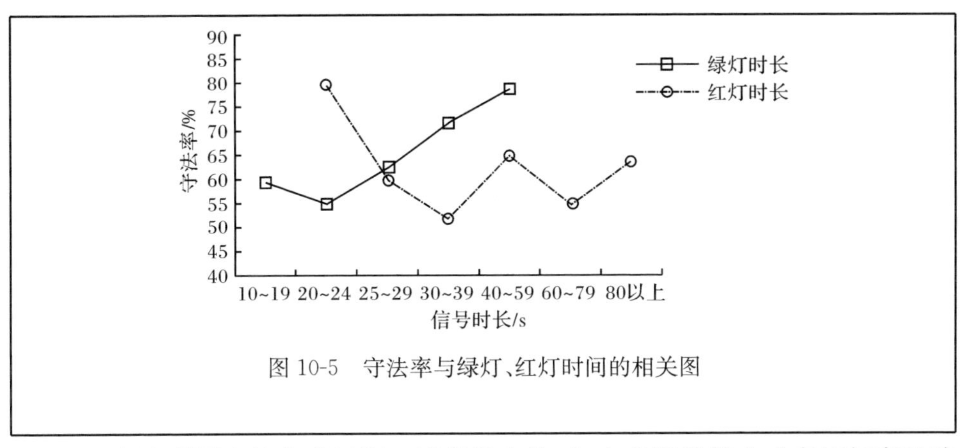

图 10-5　守法率与绿灯、红灯时间的相关图

(2) 行人利用立体方式过街。当条件允许时，在交通量较大或车速较高的路段，可以考虑在交叉口修建人行天桥或地道，从而促使行人与机动车的空间分离，消除机动车和行人冲突发生的可能。

(3) 行人自行车一体化设计。在传统的道路断面设计中，行人只能在自行车道外侧(规定从交叉口中心向四周为向外)的人行道上等待过街绿灯。而在新型的断面中，行人、自行车在同一平面上通行，共用转角区域，则行人可以在机动车道外侧等待过街绿灯。其中，行人过街距离的缩短量为自行车道宽度的两倍。表 10-1 列举了在几种自行车道宽度下，通过行人、自行车一体化处理后，行人过街时间的缩短情况。显然地，当行人过街时间缩短时，行人过街安全性将得到提高。

表 10-1　行人过街时间与自行车道宽度

自行车道宽度/m	3	3.5	4	4.5	5	7
行人过街时间缩短量/s	5.0	5.8	6.7	7.5	8.3	11.7

2) 完善交通安全设施

(1) 科学设置行人过街设施。科学地设置行人过街设施，规范行人通行路线，设置必要的行人横路指示标志，对行人横穿行车道的地点及距离给予明确指示，从而减少行人随机横路的概率。

(2) 设置行人安全岛。在行人通过交叉口的过程中，当有车辆驶过时会感到危险，往往出现不自觉地快速前进或后退，以寻找比较安全的地方。因此，在机动车流量较大且用地允许的情况下，应考虑设置行人安全岛，给行人一定的安全空间，以减少机动车与行人之间的冲突。

(3) 行人通行区与机动车通行区的分隔。在交叉口区域，为防止行人乱穿马路，除了应在人行过街横道处留有开口外，还应在交叉口范围的其他地方，对行人区和机动车行车区进行分隔。从道路景观的角度考虑，分隔设施最好采用绿化带，且需要顾及交通功能的要求，合理选择绿化种类，以防止交通视线不良。

（4）合理设置公交车停靠站行人过街设施。公交车停靠站点的设置应尽量靠近过街设施，以方便上下车的乘客横穿行车道。

（5）在人行横道上设置减速丘。将人行横道做成突起的，既可以使人行横道更为明显，又可以当成减速丘，使车辆在行至人行横道处时减速。但值得注意的是，减速丘的设计形式应确保平缓，否则将反而对安全造成负面影响。

（6）在人行横道设置明显标志。许多人行横道缺乏指示标志或标志不明显，导致机动车司机没看到或看不清人行横道，容易造成与过街行人冲突。对此，可借鉴国外经验，考虑在人行横道处，设置明显的标志或照明设施，使得司机在远处或夜间均能看到人行横道，提前做好心理准备。

第 11 章　交通安全管理制度建设对策

第 6 章和第 7 章分别提出了基于生态系统健康的全民交通行为安全性提升路径和基于行为的安全性提升路径，这路径明确了从系统的角度提升全民交通行为安全性的方向。从系统论的观点上看，制度是由若干互相联系的、具体的要素构成的一个自我维系、动态演化的系统，它是对人的行为进行的一种硬性约束。通过制度的规定，交通安全管理者可从人的外部对其行为进行干预和控制。

本章将主要研究交通安全管理制度建设的对策，旨在根据道路交通的发展状况及交通安全现状，提出多部门协调的交通安全管理制度，使道路交通安全管理体系能正常运转，各相关机构能各司其职，执法人员能有法可依，从而在完善的制度体系中，高效、有序地制约与干预交通参与者的不安全行为。

11.1　现有的道路交通建设与运营安全管理独立体系

当前，我国的道路交通建设、运营和安全管理是相对独立的。从横向上看，各级人民政府的主要职能是为交通安全管理工作提供必要的法律依据和行动准则，并对辖区内的交通工作进行监督；交通部门的职能主要集中于路面的养护、道路的运营以及与提高道路运营效率相关研究的主发起工作；交通安全管理部门则统一负责道路交通(包括安全)法律法规及政策规划的实施、道路安全设施标准的实施与监督、车辆管理与驾驶人管理等有关事项。各部门之间关系如图 11-1 所示。

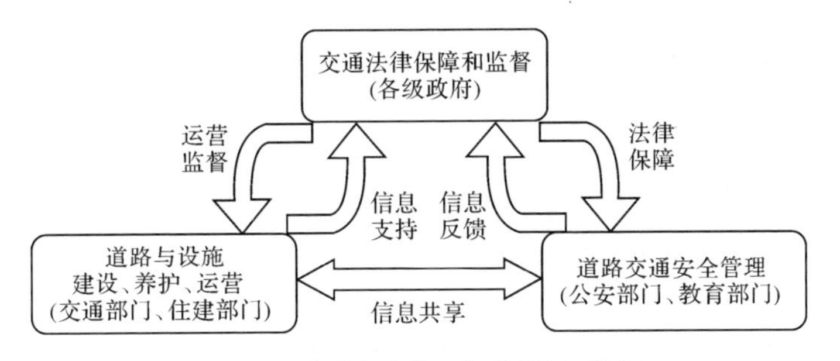

图 11-1　道路安全管理机构设置(横向)

从纵向上看，道路交通安全管理机构是在当前交通管理局的基础上，吸收一些交通管理领域人才，丰满交通管理局的职能，使其成为集交通执法、交通事故处理、车辆管理、驾驶人资格认定的具有完备职能的交通安全管理机构(图 11-2)。

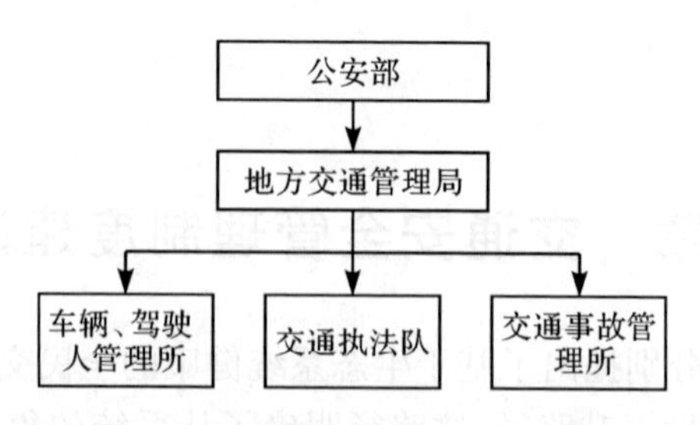

图 11-2　道路交通安全管理机构设置(纵向)

总体而言,当前的管理体系缺乏对交通安全系统和全面的考虑,使得各部门和地区缺乏一致的目标和行动依据,从而不可避免地存在条块分割、政出多门的弊病。

11.2　多部门协同下的道路交通安全管理体系设想

11.2.1　总体设想

为了提升全民交通行为安全性水平,建立涉及建设、运营和安全管理的一体化系统势在必行。图 11-3 给出了本书提出的基于多部门协调的道路交通安全管理体系的总体设想。

1) 决策管理层

决策管理层主要是在国务院的统一领导下,对全国道路交通安全管理进行全局考虑,统一负责道路交通安全法律法规及政策规划的制定、实施与监督,协调各个部门之间的工作。该框架设想由国务院统一领导,成立国务院道路交通安全委员会,负责研究全国道路交通安全形势和重大法规、政策,部署、组织、协调、监督相关部门的职责分工和行政执法,完成国务院其他有关交通安全的重大事项。

2) 技术支持层

技术支持层包含交通安全规划、交通安全设计、交通安全管理及安全评价等四个方面的支持作用,主要职责是给交通安全决策管理层提供技术支持,为有关政策和法规的制定提供相关依据或建议。

3) 交通安全相关部门

(1) 教育部门。教育部门应积极有效地响应管理层的决策,加强与决策管理层的合作,有效地开展交通安全宣传教育工作,加强学生的交通安全意识。

(2) 运输管理部门。运输管理部门应加强运输管理,改善道路的运行条件,切实解决道路没人管、没钱养的现状,逐步完善交通安全防护设施,改善道路环境,进而消除交通事故隐患。

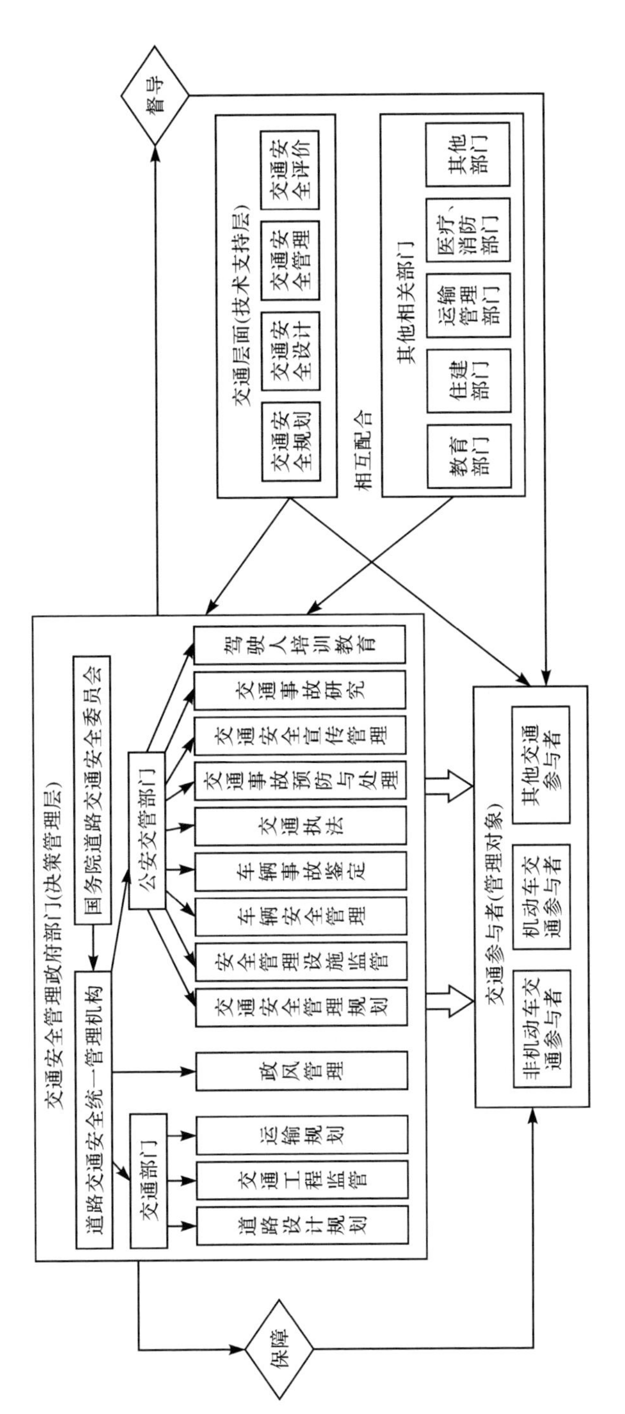

图 11-3 “自上而下”总体框架

(3) 消防、医疗部门。加强消防、医疗部门与交通管理部门之间的合作,在发生交通事故时,使交通管理部门能够及时、快速地通知消防、医疗部门,从而缩短交通事故响应的时间。

(4) 其他部门。与道路交通安全紧密相关的其他部门,如新闻媒体、安全生产管理、生产部门等,这些部门或机构都需要积极响应决策管理层的相关决策,积极参与到交通安全协同管理体系中。

11.2.2 设想一:构建协同运作的道路交通安全立法体系

本节基于多部门协同理论,提出由国家立法部门牵头、公安交管部门与执法对象参与、交通工程管理部门提供技术支持的道路交通安全立法协同运作体系,如图 11-4 所示。立法部门、执法部门、执法对象以及交通工程管理部门等四大主体构建了我国道路交通安全管理相关法律、法规的完善和协同框架。

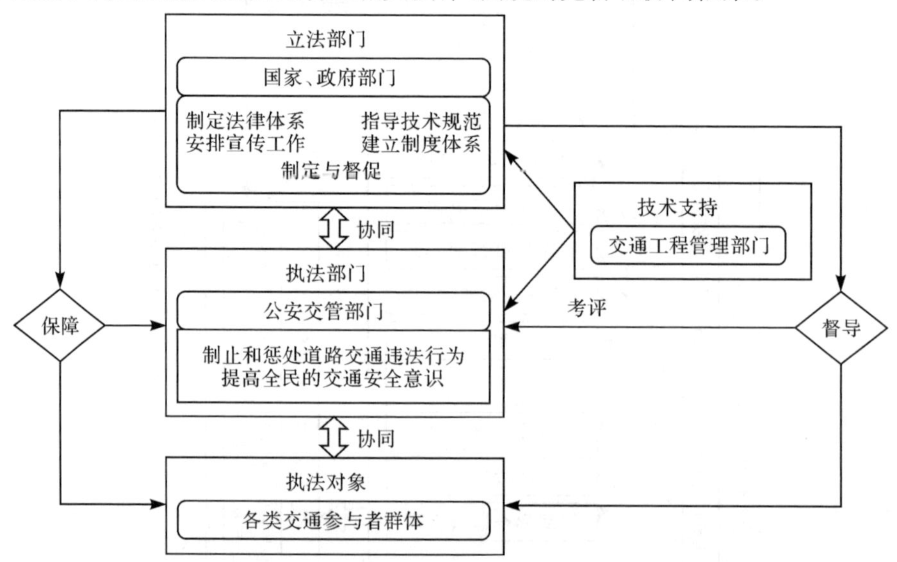

图 11-4 道路交通安全管理相关法律、法规完善协同框架

1) 立法部门

政府立法部门应在交通安全管理相关法律、法规的完善工作中起领导责任,不仅要有效推进道路交通安全相关法律、法规的完善,而且要立法规范公安交管部门及交通警察的执法行为。

2) 执法部门

公安交管部门作为执法部门,应重点基于道路交通安全管理的相关法律、法规,对交通参与者的交通行为起到监督、管理的作用。这不仅需要有效地制止和惩处道路交通违法行为,而且更需要通过有效手段来提升全民的交通安全意识。

3）交通工程管理部门

交通工程管理相关部门的主要作用是给立法部门、执法部门提供技术支持，确保道路交通安全法律、法规的立法和执法基础。

11.2.3　设想二：构建交通安全宣传协同运作体系

基于协同管理体系设想，本章在第 9 章的基础上进一步提出由政府部门统一牵头、公安交管部门与各类社会力量通力合作的交通安全宣传协同运作体系，具体思路如图 11-5 所示。在本书中，学校、社区、企业和家庭是重要的道路交通宣传社会参与力量。

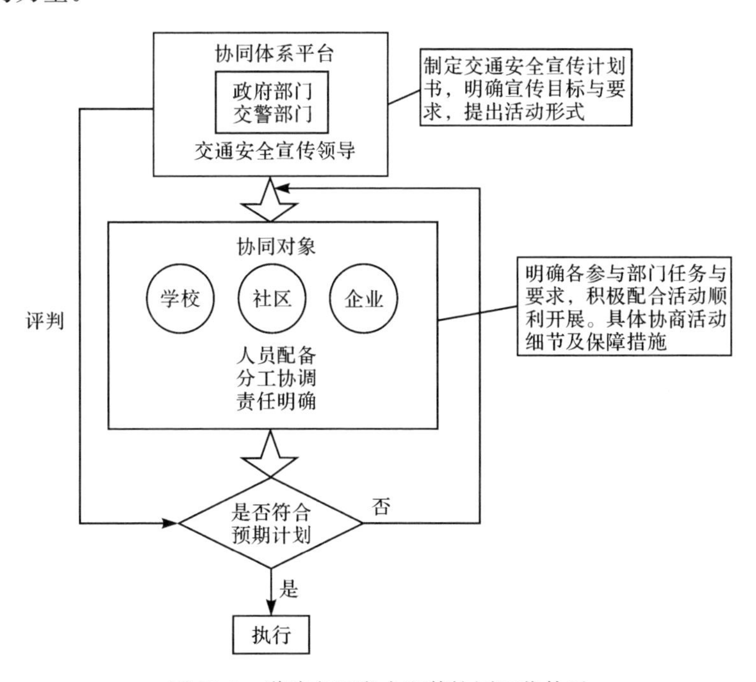

图 11-5　道路交通安全宣传协同运作体系

1）宣传主体

政府部门（主要成员为公安交管、交通运输管理、生产安全等部门）在道路交通安全宣传工作中承担领导责任，协调与监督交通安全宣传工作，推进交通安全宣传责任管理制度的建立，明确各相关社会参与力量、政府部门及交通管理部门的职责。

2）社会参与力量

一方面，社会参与力量要明确自己在交通安全宣传协同体系中的义务和责任；另一方面，要根据政府部门制定的交通安全宣传工作职责，积极地进行由上而下的学习，领会其精神和实施的方式、方法，强化参与协同能力，保证交通安全宣传具有针对性、有效性和持续性。

11.2.4　设想三：构建农村及城乡道路交通安全管理协同管理体系

道路交通安全管理社会化的实施，可改变农村地区线长面广、交警鞭长莫及、管理失控、事故多发的局面，保证各县（区）要有人抓、各乡（镇）要有人管，强化基层基础工作，杜绝车辆脱、漏、管等现象，减少交通违法，从而有效地预防交通事故（图 11-6）。

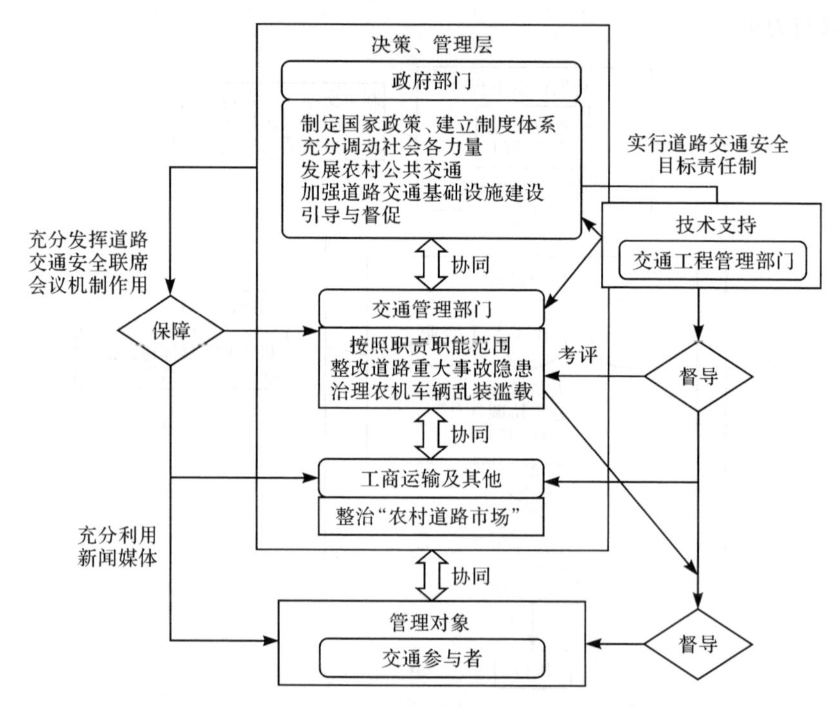

图 11-6　农村及城乡地区道路交通安全协同管理体系

1) 政府部门

各级政府应将道路交通安全管理纳入重要的工作范畴，切实加强对农村及城乡结合部地区道路交通安全工作的领导。各基层组织应把搞好交通安全作为大事来抓，自上而下地进行积极干预，并以道路交通安全法律法规为基础，层层落实责任制，建立奖惩制度，切实提高政府工作人员加强道路交通安全管理的积极性。

2) 交通管理部门

交通管理部门应严格按照职责职能范围，一方面要有效地组织力量，对农村及城乡结合部地区道路中事故多发的危险点段进行及时整改，协同农机部门对所辖车辆的乱装、超载等现象进行深入治理，另一方面要严厉查处公路交通运输企业安全责任制不落实、有章不循、违法操作的违规行为。

3）工商运输部门及其他

工商运输等部门要对“农村道路运输市场”进行科学管理，加强道路交通基础设施建设，落实资金，创新思路，不仅要切实解决农村道路管养经费困难，更要逐步完善交通安全设施，改善道路环境，从而尽力消除交通事故隐患。

11.2.5　设想四：构建电动车交通安全协同管理体系

考虑到电动车涉及的道路交通安全问题的重要性和特殊性，本节基于多部门协同理论，提出由政府部门牵头、公安交管部门与社区相互合作来协同管理电动车交通的安全问题，如图 11-7 所示。

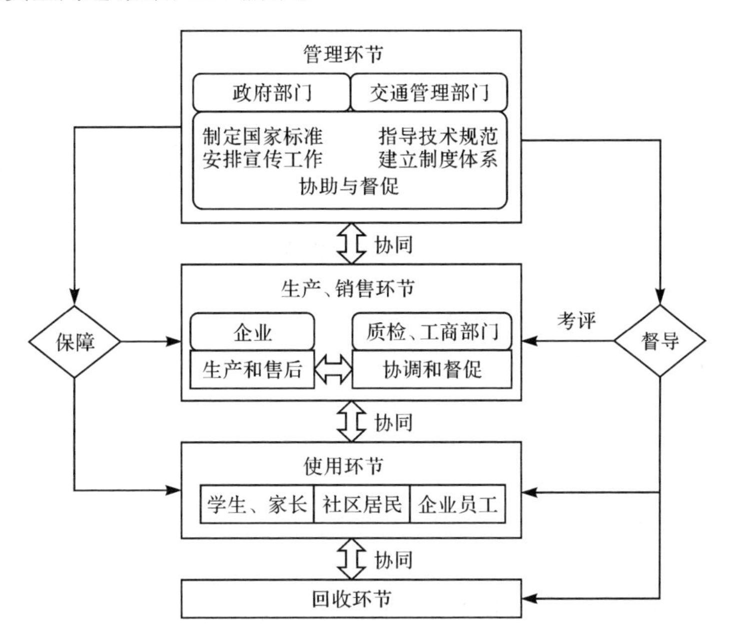

图 11-7　电动车交通安全协同管理体系

1）政府部门管理环节

就自行车所涉及的道路交通安全事故而言，电动车骑行人的速度过高是一个重要的事故致因。这说明电动自行车的标准体系尚不健全，需要政府部门在电动车交通安全管理中制定国家标准，指导技术规范，建立制度体系，从而有效地督促电动车产业和骑行人的交通行为。从电动自行车的行驶特征和交通安全管理角度上看，交管部门可借鉴摩托车的管理模式，对电动自行车实行准驾制度。即通过交通法规培训和考核后，才能获得驾车资格，从而严格规范电动车的驾驶行为，消除交通安全隐患。

2) 生产、销售环节

按照国家道路交通安全相关法律，电动自行车生产企业必须取得产品许可证才能生产，应加大对技术研发和产品开发的资金投入，强化企业的质量意识，提高电动自行车产品的安全性能。此外，质监、工商等部门要加强对电动自行车生产质量的监管，严格把关，杜绝不符合国家标准的车辆出厂销售、流入社会。

3) 使用环节

广大的交通参与者作为电动车使用者，应明确自己在交通系统中应承担的义务和责任，积极遵守交通规则，深化交通安全意识，科学合理地使用电动自行车。

4) 回收环节

废铅蓄电池是“有害废弃物”，必须进行合理回收和再生利用，从而促进电动车交通的可持续发展。这就需要国家采取强制措施，加大对电动自行车电瓶的回收工作，防止电瓶作为固体废物，而造成二次环境污染。

11.3 完善道路交通安全管理法律与制度建设对策

11.3.1 促进国家道路交通安全法律和法规体系完善

道路交通法规体系是国家行政管理法规的组成部分，其主体法为《中华人民共和国道路交通安全法》，主要包括国际条约、法律、行政法规、部门规章、地方性法规及地方政府规章等。

一方面，应在现有法律体系的基础上，逐步完善法律体系，形成以道路交通安全法、道路安全保障法、车辆安全保障法、特殊群体道路交通安全法、道路交通秩序管理法、道路交通事故处置及预防法等组成的完善道路交通安全法律体系，如图 11-8 所示。

另一方面，要积极地推进技术标准制修订和宣贯实施。技术标准是交通安全法律法规体系的重要组成部分，当前的部分技术标准已不符合实际状况，应加强交通安全相关技术标准的制定与修订，积极推进交通安全设施与技术标准化，从而促进交通安全管理质量与应用水平的有效提升。

11.3.2 强化营运车辆管理制度建设

1) 健全行政管理制度

一方面，要实施营运单位责任制，强化车属单位或驾驶人所属单位的道路交通事故隐患整改义务，落实交通安全责任，改进交通安全措施，以防范和减少交通事故；另一方面，要健全营运单位的事故后果处罚机制，强化事故预防机制效用，督促车属单位加强对单位驾驶人的道路交通安全管理教育,同时要加强驾驶资格和从业资格准入管理,严控营运客货车驾驶人驾驶证的考证和发证。

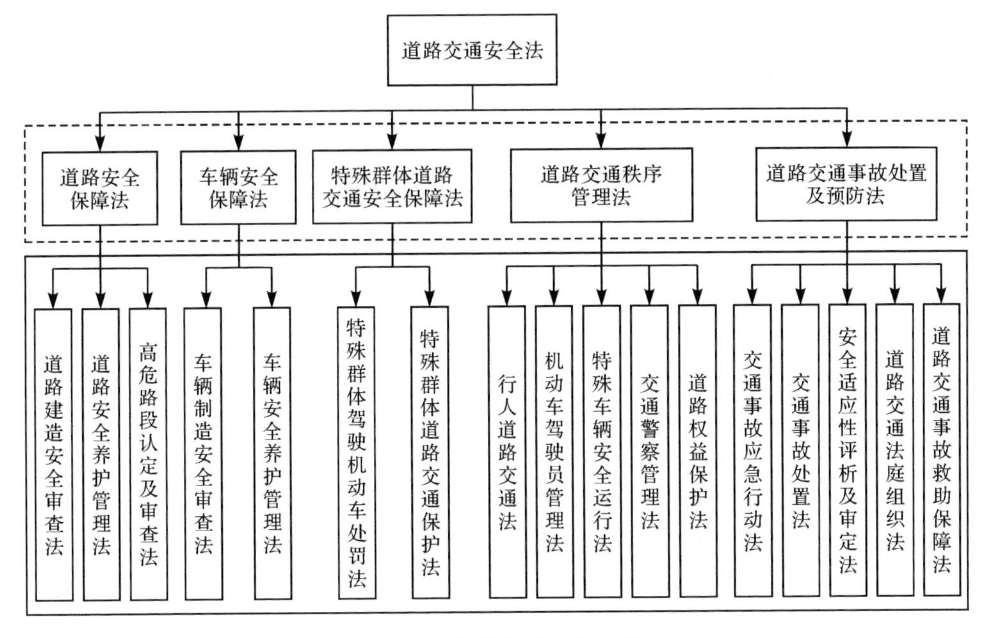

图 11-8　道路交通安全法律

2) 推进单位管理制度建设

一方面,营运车辆单位要积极通过加强安全教育、制度约束等方式,强化对驾驶人的管理,对驾驶人进行资质审查和专门的道路交通安全培训考核,并建立档案,以强化道路交通安全意识,防止交通违法行为和交通事故的发生;另一方面,要建立对本单位机动车驾驶人的道路交通安全教育培训与考核制度以及交通安全绩效管理制度。

专栏 3　渣土车管理制度

(1) 政府主导部门参与,建立长效管理机制。政府组织公安交警、安监、交通、农机、城管、建设、工商等有关部门,抽调人员成立专门的渣土车管理队伍,充分发挥多部门联动协作的优势,增大对渣土车的安全管理力量,切实加大针对渣土车交通安全的管理力度和深度,以全面规范渣土车管理。

(2) 制定相应规章或规范性文件。渣土车应遵守道路交通管理的有关规定,按期参加车辆检测,不得超高、超载、超限、超速行驶;应密闭运输,防止建筑垃圾泄漏、撒落或者飞扬;应随车携带车辆行驶证、道路运输证等相关证件;应按照指定的运输路线和时间行驶，在符合要求的消纳场所倾卸建筑垃圾；应积极推动卫星定位系统的安装使用，加强车辆动态监管。

(3) 规范完善渣土车户籍管理。禁止渣土车挂靠经营、异地落户、挂农机牌，并统一交由公安交通管理部门落实户籍化管理，实行属地管理，从源头上强化对渣土车的交通安全管理工作。

(4) 建立常态管理机制，始终保持高压管控。交警在查纠渣土车超载等各类交通违法行为时，要统一处罚尺度，一律进行严格处罚，坚守处罚高压线。对使用假牌、假证或是无牌、无证的渣土车及其驾驶人，应按上限处罚，让他们付出最大化的违法违规成本，使其自觉遵守交通安全法律、法规。

(5) 落实企业主体责任，规范营运行为。建设单位、施工单位应建立健全的渣土运输处置安全管理规章制度，委托具有相应资质的运输企业运输建筑垃圾、渣土等，不得聘用无牌无证、逾期未检验或已达强制报废标准、无经营运输资质的车辆及证照不符的驾驶人从事运输工作。

(6) 建立信息共享制度。市容部门定期将拒不整改的违法渣土车的相关信息通报公安交警部门，由公安交警部门在办理年审业务时，督促其改正。公安交警部门应定期向市容部门通报渣土车交通违法、交通事故等信息，并将渣土车违法违规情节和改正情况作为市容部门发放准运证和对车辆所在单位进行渣土运输资质审验的重要依据。

11.3.3 推进道路安全设施管理制度完善

面对我国道路交通安全的新问题、新形势，需要建立由公安、交通、住建、财政、监察、审计等部门组成的统一协同运作机构，加强对道路交通安全设施管理的组织与协调工作。一方面，要完善规划、建设管理标准，促进道路交通安全设施的人性化，促进道路交通安全设施的科学化，拓展道路交通安全设施体系，淘汰落后的道路交通安全设施产品、生产工艺，从而不断地提升标准水平。另一方面，要加强建立道路与安全设施的同步建设制度，规定各地新建、扩建公路时，必须将交通安全设施纳入建设规划，以保证交通安全设施与路面工程的同步设计、同步建设、同步验收、同步交付使用，并对交通安全设施的规划、设计、施工等各个程序进行全面、综合的评价，避免交通安全事故“黑点”。

11.3.4 促进交通安全管理规划制度普及

科学地编制道路交通安全管理规划，指导各级政府及其职能部门科学地开展道路交通安全工作，防止道路交通安全工作决策的随意性和盲目性，从而尽可能地预防道路交通事故，保障人民的生命和财产安全。交通安全管理规划是在对现有的交通安全基本信息的安全分析和评价的基础上，有针对性地提出安全管理和控制交通事故的指导性意见。其主要内容包括：设计和选用交通安全措施和方案，制定交通安全目标；对目标管理和安全措施效果进行分析和评价；交通安全信息系统的建设和应用。

首先，应建立相对稳定的规划组织机构，成立领导小组和编制小组。领导小组一般由政府各有关部门，如公安、建委、规划、交通、法制和教委等部门及部分社会知名人士、专家组成；编制小组由科研单位的专业人员和公安交通管理部门的有关人员组成。

其次，要科学地研究和示范道路交通安全管理规划的编制办法，系统分析影响道路交通安全的主要症结，深刻认识交通安全问题演变的内在规律，科学预测道路交通安全的发展趋势和发展目标，合理制定实现该目标的具体规划方案。一般交通安全规划的思路如图 11-9 所示。

最后，应构建全面、合理的道路交通安全管理规划评价体系，对交通安全规划方案进行检验，并根据实施绩效和反馈，对规划方案进行动态调整。

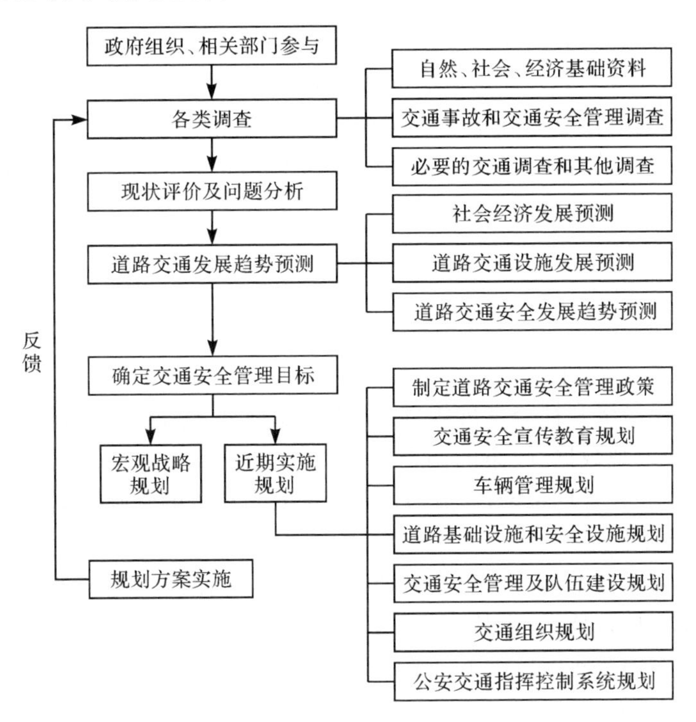

图 11-9　道路交通安全管理规划的内容体系

专栏 4 交通安全管理规划发展目标

1. 欧洲的 eSafety 计划

交通安全和社会公共安全问题已经成为关注的焦点。欧洲 ITS 组织 ERTICO 提出 eSafety 基本概念,并得到欧盟委员会认可,列入欧盟的计划。欧盟推荐了 11 项行动计划,可归纳为如下三类:加快智能化车辆安全系统的研发应用;完善建立相关法规和标准;消除社会和商业上的障碍。欧盟在新的框架计划中,准备安排 eSafety 相关的研发项目 70 余项,共投资约 1.6 亿欧元。

2. 美国的交通安全计划

IVI(intelligent vehicle initiative)计划的宗旨在于预防交通事故(特别是碰撞事故)及其引起的人员伤亡,提高交通安全性;以人的行为为基础,防止驾驶人分神;促进碰撞防止系统的研发应用。其主要项目包括:针对轿车的追尾警告,偏离车道警告;针对重型卡车的驾驶人睡意提醒、电子控制制动系统、车辆侧翻警告及控制、追尾警告及偏离车道警告;针对特殊车辆(扫雪车或扬雪车)的偏离车道预防系统;针对交叉口的碰撞预防系统、信号(停车信号)警告、左转路线建议、侧向间距建议等。

除 IVI 计划外,美国还有 VII(vehicle infrastructure integration)计划,是由联邦公路局、AASHTO、各州运输部、汽车工业联盟、ITS America 等组成的特殊联合机构,通过信息与通信技术实现汽车与道路设施的集成。此外,汽车与道路自动化系统的合作(CVHAS)计划,提供驾驶的辅助控制或全自动控制,信息获取方式为车载传感器与车—路或车—车间通信。

3. 我国交通安全管理规划发展目标

1) 管理机构

在道路交通安全协同管理制度的基础上,建立道路交通安全管理机构。

2) 基础数据调研

利用国民经济和社会发展规划、城市总体规划、综合交通运输规划和公路网规划,完成宏观数据、政策的调查工作;利用道路交通事故上报系统、机动车管理系统、驾驶人管理系统,完成与道路交通安全相关的基础数据调查工作。

3) 安全管理技术

对车辆安全技术、人机工程、交通心理行为、道路及道路交通设施安全性、道路交通安全核查技术、事故多发点段的鉴别技术进行研究,为道路交通安全管理策略的制定及实施提供了科学依据和技术支持。

4) 规划实施

建立适用的道路交通安全评价指标体系及管理评价指标体系,以确保《道路交通安全管理规划》得以顺利实施。

11.3.5　完善执法效能提升制度建设

执法部门的根本任务是保障交通运行平稳有序，有效地缓解交通拥堵，减少和预防交通事故的发生。从执法者的角度上看，应对道路交通安全问题需在管理模式、管理机制、管理手段上有所突破和创新，提高管理效率，规范执法者的执法行为，以促进道路交通参与者遵守交通安全法律法规，提升交通参与者行为安全性。

1）建立执法部门内部协同运作机制

执法部门应建立合理的内部协同运作机制，科学地划分部门和层次，明确各部门、各层次的责任、义务、权力和利益，实现各部门之间的工作通报和协调。此外，应强化交警警力资源的配置创新，这一方面能提高警务工作效率，合理地利用警力资源；另一方面更有利于提升各部门之间的协调运作能力，促进体制改革。

2）推进公安交警执法规范化建设

公安交管部门应定期对交通警察进行《道路交通安全法》和交通安全管理业务考核。在实施提升全民交通行为安全性干预中，公安交管部门应遵循以下原则：合法性原则、比例原则以及说服教育和强制手段相结合原则。

3）完善执法监督制度

一方面，公安交管部门要积极深化警务公开，依法公开交通管理的执法依据、执法程序、执法过程和执法结果以及收费和处罚标准，实行事故处理证据公开，乐于听取群众对交通民警执法工作的意见和建议，完善值日警官制度，随时接待群众投诉，强化对执法形象、执法态度的动态监督。另一方面，要建立执法人员惩罚制度，按照谁主管、谁负责的原则，切实提高各级部门依法行政的责任意识。

4）完善执法保障制度

制定专门维护警察执法权益的制度是交警执法的根本保障。一方面，应当以创建良好执法环境、调动交警工作积极性、充分发挥公安交管部门职能作用、促进严格公正执法、保障交警执法权益为指导思想；另一方面，要对相关部门、领导及有关工作人员的维权责任、维权途径、维权程序及维权方法等制定出一套工作规定，将保障交警执法权益工作规范化、制度化。

第12章　交通安全管理科技与信息化

我国人口众多以及城市化、机动化迅速发展的形势，决定了人、车、路、环境、管理等影响道路交通安全的因素比任何国家都要复杂。从国际经验和我国的实践上看，科技进步和应用是解决道路交通安全问题的重要手段。应通过增加科技投入、配置科技装备，来提高交通管理的科技含量，以使交通安全管理更加科学化、规范化和有效化；并建立新颖的推广组织保障机制，以使交通安全管理新技术得以更大范围地运用和推广。

12.1　推进交通安全管理科技创新

动员和集成相关科技、产业和政府资源，通过推进科技创新能力建设，建立和完善我国道路交通安全保障技术、措施和标准体系，提升道路交通可持续发展能力，已经成为全面提高我国道路交通安全管理水平的必然选择。

12.1.1　推进前沿技术研究

前沿技术是指高新技术领域中具有前瞻性、先导性和探索性的重大技术，是未来高新技术更新换代和新兴产业发展的重要基础。为顺应今后交通安全管理工作的需要，必须加强前沿技术的探索和研究。与交通安全相关的前沿技术主要包括以下三个方面：

(1) 加紧交通安全管理信息技术领域探索。交通安全管理信息技术要向高性能、低成本、普适化和智能化方向发展，着重完善实时信息处理系统、多传感信息融合技术、人机交互界面技术、高柔性免受攻击的数据网络以及先进的信息安全系统。

(2) 加紧虚拟现实技术研究。重点研究与交通安全管理有着相互关联的电子学、心理学、控制学、计算机图形学、数据库设计、实时分布系统及多媒体技术等多学科融合的技术。

(3) 加紧新材料技术研究。以结构功能复合化、功能材料智能化、材料与器件集成化、制备和使用过程绿色化为研究发展方向，突破现代材料设计、评价、表征与制备加工技术；在纳米科学研究的基础上发展纳米材料与器件，开发超导材料、智能材料、能源材料等特种功能材料；此外，还应开发超级结构材料、新一代光电信息材料等新型材料。

12.1.2　前沿技术在交通安全管理领域的研发重点

（1）交通参与者行为干预技术。主要包括道路交通参与者的行为特征分析技术，道路交通参与者行为监控、干预技术与装备，营运车辆驾驶人异常状态识别及预警技术，驾驶人培训、考试、管理新技术，驾驶人交通环境适应技术，道路交通安全宣传新技术以及交通安全科普技术与装备等。

（2）车辆安全、运输组织技术。主要包括车辆安全性能新技术与装备，道路运输组织安全技术以及营运车辆运行安全监控技术与装备等。

（3）道路基础设施安全保障技术。主要包括道路基础设施安全设计、运营和评价技术与装备，道路交通基础设施病害监控、预警、整治技术与装备，特大桥梁、隧道安全运营监控、应急处置技术与装备，恶劣气候条件下道路运行状态监控、预警技术和装备等。

（4）道路交通管理与安全保障技术。主要包括道路交通管理执法新技术与装备，道路交通事故处置、紧急救援技术与装备，交通管理信息发布与服务技术，交通管制与诱导技术，道路交通安全管理规划、安全评价技术，非常态交通组织与安全保障技术，交通违法行为、交通事故分析与再现技术，特大交通事故快速处置技术、限制车辆的识别、信息交换与控制技术等。

专栏5　交通安全管理新技术

1. 德国驾驶人超速警告仪

德国交通部门对全国各类公路（高速公路、高等级公路、城市公路、接近城镇和居民区的公路等）都实行限速行驶。为保证严格执行，交通科技部门研制了由计算机和测速仪组成的驾驶人超速警告仪。此仪器安装在公路两边的限速牌旁，对距限速区200m内的过往车辆进行测速。如果测出的速度超过此区域的规定时速，计算机将立即将此速度值储存起来，并在限速牌旁的显示器上连续闪光显示速度值，以此作为驾驶人违规超速的证据。如果驾驶人此时仍不及时降低车速，交通管理人员将责令驾驶人停车接受处罚。

2. 瑞士无安全带驾驶人警告器

瑞士交通部门研制了无安全带驾驶人警告器。当前，瑞士的各类车道旁均有此仪器，当不使用安全带的驾驶人驾驶车辆经过时，警告器将立即发出警告声。此时，交通管理人员将责令其停车罚款，并对驾驶人处禁止开车三个月的处罚。

3. 智能速度辅助（ISA）系统

智能速度辅助系统凭借其潜在的安全效应，是一种最有前途的智能交通系统。ISA是一种智能速度管理系统，它主要是基于环境与车辆之间的信息传递而工作的，即当车辆收到周围环境的期望车速和合理的速度限制信息时，ISA 系统将及时做出反应。标准的系统与全球定位系统（GPS）相结合，使用一种车内电子地图并显示限制车速。当驾驶人超过限制车速，ISA 警告将开启，自动调节车速以满足道路的限速条件。

4. 交通安全科普教育新技术

开发出行安全教育虚拟试验工具，通过逼真的交通场景、交互式的操作方法，来教育出行者应如何提高出行安全。针对行人试验者，由计算机仿真技术通过一组屏幕，向试验参与者呈现一个虚拟的行人过街环境，试验人员观察模型中的“自己”和周边交通环境，判断是否可穿越街道。针对驾驶人试验者，由计算机仿真技术向试验参与者呈现各种驾驶场景，试验人员观察模型中的“自己所驾驶的车辆”和周围交通环境，通过键盘作出相应的操作（加速、减速、急刹车、变道等），并观察操作后的结果。借此试验人员可体验不同行为决策的安全水平，从而达到对交通参与者进行交通安全教育的目的。

12.1.3　推进科技创新能力建设的保障措施

（1）制度保障。主要是建立科技创新长效机制，例如，通过建立统一的交通安全管理科技创新小组，采取一系列的激励政策与奖励措施，使得科技创新能够长期地、稳定地、高效地进行，避免短视或急于求成的心态。

（2）资金保障。科技投入是科技工作的物质基础，是科技发展的基本条件。交通管理的相关部门应按照公安部提出的“在事业经费中以不少于 5%的比例用于科技发展和研究，并逐年增加交通管理科技经费的投入”的要求，加大科技资金投入。只有这样，才能够保证交通管理科技的研究和应用得以及时、顺利地进行，否则科技研究和应用只是纸上谈兵。

（3）人才保障。专业科技人员不足，科研力量薄弱，将严重限制科技的研究和应用，从而阻碍科技工作的开展。大力引进和培养专业技术人员，是加快交通安全管理科技研究和应用步伐的重要出路。同时，必须加强专业技术人员的技术培训和对外技术交流，促进专业知识的更新和提高。此外，还需要给予专业技术人员应有的尊重和待遇，提高专业技术人员的工作积极性和工作效率，促进技术创新。总之，要努力建立一支技术精湛、力量雄厚、积极性高、充满活力、不断开拓进取的专业科技人员队伍。

12.2　推进科技成果转化

加速成果转化，是顺应经济发展潮流、应对新科技革命的必然要求。我国正处于并将长期处于社会主义初级阶段，生产力水平总体上还不高，自主创新能力还不强，科技成果向现实生产力转化的效率还不高，加之日益严峻的能源、资源和环境的约束，已经成为制约经济社会实现又好又快发展的重要因素。要构建新的国家或地区的竞争优势，掌握发展主动权，就必须紧紧把握世界科技发展的趋势，高度重视科技创新，大力推进成果转化与应用，积极主动地探索“政府推动、企业主动、社会联动”的科技成果转化机制，从而在激烈的市场竞争中赢得主动。

（1）科研立项工作必须牢牢抓住市场和转化时机，找到政府和市场、政府和企业的结合点，对市场前景好、经济效益比较稳定的项目进行大力扶持，并以市场导向为重点考量。

（2）加强科技成果转化的扶持资金管理，建立扶持项目的审核标准和操作办法，各级用于自主创新和科技成果转化的扶持资金，要做到透明运作。

（3）建立、健全企业的技术开发机构或组织，在大中型企业、企业集团中建立行业技术开发中心，集中骨干力量形成强大的技术开发和科技成果转化的能力。

（4）促进科研成果的拥有者和应用者之间对风险的统一认识，政府加大相关投入，提供强有力支持。这种支持必须考虑到转化成功率的客观现实，要能够容忍一定限度内的失败；或由政府提供政策保障，借助一定的社会综合力量，吸纳社会游资，进行科技风险投资，所得的利润将用于科技促进基金。这样的做法，比完全由政府包揽风险责任或完全由市场来进行风险博弈，要更为高效、稳妥。

（5）建立科技资源共享平台，集聚高校院所的各类科技资源，为社会提供“一站式”科技服务，贯通高校、企业、产业园区之间的创新渠道，打造科技资源共享服务体系。

（6）推动产业技术创新联盟建设，创新体制机制，进一步健全联盟组织结构；优化运营模式，采取政府授权和资源委托的方式，不断增强联盟体的内在凝聚力和职能发挥能力，推进创新链上下游的对接和整合，打通科技成果孵化、转化的瓶颈。

12.3　推进交通安全管理信息化

交通安全管理信息化要求在道路交通的各个相关领域，采用现代计算机技术、信息技术、通信技术、电子控制技术等，充分有效地开发和利用各种交通信息资源，使得交通管理者与道路使用者在任何时间、任何地点，都能通过各种信息媒体享用和相互传递信息，从而实现道路交通的畅通与安全。

12.3.1　智能交通安全信息系统构建

智能交通安全信息系统由交通安全信息采集系统、交通安全信息处理系统和交通安全信息响应系统构成。自动事件检测器、地理信息系统、110报警系统、122报警系统和浮动车等共同组成了信息采集子系统；紧急事件管理、公安交警急救中心和交通安全管理中心、可变信息标志、商业电台专用电台、个人通信设备、车载导航系统等共同构成了交通安全的信息响应子系统；而其他部分则是智能交通安全信息系统的核心和中枢(图12-1)。

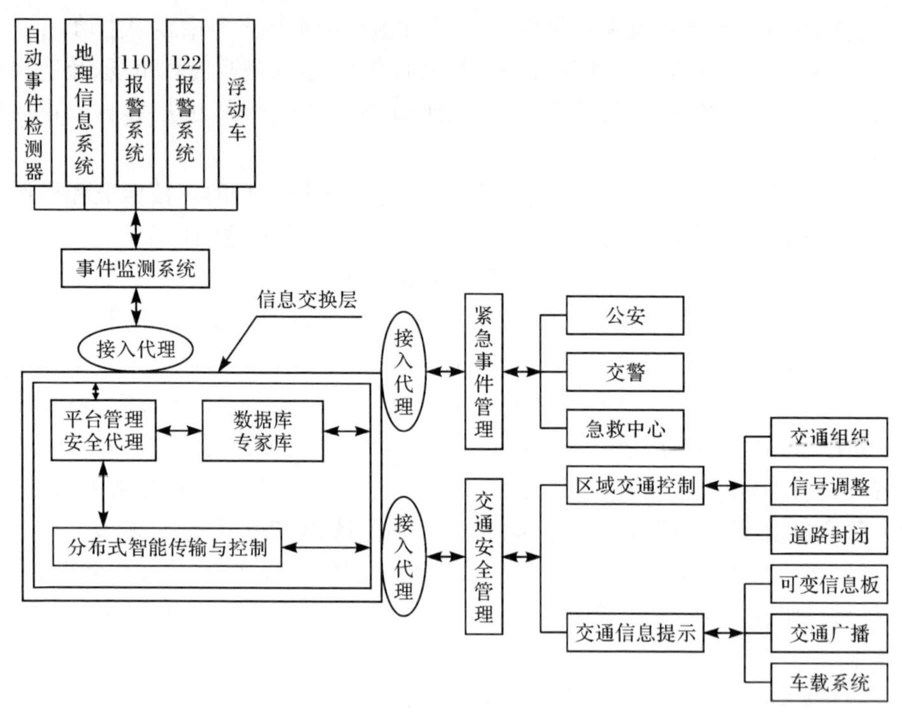

图12-1　智能交通安全信息系统框架图

1. 交通安全信息采集——视频监控系统

交通安全信息采集主要是通过一系列的交通事件前端检测器，来收集有关交通事件和交通安全的相关信息。此外，122报警系统、110报警系统也是目前交通事故信息采集的常用手段，它们与交通事件检测器之间相辅相成、相互补充。而搜集到的所有信息都将通过信息交换层、接入代理层传输到信息处理中心和监控中心，为安全分析和预测提供支持。

针对交通参与者的交通违法行为，执法依据的采集主要包括电子警察、监控系统等信息接入，电视监控系统的手动抓拍以及从摄像机、相机设备的导入等。其中，视频监控系统是信息采集的直接手段。视频检测系统利用采集的视频图像，并在视频图像范围内设置检测区，采用动态图像背景自适应技术、车辆图像动态跟踪技术等多项计算机视觉处理技术，辅助以计算机模式识别原理，从而获得并统计交通信息数据（流量、速度、事件）。随后，可通过对交通参数的计算分析，来对道路交通状况进行判断，在第一时间内取证、抓拍异常的道路交通事件，并向指挥中心报警和记录。此外，应用视频监视技术还可实现对运动车辆的检测和跟踪，通过分析运动车辆的跟踪信息，可以对车辆的行为进行判断，从而实现对车辆违法行为的检测和记录。

总体而言，视频监控系统一般包括以下几个子系统。

1）交通流视频检测系统

交通流视频检测系统是一个集视频图像处理和信息管理为一体的综合系统。系统通过摄像机捕捉道路交通流图像，再将捕捉到的序列图像送入计算机，进行图像处理、图像分析和图像理解，从而得到交通流数据、交通状况等信息。

2）交通违法视频监测管理系统

交通违法视频监测管理系统是依托现有电视监控平台而开发的交通违法信息采集与管理的应用软件系统。例如，交叉口监视系统和交叉口横穿识别系统是交通控制可视化数据处理平台的一个组成部分。根据实际工作中对交通违法行为管理的要求，可按功能将系统分成违法信息采集和违法信息管理两个部分。该系统利用视频图像处理和图像模式识别技术，依靠对交通视频图像的分析，来检测车辆的违法行为。

3）车辆牌照自动识别系统

车辆牌照识别（license plate recognition，LPR）系统是交通监控系统的一个重要组成部分。车辆牌照自动识别系统一般由四个部分组成，即车辆图像采集、车辆牌照定位提取、车牌字符分割和车牌字符识别。在交通管理上，应用车辆牌照自动识别系统，可以自动地进行交通流量统计、交通匝道口监控、交通违法车辆和交通事故车辆的稽查等一系列工作，从而大大地减轻了交通管理工作人员的劳动强度，提高交通管理的效率和水平。

2. 建立道路交通安全管理信息数据库

建立和完善交通安全管理信息数据库，包括机动车档案库、机动车驾驶人档案库、道路交通安全设施信息数据库、交通事故信息数据库和交通违法数据库，以全面、实时地掌握城市道路、车辆、交通事故以及交通安全设施的基本信息和动态，实现各个独立的信号控制、电子警察、交通向导、事故管理、违法管理及车驾管理系统之间的整合。

交通信息采集系统通过信息交换，将所采集的违法行为传输至信息中心，对接收的数据进行检验、过滤、分类等操作，并结合数据仓库对数据进行有效的挖掘和融合，从而确定交通参与者的违法状况，并对其违法行为进行数据录入，或对交通事故是否发生、发生地点以及处理方案进行分析。

专栏 6　营运车辆交通安全管理信息系统建设

提高营运车辆驾驶人的交通行为安全性，必然需要交通管理部门、运输企业和司乘人员协同参与，共同建立一个有效的机制，实现向“主动的、事先的、预防型”的交通安全管理方式转变。

通过综合利用 GPS 技术、现代网络传输技术、GIS 平台及现代管理信息系统，建立交通管理部门、运输企业和司乘人员三者之间的信息通道，以保证三者之间信息畅通。企业一方面下传管理指令；一方面上传车辆和司乘人员的运营统计信息。管理部门则对营运车辆驾驶人超速、超载、疲劳驾驶等交通违法行为进行监控，一旦发现异常情况，相关信息将及时、自动地上传至交通管理部门并报警。此时，交通管理部门可以通过基于 GIS 平台的监控系统跟踪违法车辆，并通过车载终端向司机发出声、光警告，向司乘人员和企业下传管理指令。若车辆执意违法，则通知前方交警上路拦截执法，从而有效地预防可能发生的安全事故(图 12-2)。

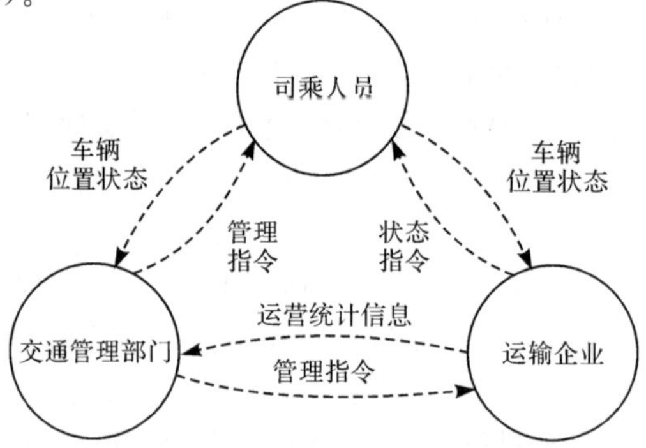

图 12-2　营运车辆交通安全管理信息通道

1. 道路限速数据库

道路限速数据库是判断车辆是否存在超速违法行为，及时提示司乘人员停止超速的基础。如果没有限速数据库，系统只能按照道路的性质或路种的最高限速(如高速公路最高限速为 120km/h)进行超速判定。这与道路的实际限速情况不符合，难以达到保证道路交通安全的目的。

2. 超速判定

超速判定是将车辆的速度与所在道路路段的最高限速进行比较，以发现其是否存在超速违法行为的过程。

它分为超速警告判定和超速违法判定两个阶段。超速警告判定是实时的，即如果发现车辆速度超过路段最高限速，则立即生成超速警告；超速违法判定则检查某一车辆连续发生的警告数量，如果超过了规定的数量，则生成超速违法信息。

3. 疲劳驾驶判定

在道路交通安全法里，车辆连续行驶4h内，必须停车休息20min，否则将被判定为疲劳驾驶。疲劳驾驶判定是将车辆的连续行驶时间和道路交通安全法规定的最长连续驾驶时间进行比较，以发现其是否存在疲劳驾驶违法行为的过程。

疲劳驾驶判定分为两个阶段：疲劳驾驶警告和疲劳驾驶违法判定。疲劳驾驶警告是指检查车辆连续行驶的时间，如果其接近了3.5h，则创建并发送疲劳驾驶警告；而如果达到4h，驾驶人仍未停车休息，则认定其为疲劳驾驶，创建疲劳驾驶违法信息。

4. 超载判定

在客、货车内安装带有摄像头的车载终端，定时拍摄车厢内情况，并上传至交通管理部门。交通管理部门则派专人浏览各个客车车内状况的图片，如果发现超载，则立即向其发送超载违法警告，若其拒不改正，则创建超载违法信息。

3. 建立交通安全信息响应

首先，应将处理的结果通过紧急事件处理系统，通知交警和急救中心等部门及时赶赴现场进行事故清理和伤员救治工作。对经常发生的交通事故，按照其基本特征和常规救援管理措施，根据事故发生的地点和预先设置的救援路径，生成发生事故道路区域的交通组织对策，从而为救援提供最佳路径，为事故地点相关道路交通提供最佳的疏导、控制与管理方案。同时，交通安全管理系统将信息传送到各种信息系统终端，如可变信息板、调频广播电台、车载装置、路侧通信设备、电子图文等媒体，实时地向出行者提供安全相关信息，及时发布交通信息给驾驶人员，并作出提示和预警。此外，还通过各种控制设备，调整交通流速度、密度等动态分布状态特征，以预防事故的发生。

12.3.2 加强信息系统应用

(1) 进一步加强信息系统应用，形成范围更广的信息资源库，构建起全国公安交通管理信息查询系统、省级高速公路违法信息查询系统等信息查询平台。

(2) 建立公安交通管理部门的信息系统与各地方公安局指挥中心的公安信息网的连通，使得本地部门之间、异地之间得以信息共享，实现跨省传递交通违法记录，让异地的交通违法行为同样受到处罚。

（3）将辖区内的机动车、驾驶人、交通流量、路况情况、交通设施、事故多发点与路段、事故隐患点与路段等作为重点，进一步梳理，以体现信息的及时性、灵敏性，确保信息真实可用。同时，将事故处理和机动车、驾驶人属地化管理与信息平台有机地结合起来，使得信息平台成为勤务、车管等业务工作的导向标准。

12.3.3　规范信息化管理制度

（1）制定"电子警察"的证据标准。明确"电子警察"的证据标准，确立"电子警察"的法律地位，同时明确其可作为行政复议与行政诉讼的法律依据。

（2）改进和完善告知制度。借鉴广州、深圳等发达地区的经验，建立以邮寄告知书为主、公告为辅的告知制度。

（3）建立健全的申诉制度。建立"电子警察"交通违法调查室，专门接受当事人提出的申诉，核查"电子警察"摄录资料，做到有错必纠。

（4）制定规范的"电子警察"数据纠正制度。此项制度能有效地预防执法交警随意删改"电子警察"的记录数据，在发现"电子警察"业务的错误数据后，当事人须提出申请，并填写执法数据纠正申请表，经核实和审批后予以纠正。

（5）明确交通技术监控执法主体、交通违法信息的采集、录入与处理程序等。此项制度能有效地防止"套牌车"违法行为损害合法车主的权益。交通技术监控设备采集的交通违法行为信息，应当清晰地反映机动车类型、号牌、外观以及交通违法行为种类、发生时间、地点等特征。同时，应要求监控记录的交通违法行为信息，先与全国道路交通管理信息查询系统中的车型、颜色等车辆外观特征数据进行比对，经比对无误后方可录入计算机系统。

12.3.4　构建信息化保障机制

（1）转变观念，提高认识，树立科学的管理观念。交通管理的重要目标是实现管理的现代化，现代信息技术的运用是交通管理现代化的重要体现，而管理观念的科学化是现代化的重要基础，只有管理观念的科学化才能有效促进管理手段的现代化。

（2）制定道路交通管理信息化建设规划，尤其要加强骨干网络和基层网络的建设，同时要保证实用性与超前性的统一，避免不必要的重复与浪费。

（3）设立一个由政府领导、各相关职能部门参与的交通综合协调机构。该机构的设立目的是实现交通规划、建设、管理的一体化。

（4）对现有的道路交通管理信息网络进行整合与完善，更新设施和设备，提高信息资源的开发利用率与共享率；加强对信息系统硬件设施的建设，置换现有低水平、陈旧的设施，保证信息系统的有效性与准确性；此外，还应加强交通管理信息与其他道路交通信息系统之间的横向联系，尽可能地扩大信息共享的范围。

（5）建立经费保障机制。政府应从社会效益的长远角度考虑，将交通信息网络建设并入基础设施的建设范围，列入每年的财政预算，作为交通设施科技投入的专项经费，为推进交通信息化提供经费保障。

（6）培养引进与道路交通管理信息化相适应的专门人才。依托各类高等院校的专业技术优势，有计划地输送在职技术、管理骨干，从事高级专业知识的学习，培养高级专业人才；同时，引进具有一定学术理论和专业技术经验的工程技术人员，加入公安交通管理队伍，形成交通科技领域的技术和人才优势。

（7）采取措施保障信息化管理安全有效。主要包括两个方面：一是要在发展中不断完善交通安全法律规范；二是采取相应措施以保证信息系统使用时的信息与网络安全。

第13章　交通行为安全性提升设施模块

道路交通设施是交通参与者交通行为的载体。由于交通设施设置的不合理性而导致的道路交通环境与交通参与者之间的不协调,往往是导致交通参与者不安全行为发生的直接或间接原因。

从交通安全的角度上看,道路交通设施除了包含作为道路构成元素的基本部分,还必须具备预防事故的发生、减轻事故损失的功能。道路交通设施通过标志、标线等为交通参与者提供道路交通信息,规范、组织、警示、指导交通的运行,并为交通运行排除干扰、提供视线诱导、增强道路景观、预防事故发生以及减轻事故严重程度。

因此,进一步完善道路交通设施体系,优化交通安全设施设计和施工技术,加快推进安全设施的标准化进程,着力加强安全设施的审计工作,对于改善设施与交通参与者行为之间的协调性,提升全民交通安全行为水平具有重要意义。政府部门应从组织、资金、人力、法规上为道路交通设施的改善提供保障,并致力于道路交通安全应用技术的研究、应用与推广。

13.1　交通安全设施标准化工程

交通事故的发生往往是由于交通环境的突然变化,而交通参与者未能适应其变化。通过推进交通安全设施标准化工程,能引导交通安全设施的设置向着标准化、人性化、规范化的方向发展,从而增强交通参与者对道路交通环境的适应性,并能对变化的环境及时产生反应,进而减少不安全行为和事故的发生频率。

13.1.1　安全设施标准化目标

当前,我国交通工程安全设施的标准体系已基本形成,但还存在着三方面的不足:一是当前的体系基本是围绕产品、方法,在设施建设的标准方面缺乏;二是体系主要是基于高等级的道路建设、生产需求和经验,缺少针对低等级公路的相关标准;三是体系标准还停留在设施标准层面,在应用标准方面存在着明显不足。

为全面推进交通安全设施标准化工程,需要建立一个囊括安全设施设计、施工、验收、质量评价的全方面标准评价体系,并能针对城市道路、高速公路、农村等各类、各等级道路制定相应的标准规范,进而将标准化工作推向实际应用。

13.1.2　安全设施标准化任务

(1) 考虑到我国各地区的社会经济条件、自然环境条件以及交通参与者行为习惯性差异等，建立分区域的交通安全设施标准化体系。

(2) 从道路分级的角度出发，建立与城市道路、城乡结合部道路以及各等级公路相关的交通安全设施标准规范。

(3) 针对特殊车辆，如营运车辆、校车、公交车等，建立基于各类车辆的安全设施标准。

(4) 通过典型示范，逐步推广机制，扩大标准化应用范围。

13.1.3　安全设施标准化内容

1. 高速公路安全设施标准化

2010 年，我国高速公路的事故发生率为 3.34%，直接财产损失达到总损失的 34.10%。其中，高速公路安全设施不规范是事故致因之一。例如，我国高速公路追尾事故占总体事故的 50%左右，而造成追尾事故的重要原因之一在于交通安全设施的不规范，进而导致驾驶人行为不规范，如经常变换车道。因此，高速公路交通安全设施需要进一步标准化。

高速公路设施标准化应从驾驶人驾驶习惯、驾驶心理出发，充分保证设施设置与驾驶行为之间的一致性、协调性，引导驾驶人按规范行驶，减少随意变更车道、超车、超速、疲劳驾驶等不安全行为。

2. 农村公路安全设施标准化

农村公路规模大、覆盖面广，是我国公路网的重要组成部分，其里程占全国公路通车总里程的 3/4 以上。但目前农村公路交通的总体发展水平较低，安全性问题突出，难以适应社会主义新农村的建设发展需要。

农村公路安全设施标准化应结合农村的经济条件、建设条件等，以实用性为主，可在一定程度上降低设施设置标准，但对急弯、长下坡路段、转弯处、穿村路段等潜在危险路段的安全设施必须做到位，需要有清晰的标志、标线、护栏、石墩等防护设施。

3. 城乡结合部道路安全设施标准化

城乡结合部是工业文明与农耕文明的并接结构，是城市化过程中最活跃且矛盾最尖锐的地区。当前，城乡结合部正成为城市发展的直接延伸地带，多种经济产业活动迅速兴起，加之交通流量大、外来人口众多、人们交通安全意识相对薄弱等因素，导致道路存在着严重的安全问题。而且，城乡结合部多为双车道，道路条件复杂，车流混合，机非不分，导致车辆行驶速度的离散程度较高。

基于城乡结合部的道路特征、交通流特性、交通参与者属性等，城乡结合部的道路特征应着重于强化道路超车视距、平面线形、纵断面线形以及平纵线形组合的标准规范，并加强有关机非分离、人非分离等方面的标志、标线设计，尽量减少道路的机非冲突、人非冲突等。

4. 城市道路安全设施标准化

城市道路是城市社会活动、经济活动的纽带和动脉，是城市综合功能的重要组成部分，也是城市建设水平的集中体现。目前，国内的一些城市不注重路网的合理规划，缺乏从全市路网均衡的角度考虑不同等级道路的结构、密度及宽度标准，道路功能未能得到充分发挥，进而导致各种交通流在路网上的分布不均衡，从而造成不少道路的严重拥堵，而由此引发的车流间的摩擦、冲突十分频繁。此外，我国城市目前的交通方式结构极为复杂，各种方式的交通工具在道路的平面交叉口、路段进出口及主要路段等的交通秩序混乱，极易导致交通参与者发生违法、违规等行为。

因此，应加快推进城市道路安全设施标准化，明晰各类道路交通标志、标线的设置，完善各类交通安全设施，合理组织、分隔不同方式的交通流，优化城市道路交通秩序和环境，引导交通参与者行为的规范化、标准化、有序化。

5. 基于车辆的安全设施标准化

基于车辆的安全设施标准化主要是针对安全问题突出的代表性车辆，如营运车辆、校车等，建立相关的安全设施标准。

1) 营运车辆

营运车辆是指从事道路运输经营的车辆，包括出租车、旅游客车、班线客车、客运包车等及道路货物运输经营货车等。营运车辆具有载质(客)量大、运营环境复杂、日运行时间长等特点，这使其比较容易发生交通事故。事故统计数据表明，每年由于营运车辆发生交通事故而导致的死亡人数，占交通事故总死亡人数的1/4，且每年发生的20余起特大事故均与营运车辆有关。

从交通安全设施的标准化出发，建立有关营运车辆的安全设施标准，并用于指导营运车辆的安全设施安装，以保障车辆的用车安全性。营运车辆的安全设施标准体系主要包括有利于车辆主动避免危险的主动安全性设施和在事故中能帮助减轻人员伤害和货物损失的被动安全性设施。

在主动安全性设施方面，主要是通过在营运车辆上标示明显的限速标志、反光标志等，将速度限制标准化、透明化及反光设施明晰化，从而规范营运驾驶人的驾驶行为，保证有序和安全地行车，并逐步将牵引力控制系统（traction control system，TCS）、电子稳定程序（electronic stability program，ESP）、电动助力转向系统（electronic power steering，EPS）和车距报警装置等纳入营运车辆的设施体系中。在被动安全性设施方面，主要是将汽车自适应安全带、安全气囊、安全座椅、车体结构改进技术等引入营运车辆的标准化安全设施中，以充分保障营运车辆驾驶人的行车安全。

2）校车

校车安全问题已成为社会关注的问题之一。校车的产生主要有以下几个方面的原因：一是在城市化进程逐渐加快的过程中，学校布局变化和城市公共交通系统网络覆盖跟不上城市化进程，从而导致学生的求学距离增加；二是在教育事业发展中，出现的学校布局调整使得部分学生的求学距离增加；三是由城市化进程加快而引发的大量流动人口的受教育问题，然而大多数流动人口学校为节约成本而将校址选在较为偏僻的地方。

我国尚未建立校车安全设施标准化体系，缺少将校车区别于其他类型车辆安全级别的安全性设施，如将校车统一以鲜亮的颜色与其他车辆区分、通过标志、标线等保障校车的优先路权等。

专栏7　美国标准化校车安全设施介绍

校车颜色及反光标志：美国的校车按规定统一涂成鲜明的黄色，同时要求车辆边缘贴上反光标志，以便其他驾驶人能在光线差或天气状况不好时，清楚地分辨校车的长、宽、高等基本尺寸，进而作出正确的判断和操作。在紧急出口四周，也必须贴上黄白或红色反光标志，以方便营救人员在校车发生紧急情况时迅速找到紧急出口的位置。

警示灯及后视镜：在校车前后各安装4个警示灯，以警告其他车辆应立即停车[图13-1(a)]。后视镜是超广角的，在很大程度上提高了驾驶人的可视范围，以避免意外的发生[图13-1(b)]。

停车指示牌：停车指示牌双面用白色大写字母标上停车字样[图13-1(c)]，且不得小于45cm。停车指示牌可以自动收回，且上面必须有闪烁的红色灯光。停车指示牌被安置在车头左侧下方，当展开时，其他一切车辆和行人必须停止，以保障学生上下车的安全。

校车强度：校车顶部要求有足够的强度，目的是减少校车在翻滚事故中，由于顶部塌陷而导致的学生伤亡。校车车身四周加装了防撞钢梁[图13-1(d)]，目的是减少碰撞事故中由于车身板件撕裂而导致的学生伤亡。

紧急出口：每辆校车必须设置紧急窗口[图13-1(e)]，紧急窗口数根据车内座位数而定。紧急出口安装了控制机构，当紧急出口被锁死时，车辆发动机将无法启动；若在发动机启动后，紧急出口没被关好，警报器也会发出警报声，以保证紧急出口未被锁死；在发生事故后，乘员可从紧急出口逃生。

座椅及碰撞保护装置：校车乘员座椅系统、约束栅栏和碰撞区域均有相应的规定[图 13-1(f)]，以防止在发生事故和突然加速时，乘员撞击到车内结构而产生的伤亡。而且，座椅一般采用较厚的衬垫和较高的靠背，并配有安全带，以提高被动安全性。

(a) 警示灯　(b) 后视镜　(c) 停车指示牌

(d) 防撞钢梁　(e) 紧急出口　(f) 座椅及碰撞保护装置

图 13-1　美国标准化校车安全设施示意图

13.2　交通安全设施建设工程

13.2.1　安全设施建设工程目标

基于交通参与者心理、生理特性，优化道路交通设施，合理设置交通安全设施，以限制、警告和诱导交通参与者的行为，从而有效地减少交通参与者违法行为的发生。

13.2.2　安全设施建设工程任务

(1) 研究道路条件、道路交通安全设施类型与设置方式对交通参与者行为的影响,并据此以优化、完善相关的道路交通设施。

(2) 形成从规划、设计、施工到养护管理的交通安全设施相关工作组织体系。

(3) 引进国内外比较先进的和前沿的交通安全设施,提出适合我国道路特点的交通安全设施设计、安装、使用、维护和推广方案。

13.2.3　我国交通安全设施存在的问题

目前,我国的道路安全设施应用还存在着众多不合理的方面,这些方面贯穿于安全设施应用的不同阶段。具体来说,主要存在以下几个方面的问题:

(1) 规划方面。道路网交通安全设施规格还没有形成系统的方法,在规划时交通安全设施系统与其他系统之间的协调不足,对规划方案的安全性评价方面考虑也有所欠缺。

(2) 设计方面。由于缺少系统的设计软件,安全设施设计以人为主观因素和个人设计经验为主,且在设置时将安全放在次要位置,这虽与规范不相背离,却遗留了一些安全隐患。

(3) 施工方面。安全设施施工往往是在路面施工接近结束时,且施工验收只注重路面结构,而缺少对设施设置合理性的检验和质量检测。

(4) 养护管理。安全设施的养护管理不到位,通常出现在很长一段时间里设施得不到有效维护、修理等现象,致使道路安全隐患较大。

13.2.4　国内安全设施改进设计

以减速带为例,介绍我国交通安全设施的改进设计。减速带主要用于速度控制,目前我国很多地区的公路管理部门和维护单位已开始大量使用减速带对通行车速进行强制控制。例如,在高等级公路的特殊路段、收费通道、城镇路口、工矿企业、学校、医院、宾馆、住宅小区出入口等地点均已设置了减速带,也取得了预防交通事故的良好效果。

1. 减速带设置现状缺陷

根据实际调查和分析,我国的减速带设置主要存在以下三个方面的缺陷,使得减速带在有效预防交通事故的同时,也带来了一些负面效应。

1) 缺乏“人性化”设置

我国普遍使用的减速带以橡胶减速带和混凝土减速带为主,减速带宽度为35cm左右,高度在30～100mm,长度以路宽为准。这样的减速带存在过长、过宽、过高等问题，容易导致车辆受损，也严重影响了乘客的舒适性。此外，为了避开减速带的颠簸，骑车者往往选择减速带与路肩之间的空隙驶过，这容易造成在上下班等行人高峰期的交通拥挤以及自行车相撞的现象。

图 13-2 小区减速带设置不合理

2) 设置不科学

交通设施、交通标志设置的国家标准还没有对减速带设置进行规范化的规定，致使一些路段的减速带并没有设置方案，而是随意择地安装。尤其是在城市道路上，减速带的任意设置给城市交通的安全、舒适、快捷等方面，都带来了不良影响(图 13-2)。减速带的设置缺乏针对性、系统性、配套性，扰乱了行车车流的秩序，进一步降低了路段的交通安全。

3) 噪声污染严重

车辆通过减速丘、减速带时，若来不及减速，轮胎将在通过减速丘、减速带时发出噪声，且噪声随着车速的增加而增大。尤其是大货车通过时，发出的声响更加明显，容易造成噪声污染。

2. 减速带改进设置方案可行性分析

针对原有的减速带进行改进，将减速带分割成多个子单元，在子单元间留有通道，并在路段内进行多道布设。新型减速带除了可以解决由反复碰撞引发的诸多问题，还具有如下优点：

(1) 对车辆起到强制减速的作用，预防交通事故的发生。对小轿车而言，只要减速慢行就能顺利舒适通行，且在通过时产生很小的机械振动，从而降低了城市区域内的噪声污染。而对于摩托车、自行车而言，则带来了方便，无需绕道即可从减速带间的空隙穿行而过。

(2) 使强制减速措施更富有人性化。按照新方法布设的减速带，可以使遵守交通规则而主动降低车速的车辆，从单元间通道内平稳通过；而违规超速车辆将撞击减速带，产生剧烈持续的振动，从而导致强制减速。两种截然不同的通过方式供驾驶人自由选择，从而引导驾驶人选择以低速平稳的方式通过限速路段。

(3) 在对长下坡路段的上行车辆速度进行控制时，可使其平稳地通过新型减速带。

(4) 赋予减速量的可设计性。按照新的布置方法，可根据各路段的具体需要，通过调整减速带子单元之间的间隙对减速量进行设计。

(5) 使车辆在控速路段内保持均匀低速行驶。

(6) 减速带是在原来基础上进行改进的，没有给相关单位带来额外的经济负担，具体的实施方便可行。

按照新方法布设减速带具有造价低、布设简便、美观而不生硬等一系列优点，有着较大的推广应用价值。目前，这种减速带已经在多个地区开始实施应用，并收到了良好的效果，实例如图 13-3 所示。

图 13-3　改进后的减速带

13.2.5　国内安全设施创新设计

1. 立体斑马线介绍

普通人行过街横道为白色平行粗实线（又称为斑马线），既标示一定条件下准许行人横穿道路的路径，又警示机动车驾驶人注意行人及非机动车过街。一般情况下，人行横道线与道路中心线垂直。即使是在特殊情况下，其条纹与中心线的夹角也不宜小于 60°（或大于 120°），如图 13-4、图 13-5 所示。

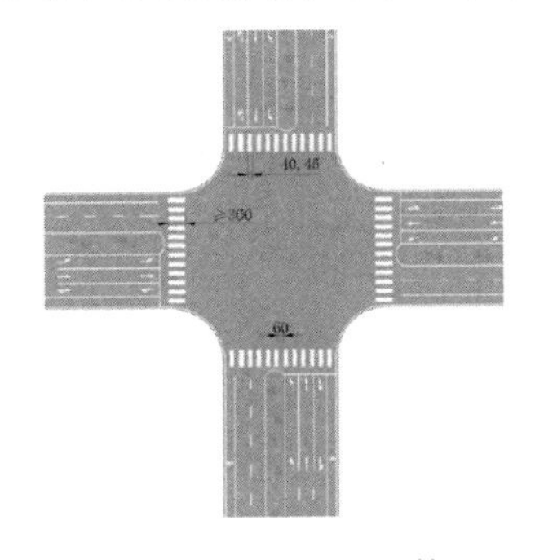

图 13-4　交叉口整体

图 13-5　交叉口斑马线

立体斑马线比普通斑马线多了两种颜色，即在原有白色斑马线的一端加入黄色斜面，在一侧增加蓝色或红色阴影。通过三色视觉原理，使得斑马线产生立体效果（图 13-6 和图 13-7）。这样，无论是从远处看还是从近处看，横着看还是竖着看，这些三色线段，形成一根根立体的柱子，摆在路面上，很是醒目。

图 13-6　立体斑马线 a

图 13-7　立体斑马线 b

立体斑马线充分利用了人们对立体障碍物的感知，这种影响对司机和对行人都有效。对行人而言，受对障碍物或高低感的恐惧，立体斑马线给行人造成了心理上的负担，促使其更为谨慎地横穿马路。对司机而言，立体斑马线对司机在较远处即可产生视觉干扰，促使其主动减低车速，进而有效地预防斑马线上的交通事故。此外，反光标线上还嵌有玻璃珠，依靠玻璃珠的反光性，提高夜间行车的视认性。

2. 立体斑马线推广与评价

目前，立体斑马线仅在广州、浙江、上海等省市的部分路段施划，还没有在全国范围内进行推广。立体斑马线对交通安全的提升效果，必须经过一段时间的使用后再进行评价，进而综合其经济投入、实际效果、市民反馈等各方面因素，不断地对其进行改进，才能最终满足交通使用者的需要。

评价立体斑马线的使用效果，最直接的方法就是统计其事故率。可以通过选择固定周期（如一个月或一个季度），统计对比在这一个周期内，施划立体斑马线前后该人行过街横道处的事故数。与此同时，还可以辅之以问卷调查，以采用路边询问或家访的方式，调查市民对该形式斑马线的使用意见和相关改进建议。此后，根据调查结果和市民的反馈建议，对斑马线进行进一步的设计改进。最后，综合该地区的经济情况和交通状况，考虑是否进行大规模推广。

13.2.6　国外先进安全设施引进

1. 隆声带介绍

隆声带是纵向地铺设于车行道上的设施，它是由连续的凹型或凸型组成，意图通过振荡和声音提醒疏忽的司机行车超出车行道。隆声带一般用于高速公路的路肩上，也使用于中央分隔线和车道外路肩上。

使用隆声带的一个基本目的是减少单一车辆冲出道路的事故率，同时保护非机动车和行人的安全。近年来，美国许多州的交通协会和道路收费当局都使用和评估了路肩隆声带对减少冲出道路的事故的作用，特别是针对乡村州际高速公路和收费设施。评估结果表明，道路隆声带的合理使用将大大减少单一车辆冲出道路的事故。

2. 隆声带与交通安全

隆声带具有防止驾驶人在行驶过程中发生的注意力分散、打瞌睡等行为的作用。车辆在隆声带上行驶时，可以使车内噪声从 75dB 左右提升到 90dB 左右，驾驶座和车厢前地板振动也会增加 4～7 倍，从而对驾驶人起到明显的警示作用。

而且，车辆行驶在隆声带上行驶时，不会震坏车子，也不会出现方向打不好的情况。

隆声带的附加效果是在司机驶入路肩时，保护可能的路边停车者、非机动车、行人或高速公路施工人员。此外，隆声带也可以在恶劣气候给边缘线定位，并在能见度差或有限的情况下，帮助司机保持在行车道的位置上。

3. 隆声带分类

根据设置方式，隆声带可以分为压制隆声带、成型隆声带、铣刨式隆声带和突起隆声带四种类型(图 13-8～图 13-11)。从国外的实际应用情况上看，铣刨式隆声带在警示效果、应用性等方面存在着明显优越性，逐渐成为隆声带的主流产品。

图 13-8　压制隆声带

图 13-9　成型隆声带

图 13-10　铣刨式隆声带

图 13-11　突起隆声带

4. 隆声带位置

隆声带位置如图 13-12～图 13-14 所示。

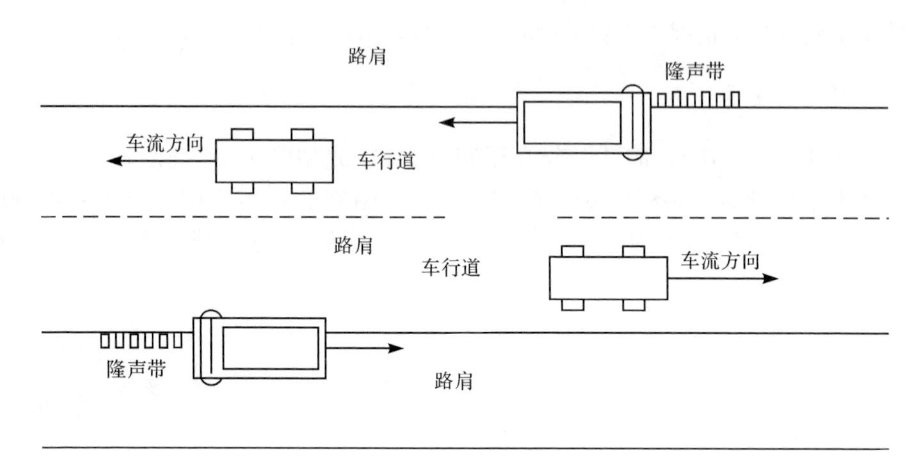

图 13-12　隆声带位置

图 13-13　路肩外侧隆声带

图 13-14　路肩内侧隆声带

在重型车辆较多的地区,行车道外的路肩隆声带也可以设置在距离边缘线外 400mm、垂直于行车道的位置,从而给非机动车留出更大的行驶空间。当宽度低于 300mm 时,隆声带宽度小于车轮宽度,可能会造成“凹陷搭桥”,从而减少车辆碾压隆声带的震荡感。因此,在路肩较窄的地区及事故高发路段,适合使用小于 300mm 宽的路肩隆声带。此外,在加速或减速道上也可以使用隆声带。但路肩隆声带一般不适用于斜坡,除非在出口坡道急转弯的地方需要提醒司机注意。

13.3　交通安全设施完善保障体系

13.3.1　健全体制，为道路交通安全设施建设提供体制保障

预防交通事故和道路交通安全设施建设的实践表明，创新道路交通安全设施管理体制，关键是保证公安交通管理部门切实有效地行使职能，实现其在道路交通安全设施建设管理工作中的主导作用。这要求以创造良好的道路交通环境为目标，预防和减少交通事故，求真务实，保证创新体制举措的实施创造条件，使得道路交通安全设施建设切实得到加强。其中，重点应做好以下三方面的工作：

一是公安交通管理部门参与全国及地方的道路交通规划、制定道路交通管理政策等主要工作，为道路交通安全设施建设管理工作打下基础。

二是建立全国、省和直辖市、地级以上城市的三级一体化道路交通安全设施管理体制。在这个体制中，公安交通管理部门应根据道路交通规划，制定全国及地方的道路交通安全设施发展规划、总体方案，组织制定道路交通安全设施建设管理标准，并根据道路交通组织要求，具体实施道路交通安全设施建设管理工作。

三是建立道路交通安全设施建设管理资金保障机制。由公安交通管理部门会同有关建设管理部门，研究制定道路工程配套交通安全设施项目的投资标准，道路工程建设部门和投资单位依据投资标准保障道路工程配套交通安全设施的建设资金。

13.3.2　健全法制，为道路交通安全设施建设提供法制保障

随着国民经济建设的迅速发展，需要不断地完善道路交通安全设施建设管理标准，以适应道路交通体系的发展要求。完善标准，要根据交通工程学理论要求，促进道路交通安全设施人性化；要根据交通规划要求，促进道路交通安全设施规范化；要根据公安交通管理发展需要，促进道路交通安全设施科学化，增强道路交通安全设施的科技含量；要根据道路景观要求，促进道路交通安全设施景观化。此外，完善标准还要不断拓展道路交通安全设施体系，淘汰落后的道路交通安全设施产品、生产工艺，以不断提升标准水平。

交通安全管理部门应基于不断提升的交通安全设施设计标准，制定行之有效的法律法规，规范设计人员和施工人员的行为。《道路交通安全法》明确县级以上公安机关交通管理部门负责本行政区域的道路交通安全管理工作。为担负起国家法律赋予的重大责任，公安交通管理部门需要运用道路交通安全设施，实施道路交通安全管理，以预防交通事故。由于道路交通安全设施建设管理主体的不统一，在实际工作中，公安交通管理部门难以有效地运用道路交通安全设施开展道

路交通安全管理工作,也难以把道路交通安全管理责任担负起来。因此,本书建议根据道路交通安全法立法精神和指导思想,国务院、省和直辖市研究完善或制定全国和地方政府有关条例、规定和办法,将道路交通安全设施建设管理主体统一于公安交通管理部门,建立一体化的道路交通安全设施管理体制,并明确相关部门的工作责任。

13.3.3 丰富投资模式,为道路交通安全设施建设提供经济保障

交通安全设施的公共性决定了其供给应由政府提供,从而使得政府组织交通基础设施的供给、投资和经营成为一种传统或职责,这通常表现为由政府直接承担交通基础设施的投资。然而,由于社会经济的快速发展,对交通安全设施的要求越来越高,而交通安全设施的建设也对推动社会经济的快速发展起着先行的作用。面对日益增长的、越来越巨大的交通安全设施投资需求,国家财政难以全额负担,必须寻求民间资金投资于交通基础设施项目。因此,交通安全设施这种由政府单一供给的模式,为政府与市场相结合的多元供给模式所替代是必然选择。从现实看,根据不同交通安全设施的经济特性,可采用以下供给模式。

1) 政府直接投资模式

这是最传统的方式,其优点在于:①政府直接投资主要是以社会效益为主,有利于满足社会整体利益;②政府直接投资的资金一般来源于税收,资金的数量限制较少;③消费不受限制,有利于项目潜在效用的充分实现。

在不发达地区的道路和交通安全设施建设中,应以政府直接投资模式为主,这是因为在不发达地区的道路设施建设,很难争取到民间投资。由于交通安全设施的投资建设对地区经济具有重要的推动作用和拉动作用,因此从不发达地区的社会经济发展来考虑,政府承担交通安全设施直接投资建设的责任具有重要意义。它不仅改善了地区的交通条件,而且还能起到投资的引导作用。

2) 政府投资,由法人团体经营的运作模式

这种模式的主要优点在于:①政府投资,交由法人团体按商业化原则经营,这一方面可以保留政府直接投资的某些优势,另一方面又可以使政府从繁杂的具体经营活动中解脱出来,有利于提高项目的效率和效益;②政府拥有最终的决策权,因而当其确定具体目标后,便可交给法人团体实施。而法人团体拥有较大的自主权,其责任明确,成本效益透明度高,服务质量好。因此,这种模式一般较政府直接投资模式的效率和效益要高。

3) 政府与民间共同投资模式

对于具有明显的外部性、投资盈利较低或风险较大的项目,可以采取政府与民间共同投资的方式,政府投资起着引导民间投资的作用。例如,可以采取投资参股、无偿捐赠、提供优惠借款或低价减免税收等方式建设道路安全设施。此外,

这类安全设施的收费可以完全由市场供求关系和竞争状况决定。

13.3.4　深化认识，推进交通安全设施建设

在道路交通安全设施建设组织实施上深化认识，就是要结合本地实际，不断创新道路交通安全设施建设管理工作思路，切实有效地推进道路交通安全设施建设。道路交通安全设施建设涉及的建设管理部门和单位众多，组织实施建设工作需要理清各方面的工作关系，加强各环节的协调。

道路交通安全设施建设属于工程建设，其组织实施要遵从工程建设规律和相关法律法规。一方面，应按照道路工程配套交通安全设施项目建设方式进行组织实施，抓好规划设计、工程前期、工程施工、工程验收等环节。道路交通安全设施规划设计环节要进入道路规划设计阶段，与之相互密切结合，保证道路交通安全设施设置方案的有效性；工程前期工作要保证道路交通安全设施设置方案的顺利实施，协调道路工程的相关单位，落实好道路交通安全设施的设置点位、通信管线、设备电源等基础设施建设，合理安排工程施工进度，保证交通安全设施项目建设资金及时到位；公安交管部门要加强道路交通安全设施安装制作企业资质管理，加强交通安全设施项目施工质量监管，保证道路交通安全设施设置方案的全面落实。此外，道路工程配套交通安全设施项目建设，要做到与道路工程同规划、同施工、同验收。

另一方面，应按照道路交通安全设施体系组织实施，抓好本地区道路交通安全设施体系的研究论证工作，努力将道路交通安全设施体系建设纳入本地区的道路交通规划，实现道路交通安全设施建设项目化。

第 14 章 “十三五”全民交通行为安全性水平提升实施策略

本书自第 9 章起从五个方面提出提升全民交通行为安全性对策。为了更好地与全民交通行为安全性提升对策相衔接，指导近期工作，提出“十三五”实施纲要如图 14-1 所示。

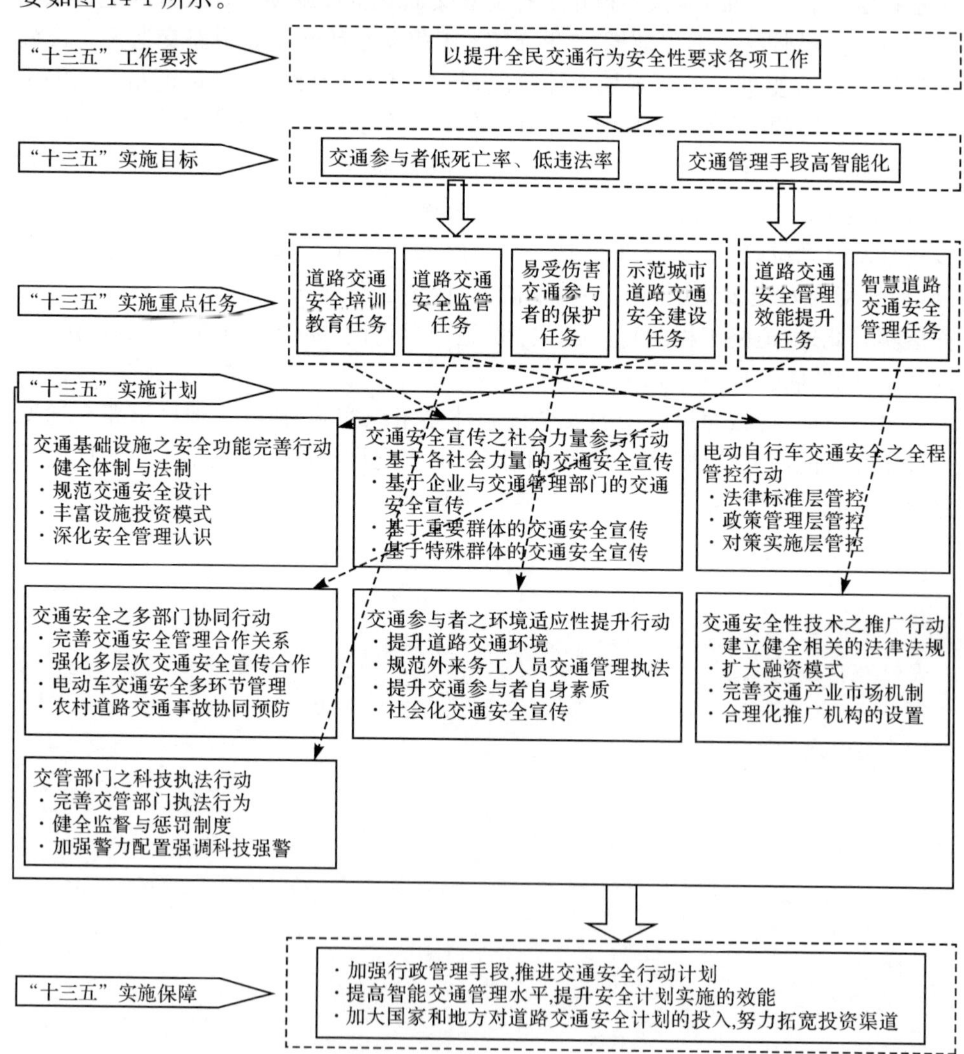

图 14-1　全民交通参与者安全性水平提升实施纲要

14.1 “十三五”面临的新形势和要求

14.1.1 社会经济转型发展要求道路交通安全建设成为重要着力点

在过去五年里，我国经济快速发展，2014 年的 GDP 突破了 10 万亿美元，达到了 7.5%的高增长率。这种快步伐的经济建设体现在各个行业，在道路交通领域表现尤为突出。2014 年，我国公路总里程突破 450 万公里，其中，“十二五”期间新增 66.3 万公里；高速公路达到 10.8 万公里，与“十一五”末相比几乎翻了一番。快速的经济增长带来了不少负面影响，其中最受关注的是安全生产问题，在交通生产领域发生了几起特大事故，如温州动车事故。为了提高各行各业的安全性生产能力，我国有意在新时期实现经济的软着陆，完成经济高速增长到健康发展的转型。在新的转型阶段，交通作为国民经济的基础产业，其健康有序的发展对于我国经济的成功转型有着巨大的推动作用。细看交通建设与发展，人们在追求提高交通效率的同时，交通安全建设也越来越得到重视，这不仅仅是因为人们越来越注重社会生活中的安全因素，也是交通行业发展的一个必然结果。新的经济发展阶段更是对道路交通安全建设提出了更高的要求，使得道路交通安全建设成为一个重要的着力点。

14.1.2 社会的安全性生产指标要求不断提升交通参与者的安全性水平

社会生产经过了高速发展期后，对生产的安全性提出了更高的要求。国家以社会安全指数来作为小康社会建设水平的一个重要衡量指标，它是衡量一个国家或地区构成社会安全四个基本方面的综合性指数，包括社会治安(用每万人刑事犯罪率衡量)、交通安全(用每百万人交通事故死亡率衡量)、生活安全(用每百万人火灾事故死亡率衡量)和生产安全(用每百万人工伤事故死亡率衡量)。由此可见，交通安全是社会生产过程中不能忽视的指标，只有保证这一指标的达标，才能给社会安全生产提供基本条件。为了提高交通运输安全性，需要将交通安全指标的任务落实到每个交通参与者，即提高每个出行者自身的安全性水平，共同努力以减少交通安全事故，促使交通运输不断地实现安全性生产。

14.1.3 交通流量快速增长要求加强道路交通安全综合治理技术的发展

交通与经济的发展是相辅相成的，就算采用最健康的增长方式实现社会经济的发展，也不可避免地导致一定程度的交通流量增长。至“十二五”末，我国民用汽车保有量将突破 2 亿辆，城市公共交通出行总量接近 1 千亿。从这些庞大的机动车发展和公交出行数据看出，交通出行流量必将日益增多。在交通流量快速增长的背景下，如何保证高指标的道路交通安全是必须长期面对的一个问题。尤其是对于城市交通，过多的交通流量导致的交通拥挤已经成为制约交通安全的一个瓶颈因素，要更好地处理这些问题，就要求必须加强道路交通安全综合治理技术的发展。

14.1.4 交通参与者违法普遍性要求增强交通安全干预制定和执行力度

交通参与者违法行为导致的交通事故日益增多，不管是机动车驾驶人违法行驶导致的，还是非机动车的违规行驶带来的，都引起了公众的广泛关注，并造成了一定的社会影响。机动车驾驶人的违法行为往往是事故的主因，同时非机动车的违法行为也是事故的一大促成因素。从 2009 年道路交通事故的统计数据上看，由于机动车违法导致的交通事故数约占当年所有交通事故的 90.86%，而与自行车驾驶人违法相关的事故占全国道路交通事故总数的 30%左右。交通参与者违法行为的频频曝光导致公众的社会生活安全感下降，这就迫切地要求对于交通参与者，尤其是机动车驾驶人的违法现象严重的问题，应尽快地采取有效的遏止干预措施。

14.1.5 驾驶人的不良驾驶行为要求不断完善交通安全教育培训机制

随着社会经济的发展，车辆的快速普及，驾驶人的人员组成更加复杂，不同职业、年龄、性格的驾驶人会把不同的驾驶习惯带到道路上来。此时，如果在驾驶人教育培训这一环节不做好把关工作，将直接导致道路组织管理的难度加大，从而引发更多的交通事故。在由机动车驾驶人违法行为导致的交通事故中，超速行驶、不按规定让行、无证驾驶、逆行、酒后驾车、违法占道行驶等行为成了机动车交通事故发生的主要原因。这些违法行为直接反映出机动车驾驶人的安全意识和自身素质亟待提高的现状，同时也间接地体现出国家在机动车安全检查、标准建设和道路交通管理(尤其是路权管理)等方面的不足。因此，面对车辆快速普及这一新形势，必须要重视和强化交通安全教育培训机制的建设。

14.1.6 交通安全设施的缺乏要求改善城市道路交通工程安全基础设施

当前，我国的道路状况和交通工具总体安全技术水平尚低，主要表现为低级公路的交通安全设施缺乏、交通标志线和交通控制设施不完善等。我国高速公路建设经过一个快速增长期，高速公路网逐步完善，但随之凸显出来的交通安全设施欠缺问题也急需解决。相较于发达国家的高速公路，国内高速公路的安全性还有很大的提升空间。很多地区，尤其是中小型城市的城市道路，还存在着交通安全设施设置混乱、缺乏科学性等一系列问题。在新时期，应当提倡发展城市道路标志、标线的完善、智能交通诱导技术的应用、交通监控平台的开发等有助于道路交通工程安全建设的设施和设备,为交通参与者提供一个安全的道路出行环境。

14.2 "十三五"发展思路和目标

14.2.1 指导思想

围绕着科学发展这个主题,以加快转变经济发展方式为主线,按照"政府领导,部门协作,综合治理,科学规划,安全发展"的总体要求,安排全民交通安全意识提升工作,建成道路交通安全的和谐社会。

14.2.2 基本原则

1) 全民交通安全普遍性原则

全民交通安全应逐渐成为一种社会文化,即成为全社会都能接受的意识。它要求全民交通安全能被全社会认同,且具有可执行力。

2) 全民交通安全理念的社会公平性原则

在全民交通安全理念中,应体现路权观念,致力于保护所有的交通参与者,以充分体现社会公平。

3) 全民交通安全意识提升的统筹性原则

全民交通安全意识的提升问题是一个涉及多部门的复杂系统工程。它包含人、车、路、环境等多方面因素的动态变化、相互作用和相互影响,在制定意识提升目标时,应给予统筹考虑。

4) 交通安全事故的预防性原则

通过采取必要的交通环境改进干预措施,可以有效地避免和减少道路交通事故的发生。因此,有必要从道路安全设施建设角度出发,尽可能地防范道路交通安全事故的发生,以减少人员伤亡。

5) 全民交通安全意识提升的因地制宜原则

我国幅员广阔,不同地区的经济社会差异较大,道路条件千差万别。因此,不仅应在国家层面制定全民交通安全意识的提升目标,也应制定适合各地自身条件的相应目标和规划。

14.2.3 实施目标

总体目标:从完善的法规体系、健全的监督管理、有效的教育培训、智能的管理平台四个方面入手,完善全民交通安全行动计划,力争使道路交通达到"工作机制健全、道路交通基础设施完善、道路交通有序畅通、管理执法水平提高、交通参与者守法意识增强"的程度,促进人、车、路的协调发展。

具体目标:实现道路交通参与者低死亡率、低违法率,交通安全管理手段高智能化的最终目标。为了实现这样一个目标,提出"6 大任务,7 大行动计划"。

14.3 "十三五"发展重点任务

14.3.1 道路交通安全培训教育任务

积极开展对公众的交通安全培训教育工作,可采取活泼、多样的形式,将交通安全的宣传教育渗透到社会工作中去。此外,对于驾驶人的培训,更需要注重安全教育这一环节,要在源头上做好交通安全知识的普及工作。具体的教育工作可以分为两部分进行:一部分是在驾驶证获得测试中着重强调交通安全教育;另一部分是制定针对已获取驾照的驾驶人的安全教育工作,以针对驾驶人随着年龄增长而出现的驾驶习惯改变的现象。

1) 任务要点 1:测试前的学习

以鼓励学员考试前,在最大的安全条件下进行驾驶实践为目的。交通管理者考虑并提出若干种可供选择的学习与培训课程,并制定学员和教练员的最低准入条件。

2) 任务要点 2:测试中的评估

驾驶人考试将不仅仅局限于交通法规和驾驶技能考核。交通管理者需要进一步推广考核的范围,从两个方面对驾驶证申请者进行评估:一是交通安全意识(危险感知)和意外发生时的控制意识;二是交通安全相关行为和意外发生时的行为。

3) 任务要点 3:测试后的培训

关于非职业驾驶人的后培训,应该协同交通车辆管理所等部门进行联合检查,保证非职业驾驶人的驾驶安全。这个方面的政策制定与实行时,要在充分考虑非职业驾驶人出行权利的基础上,做好非职业驾驶人驾驶倾向性方面的检测。

14.3.2 道路交通安全监管任务

组织和完善道路交通安全监管机构,明确各机构的监管职责,进一步完善道路交通安全监督管理体系。完善相关的法制建设,对违法、违规的行为有细致具体的统一规定,避免监管工作混乱。提高技术水平,以强化监管手段,充分利用交通信息技术对道路实施实时监管,加强对道路流量的监测,实现即时制定对策。

1) 任务要点 1:形成监管体系

力争在 2015～2020 年,建立起较为完善的道路交通安全监管体系,基本形成规范完善的道路交通安全法治秩序，人、车、路协调发展，交通安全步入良性循环的轨道。

2）任务要点2：完善监管制度

贯彻国家道路交通安全的相关法律、法规和方针、政策，研究行政区域级道路交通安全监管制度。

3）任务要点3：提高监管技术

利用先进的网络监控技术和后台数据分析技术，监控道路交通情况，对监控数据进行提取分析，并建立一个综合监控平台，推动道路交通安全监管技术的发展，以服务于道路交通安全监控与管理需求。

14.3.3 易受伤害交通参与者的保护任务

出台针对交通弱势群体安全的保护法规，保障行人、非机动车的出行利益。在危险区域，应设计修建行人盲道等安全管理设施，维护特殊人群的交通参与权利，保护他们的人身安全。城市干道应全面覆盖机非分离设施，防止机动车进入非机动车道，对路边非机动车驾驶人造成伤害。

1）任务要点1：摩托车驾驶人

提高摩托车驾驶人安全保障水平需要一系列的政策干预，主要包括：①通过其他交通参与者来影响、提高摩托车驾驶人的交通安全意识；②鼓励提高摩托车驾驶人安全水平的研究和技术进步，并进一步提高现有道路基础设施的容错性，如更安全的护栏；③鼓励各省市在超速、醉酒驾驶、不使用头盔、伪造及不使用车辆驾驶证等方面加强执法。

2）任务要点2：电动自行车驾驶人

对于电动自行车驾驶人而言，交通安全风险仍然存在。各省市地区需要继续增加投资，以提高电动自行车骑行者的安全保障水平。而更进一步的干预是对非机动车安全性水平作出评估，如提高视野、速度管理、为非机动车交通提供更多的道路基础设施、混合交通分离等。此类政策干预主要与城市管理有关，因此相应的战略行动应主要在地区层面开展。

3）任务要点3：行人

行人尤其是老年人、残疾人，应该成为交通安全计划的保护对象，并在相应政策法规、规划设计中加以体现。

14.3.4 示范城市道路交通安全建设任务

制定交通安全建设示范城市考核标准，积极开展先进示范城市的建设工作，做到高要求、高标准，并能够在全国范围内起到示范作用。

1）任务要点1：示范项目筛选

典型的道路安全示范项目应不仅能维护城市交通的运营安全，而且可以得到广泛推广，从而为其他硬件设施相似的城市提供案例参考。交通安全管理者和技术者应从环境经济和效益的综合角度出发，共同参与决策，通过层层筛选，获取典型的示范项目，并加以执行应用。

2）任务要点2：示范城市的设施保障

基础设施为交通安全管理提供可实施平台，完善的基础设施平台是示范城市必须具备的条件。示范城市应该将道路建设水平、资金保障力度、执法队伍建设规模与技术等作为基础设施指标，这也是衡量示范城市全民交通意识提升情况的基础性条件。

3）任务要点3：示范城市交通安全管理的智能化

示范城市在智能化交通安全管理技术方面应该起到带头作用，同时起到一个试验作用，以便分析交通安全智能管理技术引入其他城市的可行性。为了体现智能化管理的科学性与普及性，管理覆盖范围至少确定为城区面积的50%。

14.3.5 道路交通安全管理效能提升任务

应从交通参与者、道路基础设施等多方面入手，系统地提升道路安全管理效能。交通参与者是运输系统中最基本的组成部分，提升管理效能应首先从针对交通参与者的工作抓起，加强交通安全宣传手段，增强公众交通安全意识，从根本上减少安全管理工作的负担，提升管理效能。对于城市道路，要着重做好两方面的工作：一方面应积极发展智能管理，利用通信技术实施道路智能监控，使得安全管理更为精确高效；另一方面，应完善已有的道路设施，保证交通标线、标志等设置的科学化，从而减少由之带来的安全隐患。目前，国内对于农村道路的安全管理比较缺失，应着重完善基础硬件设施的建设，组织合理有效的管理队伍，加强村与村之间的管理信息联系，实现农村交通安全管理网络化。

1）任务要点1：加强交通安全执法效能

在新形势下，应如何提高执法的有效性、提升交通参与者的安全意识、改善警民关系、进而推动交通安全执法工作、维护好城市的交通秩序，是考验交通安全执法效能有力与否的关键。这个问题是一个涉及多方面的复杂系统问题，需要从多层次、多角度进行考虑和解决。

2）任务要点2：加强交通安全信息交换与共享

以促进道路交通安全数据的充分交换与共享为目标，制定并实施交通安全的管理干预，提高道路交通安全管理效率。

3）任务要点3：明晰各种交通安全管理的针对群体

不同的交通安全管理干预对不同交通参与者群体有着不同的管理效果，需要通过区别实施，才能从整体上提高管理效能。对于学校、社区、企业以及各种组织交通参与者等不同群体，应注重其出行特性，从而提出有针对性的管理方法。

14.3.6 智能道路交通安全管理任务

着重发展交通信息采集技术和交通信息服务系统，交通信息的采集应涵盖交通流量、路况、交通气象、道路施工、交通管制、出行提示等多个方面，并利用高效的信息采集和服务系统实现道路动态交通诱导。

1）任务要点1：协同提高交通安全管理软硬设施水平

提高智能交通安全管理水平，应从两方面共同入手，即协同提高安全管理硬件平台和管理组织水平。

2）任务要点2：科学改良交警执法装备

提高交警执法装备的科技含量，有助于真正地落实公平执法。GPS定位的数字对讲机、流动执法车、红外线型酒精测试仪、移动警务通PDA等设备均已投入市场生产，交警部门可购置部分作为执法辅助装备，提高执法取证的科学性。

3）任务要点3：实现高科技执法技术的推广

根据高科技执法技术在大中城市，尤其是示范城市的试验结果，筛选出执行力较强的产品进行推广，普及它们的应用，从而服务于全国的交通参与者安全意识提升工作。

14.4 实施计划

14.4.1 交通基础设施之安全功能完善行动（图14-2）

1）健全体制

（1）公安交通管理部门参与全国及地方的道路交通规划、制定道路交通管理政策等主要工作。

（2）建立全国、省和直辖市、地级以上城市的三级一体化道路交通安全设施管理体制。

（3）建立道路交通安全设施建设管理资金保障机制。

2）健全法制

完善拓展道路交通安全设施标准体系，淘汰落后的道路交通安全设施产品和生产工艺，不断提升标准水平，以保持标准的先进性。只有基于交通安全设施的设计标准，交通安全管理部门才可以制定行之有效的法律法规，从而规范设计人员和驾乘人员的行为。

3）规范交通安全设计

完善我国道路交通安全设计审查程序，尽早出台道路交通安全审查指南。设计审查时，应按专门的程序进行，对交通安全设施、道路监控设施的设计等进行全

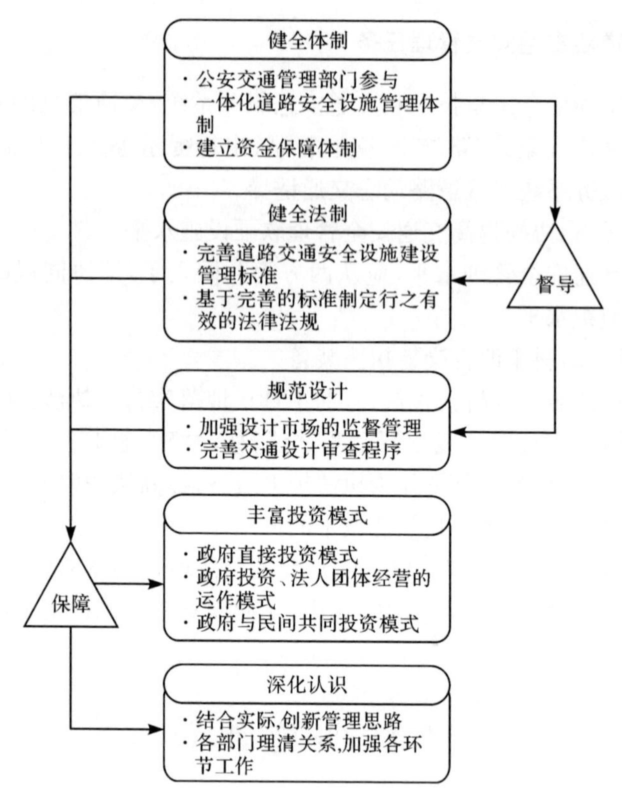

图 14-2　交通基础设施之安全功能完善行动

面的、综合的评价,以尽可能避免“黑点”的出现。

4) 丰富投资模式

可采用政府直接投资模式,政府投资、法人团体经营的运作模式,政府与民间共同投资模式等多种投资模式。

5) 深化安全管理认识

结合实际情况,创新管理思路,各部门之间理清关系,加强各环节工作。

14.4.2　交通安全宣传之社会力量参与行动(图 14-3)

1) 基于各社会力量的交通安全宣传

宣传主体:政府部门、交通管理部门与学校、社区、企业等社会力量。

宣传对象:以家庭为主题,主要针对学生、社会居民、企业员工等。

2) 基于企业与交通管理部门的交通安全宣传

宣传主体:企业、交通管理部门合作。

宣传对象:企业的性质一定程度上决定宣传的对象。

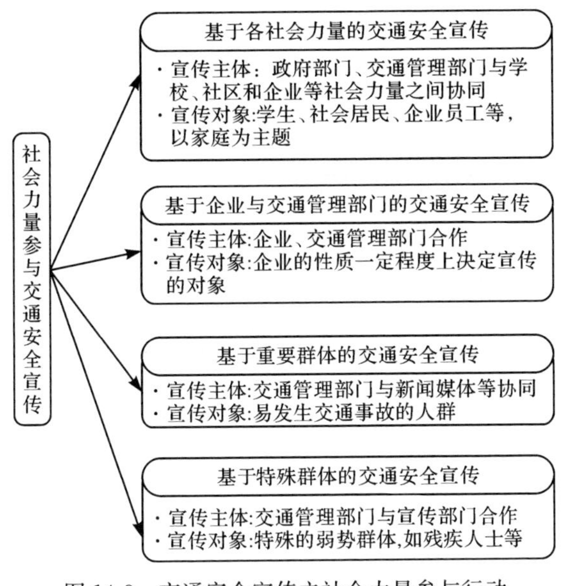

图14-3 交通安全宣传之社会力量参与行动

3）基于重要群体的交通安全宣传

宣传主体：交通管理部门与新闻媒体等协同。

宣传对象：易发生交通事故的人群。

4）基于特殊群体的交通安全宣传

宣传主体：交通管理部门与宣传部门合作。

宣传对象：特殊的弱势群体，如残疾人士等。

14.4.3 电动自行车交通安全之全程管控行动(图14-4)

1）法律标准层管控

法律标准层涉及国家的法律制度、国家标准，是对电动自行车管理的宏观指导，同时也对电动自行车的定位和各项管理政策提出了明确的要求。我国的法律和标准已经出现不适应电动自行车发展的方面，应针对我国电动自行车的发展状况进行慎重的修订，以期取得良好的效果。

2）政策管理层管控

政策管理层主要涉及电动自行车的各地管理政策。电动自行车管理政策的制定权在我国的省一级，而各个地方可以根据国家法律标准和本地区的实际情况制定相应的管理办法，确定鼓励、限制或其他发展政策，从而为各个环节对策的实施提供依据。

3）对策实施层管控

对策实施层是电动自行车交通安全全程管控对策的最基本也是最重要的环

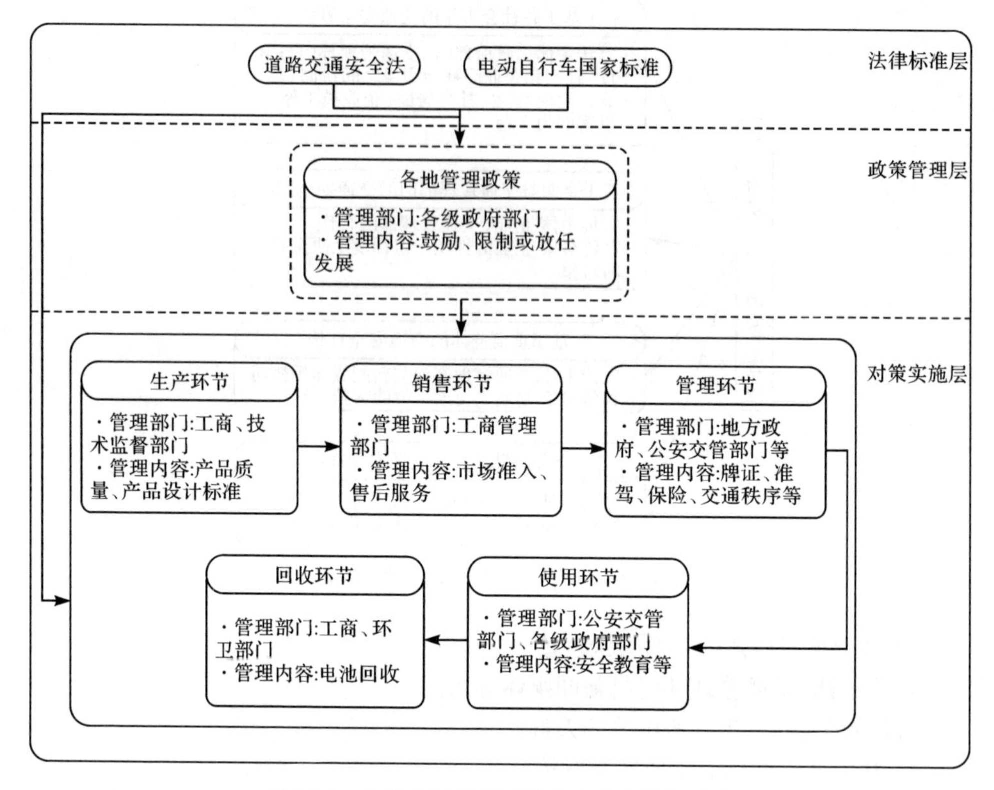

图 14-4　电动自行车交通安全之全程管控行动

节,该环节的对策是否有效将关系到整个管控对策的实施效果。对策实施层共包括生产环节、销售环节、管理环节、使用环节和回收环节,这五个环节自上而下构成一个完整的整体。

14.4.4　交通安全之多部门协同行动(图 14-5)

1) 完善交通安全管理合作关系

提出由作为立法部门的国家和政府牵头,公安交通管理部门、交通警察与执法对象通力合作,交通工程管理部门提供技术支持的机制下,推行交通安全宣传活动。其中,立法部门、执法部门、执法对象以及交通工程管理部门四大类群体构建起了我国交通安全管理相关法律、法规完善协同机制的基本框架。

2) 强化多层次交通安全宣传合作

提出由政府部门牵头,交管部门与社区相互合作机制下,推行交通安全宣传活动。政府、交通管理部门,学校、社区、企业等社会力量,家庭三大类群体构建起我国交通安全宣传的基本框架。

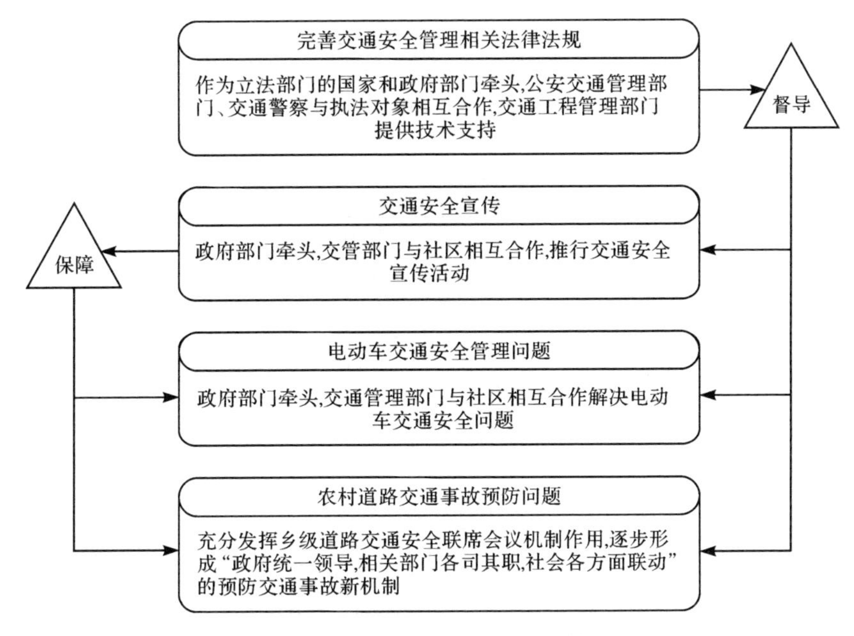

图 14-5 交通安全之多部门协同行动

3) 电动车交通安全多环节管理

提出由政府部门牵头,交通管理部门与社区相互合作的机制下,解决电动车交通安全问题。

4) 农村道路交通事故协同预防

充分发挥乡级道路交通安全联席会议机制的作用,逐步形成“政府统一领导,相关部门各司其职,社会各方面联动”的预防交通事故新机制,加快道路交通安全社会化管理工作的进程。

14.4.5 交通参与者之环境适应性提升行动(图 14-6)

1) 提升道路交通环境

(1) 提升道路交通中的相关设备,即提高车辆的被动安全性,相应设备包括安全带、安全气囊、安全玻璃、安全门、灭火器等。

(2) 提升相关的道路设施人性化水平,要求道路建设部门在进行城市道路建设时,在充分考虑外来务工人员的需求下,对相应的交通标志、标线设置,做到尽可能少而精,以减少交通参与者在进行交通活动时需要进行的交通信息分析量。

2) 规范外来务工人员交通管理执法

对外来务工人员进行交通安全培训,并为外来务工人员的自主学习提供便利。

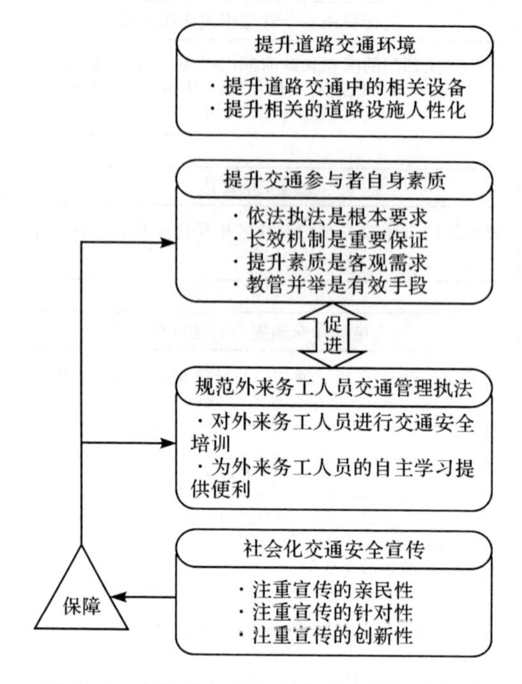

图 14-6　交通参与者之环境适应性提升行动

3) 提升交通参与者自身素质

依法执法是根本要求，长效机制是重要保证，提升素质是客观需求，教管并举是有效手段。

4) 社会化交通安全宣传

(1) 注重宣传的亲民性，使受教育者从思想深处真正受到启迪和教育，促使内因发生变化，不断提高其交通安全意识的自觉性。

(2) 注重宣传的针对性，按社区、单位、行业等标准，对个体驾驶人进行分类教育，帮助他们在头脑里树立安全行车观念，时时不忘安全行车、文明行车。

(3) 注重宣传的创新性，如何把大众的交通行为与精神文明结合起来，把每个人的行为协调到法规中去，这是交通安全宣传工作者表现创造性的重要方面。

14.4.6　交通安全性技术之推广行动(图 14-7)

1) 建立健全相关的法律法规

健全法规，加大执法力度，宏观把握我国交通安全发展方向。

2) 扩大融资模式

让市场接入交通行业，政府、市场根据各自需求将资金投入推广体系。

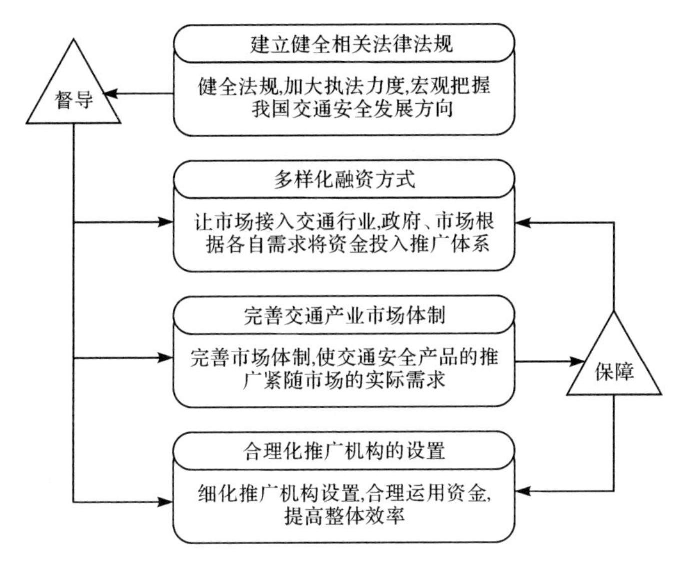

图 14-7 交通安全性技术之推广行动

3) 完善交通产业市场机制

完善市场体制,使交通安全产品的推广紧随市场的实际需求。

4) 合理化推广机构的设置

细化推广机构设置,合理运用资金,提高整体效率。

14.4.7 交管部门之科技执法行动(图 14-8)

1) 完善交管部门执法行为

明确角色定位,保证公安交管部门在执法时理直气壮。加强执法原则,交警必须本着“执法为民”的思想,维护执法对象的合法权益。完善执法依据,适当修编和完善《道路交通安全违法行为处理程序》。

2) 健全监督与惩罚制度

完善监督制度,深化警务公开,依法公开交通管理的执法依据、执法程序、执法过程、执法结果以及收费和处罚标准,实行事故处理证据公开。健全玩忽惩罚制度,执法过错责任到人,按照谁主管、谁负责的原则,将执法工作的每一个环节都具体责任到人,进一步明确各级领导、具体办案人、审核人、审批人在每一个执法过程中的职责。对每一个执法行为的每一个环节都实行过错追究,追究责任人的相应责任,从而切实提高各级领导和交警依法行政的责任意识。

3) 加强警力配置强调科技强警

建立完善的交通信号控制系统、交通监管系统、电子警察系统等综合信息系

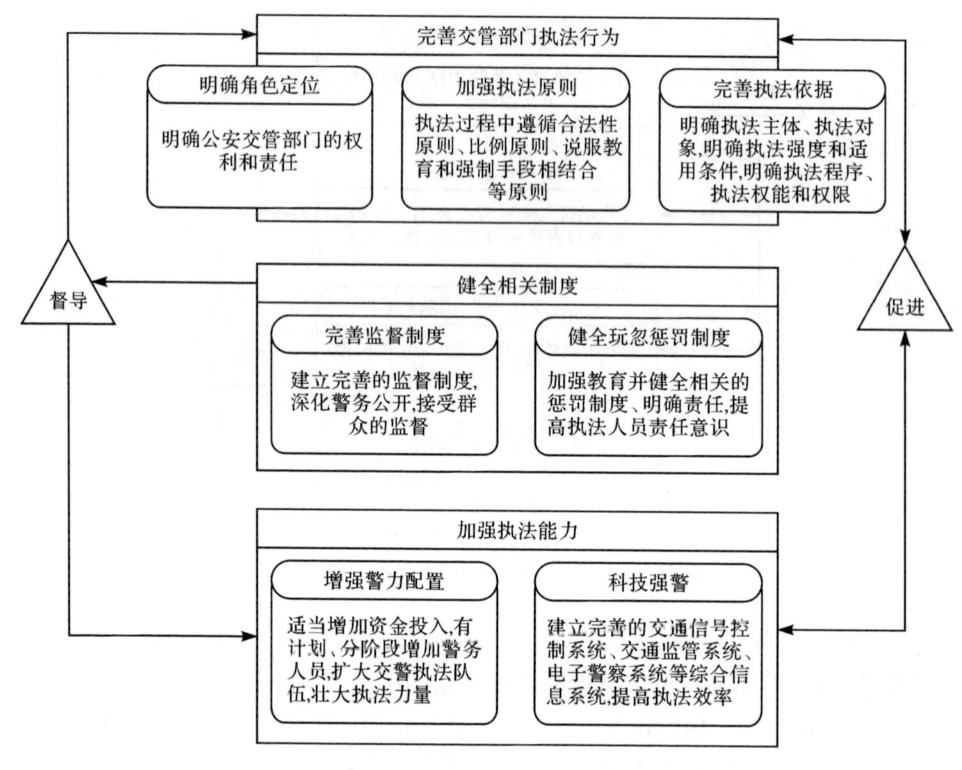

图 14-8　交管部门之科技执法行动

统,实时获取各类交通信息,并据此迅速做出反应,制定合理决策。此外,要拓展交警的思维空间,对交警展开科技培训,用科技武装交警头脑,全面提升科技素质,使交警在执法时不仅要做到规范化、程序化,更要智能化,从而提高工作效率和服务水平,实现交通管理工作警务机制从被动出警到快速反应、主动疏导到科技管理的转变,形成规范、有序、高效的行政执法工作机制。

14.5　实 施 保 障

1) 加强行政管理手段,推进全民交通安全意识提升工作

制定完善的交通安全监管制度,进行监管机构、人员的合理配备,建立全面细致的安全基础工作管理制度,完善交通安全相关的法律法规和行政规章。配备交通安全计划实施专门机构,制定计划实施相关章程、制度,从行政管理的层面,使交通安全行动的相关计划得以顺利实施。

2) 提高智能交通管理水平,提升安全计划实施的效能

应用现代道路智能控制理念和技术,建立道路交通信息采集、智能信号控制、

道路视频监控、交通诱导、交通地理信息等子系统以及综合集成控制平台，提高交通管理的智能化水平，充分利用现有技术和设施资源，提升安全计划的实施效能。

3）加大国家和地方对道路交通安全计划的投入，努力拓宽投资渠道

强化交通安全计划的宣传普及力度，加强各级地方政府对交通安全计划的重视程度。通过大力宣传，引起足够的社会关注，努力拓宽投资渠道，积极吸收各方面的社会资金，使得计划能够更加有力地进行。

参考文献

陈彦光. 2012. 城市化水平增长曲线的类型、分段和研究方法[J]. 地理科学，32(1)：12-17.

陈一鸣，高阳. 2004. 虚拟企业的协作企业败德行为控制机制研究[J]. 企业经济，(1)：57-581.

储冰. 2008. 交通安全宣传要创新[J]. 道路交通管理，(1)：60-61.

董俊花. 2007. 风险决策影响因素及其模型建构[D]. 西安：西北师范大学.

段文婷，江光荣. 2008. 计划行为理论评述[J]. 心理科学进展，16(2)：315-320.

韩长赋. 2006. 中国农民工发展趋势与展望[J]. 经济研究，(12)：4-12.

何晓群. 2012. 多元统计分析(第三版)[M]. 北京：中国人民大学出版社.

黄孟藩，王凤彬. 1995. 决策行为与决策心理[M]. 北京：机械工业出版社.

郏红雯. 2006. 谈交通安全宣传社会化[J]. 江苏警官学院学报，21(3)：151-153.

金会庆. 2006. 道路交通安全生命保障体系研究[J]. 中国城市交通创新论坛：115-127.

李怀建. 2012. 农村-城市移民率的变动与中国城市化的关系[J]. 财经科学，(8)：92-99.

林文雄. 2007. 生态学[M]. 北京：科学出版社.

刘宏宇. 1998. 勒温的社会心理学理论评述[J]. 社会心理科学，(1)：57-61.

刘继云，孙绍荣. 2006. 行为控制理论研究综述[J]. 科技管理研究，(5)：206-207.

吕鑫华. 2010. 论建立交通安全宣传教育社会化机制的必要性[J]. 经济与社会发展，8(11)：198-200.

马天宇. 2008. 信号交叉口倒计时显示屏对驾驶人行为影响分析[D]. 长春：吉林大学.

孙绍荣. 1999. 管理原理探索[M]. 北京：中国科学技术出版社.

田芯，王有权. 2004. 大学生集群行为的分析与控制[J]. 航海教育研究，(3)：28-30.

汪益纯，陈川. 2009. 我国交通安全宣传教育的问题分析与建议[J]. 智能交通，12(4)：111-116.

王岩. 2008. 交通信号倒计时装置国内外应用现状及思考[J]. 中国新技术新产品，(12)：73.

肖风劲，欧阳华. 2002. 生态系统健康及其评价指标和方法[J]. 自然资源学报，17(2)：203-209.

杨青山，梅林. 2001. 人地关系、人地关系系统与人地关系地域系统[J]. 经济地理，21(5)：532-537.

余璇. 2008. 交叉口信号控制安全的研究[D]. 上海：同济大学.

岳超源. 2003. 决策理论与方法[M]. 北京：科学出版社.

仲媛媛. 2006. 基于交通冲突的公路平面交叉口模糊安全评价研究[D]. 哈尔滨：哈尔滨工业大学.

朱・弗登博格，让・梯若尔. 2003. 博弈论[M]. 黄涛等译. 北京：中国人民大学出版社.

Blazej P，Patricia D. 2012. What factors can predict why drivers go through yellow traffic lights? An approach based on an extended theory of planned behavior[J]. Safety Science，50(3)：408-417.

Carol H，Roslyn H. 2007. The effect of age，gender and driver status on pedestrians' intentions to cross the road in risky situations[J]. Accident Analysis & Prevention，39(2)：224-237.

Costanza R，Norton B G，Haskell B D. 1992. Ecosystem health：New goals for environmental management[M]. Bermuda: Island Press.

Tunnicliff D J, Watson B C, White K M, et al. 2012. Understanding the factors influencing safe and unsafe motorcycle rider intentions[J]. Accident Analysis & Prevention, (49): 133-141.

Warner H W, Åberg L. 2008. Drivers' beliefs about exceeding the speed limits[J]. Transportation Research Part F: Traffic Psychology and Behaviour, 11(5): 376-389.

Vermeir I, Verbeke W. 2008. Sustainable food consumption among young adults in Belgium: Theory of planned behaviour and the role of confidence and values[J]. Ecological Economics, 64(3): 542-553.

Rapport D J, Costanza R, Mcmichael A J. 1998. Assessing ecosystem health[J]. Trends in Ecology & Evolution, 13(10): 69.

Rozario M, Lewis I, White K M. 2010. An examination of the factors that influence drivers' willingness to use hand-held mobile phones[J]. Transportation Research Part F: Traffic Psychology and Behaviour, 13(6): 365-376.

Lee M C. 2009. Factors influencing the adoption of internet banking: An integration of TAM and TPB with perceived risk and perceived benefit [J]. Electronic Commerce Research and Applications, 8(3): 130-141.

Norton B G. 1991. Toward Unity Among Environmentalists [M]. Oxford: Oxford University Press.

Norton B G. 1992. A new paradigm for environmental management[A]//Costanza R, Norton B, Haskell B. Ecosystem Health New Goals for Environmental Management [C]. Washington DC: Island Press.

Keegan O, O'Mahony M. 2003. Modifying pedestrian behavior[J]. Transportation Research Part A: Policy & Practice, 37(10): 889-901.

Zhang B, Yang S, Bi J. 2010. Enterprises' willingness to adopt/develop cleaner production technologies: An empirical study in Changshu, China[J]. Journal of Cleaner Production, 2013, 40: 62-70.

management[M]. Bermuda: Island Press.

Tunnicliff D J, Watson B C, White K M, et al. 2012. Understanding the factors influencing safe and unsafe motorcycle rider intentions[J]. Accident Analysis & Prevention, 49: [illegible]

Warner H W, Åberg L. 2006. Drivers' beliefs about exceeding the speed limits[J]. Transportation Research Part F: Traffic Psychology and Behaviour, 11(5): 376-389.

Vermeir I, Verbeke W. 2008. Sustainable food consumption among young adults in Belgium: theory of planned behaviour and the role of confidence and values[J]. Ecological Economics, 64(3): 542-553.

Rapport D J, Costanza R, McMichael A J. 1998. Assessing ecosystem health[J]. Trends in Ecology & Evolution, 13(10): 397.

Zhao X, [illegible] 2010. An examination of the factors that influence drivers' willingness to use hand-held mobile phones[J]. Transportation Research Part F: Traffic Psychology and Behaviour, [illegible]

[illegible]

Schahn J, [illegible] Among Environmentalists[M]. [illegible] Press.

[illegible] 2002. A new paradigm for environmental management[M]//[illegible] Health: New Goals for Environmental Management. Washington DC: Island Press.

[illegible] behavior[J]. [illegible] Marketing & [illegible]

Zhang B, [illegible] 2016. [illegible] technologies: [illegible] of Cleaner Production, 112: [illegible]